高等院校信息技术规划教材

单片机原理与应用系统设计（第2版）

马秀丽 周越 王红 编著

清华大学出版社

北京

内 容 简 介

本书在较全面和详细地介绍 MCS-51 单片机的基本原理、系统结构、内部资源、指令系统、常用接口及其外部扩展、应用系统设计等内容的基础上,增加了丰富且能够实际演示的单片机应用实例、嵌入式操作系统在 MCS-51 单片机系统中应用的方法和实例,目的是强化学习者的单片机软、硬件系统的整体设计意识和设计能力,也为嵌入式技术的学习打下良好基础。

全书共分 11 章,内容包括单片机技术概述、基本原理、汇编语言程序设计、C 语言程序设计、内部资源及应用、基本外部接口技术、通信接口技术、应用系统设计、嵌入式操作系统的应用、便携式单片机学习板的设计和单片机应用系统开发工具。书中相关应用设计案例的编写具有完整性、系统性和工程性。所有案例均给出可实施的系统级设计资料,包括用 Protel 绘制的硬件电路原理图、Keil μVision 环境下调试通过的软件源程序代码以及 Proteus 环境下的系统仿真实现结果。除个别章外,每章结束备有相关的习题,以便读者及时巩固所学知识。

本书内容全面,概念清晰,结构合理,实例丰富,文字通俗易懂,并配有多媒体教学课件和相关案例,是学习单片机原理与系统设计的理想教材,特别适合作为高等院校电子信息类专业的本科生教材。本书也可作为爱好单片机软、硬件技术和嵌入式技术的初学者及工程设计人员的参考书。

图书在版编目(CIP)数据

单片机原理与应用系统设计/马秀丽,周越,王红编著. —2 版. —北京:清华大学出版社,2017
(2023.8 重印)
(高等院校信息技术规划教材)
ISBN 978-7-302-47559-0

Ⅰ. ①单… Ⅱ. ①马… ②周… ③王… Ⅲ. ①单片微型计算机－高等学校－教材 Ⅳ. ①TP368.1

中国版本图书馆 CIP 数据核字(2017)第 129963 号

责任编辑:袁勤勇
封面设计:常雪影
责任校对:焦丽丽
责任印制:杨 艳

出版发行:清华大学出版社
　　　　网　　址:http://www.tup.com.cn,http://www.wqbook.com
　　　　地　　址:北京清华大学学研大厦 A 座　　　　邮　　编:100084
　　　　社 总 机:010-83470000　　　　邮　　购:010-62786544
　　　　投稿与读者服务:010-62776969,c-service@tup.tsinghua.edu.cn
　　　　质量反馈:010-62772015,zhiliang@tup.tsinghua.edu.cn
　　　　课件下载:http://www.tup.com.cn,010-83470236
印 装 者:三河市龙大印装有限公司
经　　销:全国新华书店
开　　本:185mm×260mm　　　印　张:23　　　字　数:527 千字
版　　次:2014 年 10 月第 1 版　2017 年 9 月第 2 版　印　次:2023 年 8 月第 4 次印刷
定　　价:68.00 元

产品编号:075056-03

前言 *foreword*

本书的目的是帮助初学者学习使用单片机。首先,作者总结多年的工程实践经验和教学体会,先与读者分享一下学习经验。

1. 分享经验

首先,是做好基础知识的准备。基础知识包括模拟电路、数字电路和 C 语言知识。在学习单片机之前,应先温习所学过的模拟电路、数字电路以及 C 语言知识,为学习单片机加强基础。

单片机的硬件电路大多数属于数字电路,如果数字电路基础扎实,对复杂的单片机硬件结构和原理就能容易理解,就能轻松地迈开学习的第一步。因此,如果你觉得单片机很难,那就应该先去重温数字电路,搞清楚触发器、寄存器、门电路、CMOS 电路、时序逻辑和时序图、进制转换等基础知识。当你掌握了这些基础知识后再去看单片机的结构和原理,就会大彻大悟,信心倍增。模拟电路是电子技术的基础,主要内容是学习电阻、电容、电感、二极管、三极管、场效应管及放大器等模拟器件的工作原理和在电路中的作用。扎实的模拟电路基础可以让你容易看懂别人设计的电路,也能使你设计的电路更可靠。同时,单片机的学习离不开编程,在所有的程序设计中 C 语言运用最为广泛。C 语言知识并不难,需要掌握的知识就那么几种数据类型和几个控制语句。可别小看这几种数据类型和几个控制语句,用它们可以处理各种形式的数据以及非常复杂的逻辑关系。

扎实的电子技术基础和 C 语言基础,会让你的单片机学习得心应手。当单片机乖乖地依照你的想法和设计去执行指令,实现预期结果的时候,成就感会让你信心十足地投入到单片机的世界里,未来的单片机专家就是你。

其次,要通过实践积累经验。单片机的学习具有很强的实践性,是一门很注重实际动手操作的技术学科,不动手实践是学不会单片机的。因此,实践才是真正学习单片机的必由之路。

实践中要有一套完整的学习开发工具,即必须有一台计算机、一套单片机开发板、视频教程和单片机教材。计算机上要安装 Keil C51 集成开发软件，用来编写和编译程序，并将程序代码下载到单片机上；开发板用来运行单片机程序，验证实际效果；视频教程就是手把手教你单片机开发环境的使用、单片机编程和调试。对于单片机初学者来说，视频教程必须看，否则，即使把教材看了几遍，还是不知道如何下手；单片机教材是理论学习资料，备忘备查。初学者为了节约成本和时间，可以先用 Proteus 软件仿真调试，熟悉之后，再使用开发板调试程序。

软件编程要注重理论和实践相结合，效果会更好。看到例程题目先试着构思自己的编程思路，然后再看教材或视频教程里的代码，研究别人的编程思路以及与自己思路的差异；接下来是亲自动手编写程序，对有疑问的地方试着按照自己的思路修改程序，比较程序运行效果，领会其中的奥妙。还可以在原有程序基础上改进和拓展，使其功能更强大。此外，自己应该找些项目来做，以巩固所学的知识和积累更多的经验。

在实践中要多与同行虚心交流。在单片机学习过程中，每个人都会遇到无数的问题，如果你向有经验的过来人虚心求教，就会少走许多弯路，节省很多时间。

最后，研究硬件设计，实现产品开发。学习单片机的最终目的是做产品开发，产品即是一个软硬件相结合的控制系统。所以，硬件设计是学习单片机技术的必学内容。当你的单片机编程水平有了相当提高之后，就应该去研究单片机硬件系统设计了。硬件设计包括电路原理设计和电路板（即 PCB 板）设计。

电路原理设计涉及各种芯片的应用，而芯片的典型应用在芯片数据手册（Datasheet）中都能找到答案。电子技术领域的第一手资料就是 Datasheet，而且几乎都是全英文的，从 Datasheet 里所获得的知识，可能是在教科书、网络文档和课外读物等中很少见到的。虽然有些资料也都是在 Datasheet 的基础上撰写的，但内容不全面，甚至存在翻译上的遗漏和错误。所以良好的英文阅读能力也是学习单片机技术不可缺少的。PCB 板的设计相对简单，只要懂得使用 PCB 板设计软件 Protel 或 Altium Designer 就没问题了。但要想设计的板子布局美观、布线合理，还需要在实践中不断学习。

具备一定的 Keil C51 环境下的单片机编程经验、会使用 Protel 软件或 Altium Designer 软件设计硬件电路以及良好的英文阅读能力，你就是遇强则强的单片机高手了。

2. 本书内容

本书第 2 版增加了工程实践内容。多年来，MCS-51 系列单片机一直是学习单片机技术的主要教学平台，在嵌入式技术高速发展的大环境下，单片机技术课程已经不再是培养电子工程师课程体系的最终环节，单片机的教学要为后续学习嵌入式系统打下良好基础。因此，本书在编写过程中，除了论述 MCS-51 单片机的基本原理、系统结构、内部资源、指令系统、常用接口及其外部扩展、应用系统设计等内容外，还增加了丰富且能够实际演示的单片机应用实例、嵌入式操作系统在 51 单片机系统中应用的方法和实例，以及自主设计的便携式单片机学习板的软硬件设计的内容，并在第 2 版中增加了工程实践案例的设计内容。

3. 本书特色

（1）强调动手实践。

实践是学好单片机技术的必经之路。本书详细介绍了 Keil μVision 集成开发环境下进行汇编语言程序和 C51 程序开发的过程；书中所有案例程序均在 Keil μVision 环境下调试通过，不是纸上谈兵，而是实战演习。

（2）强调单片机应用系统的软硬件整体设计。

书中给出了若干完整的单片机应用系统实例。案例的编写具有完整性、系统性和工程性。

- 所有案例均给出可实施的系统级设计资料，包括完整的可实现电路板布线的硬件电路原理图（并非电路示意图）和完整的 Keil μVision 环境下调试通过的软件源程序工程代码（并非程序段或伪代码）。

- 所有案例均给出仿真实现过程和结果，即基于 Proteus 环境的系统仿真实现结果。

- 设计有便携式单片机学习板，给出了该学习板的 Protel 电路原理图设计和 PCB 版设计资料，便于读者进行工程实践。书中单片机应用系统案例均可在该学习板上硬件实现。

（3）为嵌入式系统学习打好基础。

嵌入式系统是单片机技术发展的高级阶段，因此学习单片机要做好进一步学习嵌入式系统的知识准备。一方面是加强 C 语言程序设计能力，另一方面是加强嵌入式操作系统在 51 单片机系统上应用的内容介绍。此外，本书介绍了嵌入式操作系统在 51 单片机系统中应用的方法和实例。

（4）配套资源丰富。

本书配有多媒体资料，其中包含电子课件、所有相关例程源代码、习题解答及编程题的程序源代码，并且在程序的关键部分加以注释，既适合作为教材供教师和学生使用，也适合自学成才。

4. 致谢

本书由沈阳理工大学马秀丽、周越、王红共同编写。本书第 1～5 章和 8.8 节由马秀丽编写，第 7～10 章由周越和王红编写，第 6 和第 11 章由周越和马秀丽编写，王红霞参加了附录和部分章节的编写工作。最后由马秀丽审阅并统稿完成。感谢本书所列参考文献的作者，他们的工作给了我们很大的帮助和启发。感谢为本书出版付出辛勤劳动的清华大学出版社的工作人员。感谢读者选用本书。

尽管全体参编人员竭心尽力，但限于自身水平，书中难免会有遗漏，恳请广大读者不吝指正，同时欢迎您对本书内容提供宝贵建议，我们将非常感谢。

编　者

2017 年 5 月

目录

contents

第 1 章

单片机概述

　　单片机是微型计算机的一种，是把一个计算机系统集成到一小块硅片上的微型计算机。它最早被应用在工业控制领域，最初的设计理念是通过将大量外围设备和 CPU 集成在一个芯片中，使计算机系统更小、更容易集成到复杂的而对体积要求严格的控制设备中。随着单片机在工业控制领域的广泛应用，单片机由芯片内仅有 CPU 的专用处理器逐渐发展成为片内集成有 CPU 和大量外围设备的微型计算机系统。由于单片机具有体积小、重量轻、功能全、集成度高、可靠性好、性价比高、灵活性好等优点，现已被广泛应用于工业检测与控制、计算机外设、智能仪器仪表、通信设备、家用电器等各种领域。

　　现代人类生活中所用的每件包含电子器件的产品中，几乎都会集成有单片机，手机、电话、计算器、家用电器、电子玩具、掌上电脑以及鼠标等电子产品中都含有单片机。汽车上一般配备四十多片单片机，复杂的工业控制系统上甚至可能有数百片单片机在同时工作。单片机的数量远远超过 PC 和其他计算机的总和。

1.1　单片机的概念及特点

1.1.1　单片机的基本概念

　　单片机全称单片微型计算机，它是一种集成电路芯片，是采用超大规模集成电路技术把具有数据处理能力的中央处理器、存储器、多种 I/O 接口和中断系统、定时器/计时器等功能（可能还包括显示驱动电路、脉宽调制电路、模拟多路转换器、A/D 转换器等电路）集成到一块硅片上构成的一个小而完善的微型计算机系统。

　　将计算机系统以应用为中心进行分类，基本上可以分为两类：一类是常见的通用计算机，它具有一般计算机的标准形态，通过装配不同的应用软件应用于社会的各个方面；另一类是嵌入式计算机，它以控制或监控为目的而集成到另外的装置、产品或计算机系统中。

　　通用计算机系统的技术要求是高速、海量的数值计算；技术发展方向是总线速度的无限提升，存储容量的无限扩大。而嵌入式计算机系统的技术要求则是智能化的控制能力；技术发展方向是与对象系统密切相关的嵌入性能、控制能力及控制的可靠性。由于它们应用场合和应用环境的不同，从而造成了二者之间的差异及不同的发展方向。单片机和 ARM 系列都属于嵌入式计算机。

单片机又称微控制器（MCU），是典型的嵌入式微控制器，它将计算机的基本部分微型化，使之集成在一块芯片上，片内含有 CPU、ROM、RAM、并行 I/O、串行 I/O、定时器/计数器、中断控制、系统时钟及系统总线等，它本身就是一个嵌入式系统，同时它也可作为更大的嵌入式系统的核心。

单片机作为计算机发展的一个重要分支领域，根据发展情况，从不同角度可以对单片机进行不同分类。单片机按照用途可以分为通用型和专用型两类；按照总线类型可以分为总线型和非总线型两类；按照应用领域可以分为工控型和家电型两类。

1. 通用型与专用型

通用型单片机的内部资源丰富，功能全面，适应能力强，可以根据用户的不同需要设计出各种不同的应用系统。例如，80C51 是通用型单片机，它不是为某种专门用途设计的；专用型单片机是针对一类产品甚至某一个产品的特殊需要而设计生产的，这种单片机的针对性强，它能实现系统的最简化和最优化，性能好，成本低，具有明显的行业应用优势。

2. 总线型和非总线型

按单片机是否提供并行总线可以分为总线型和非总线型。总线型单片机普遍设置有并行地址总线、数据总线、控制总线，用以扩展并行外围器件，这类单片机的接口扩展能力强。非总线型单片机是把所需要的外围器件及外设接口集成到一片内，从而大大节省了芯片封装成本和芯片体积，这类单片机适用于可以不要并行扩展总线的应用场合。

3. 工控型和家电型

按单片机大致应用的领域可以分为工控型和家电型。一般而言，工控型单片机的寻址范围大，运算能力强，广泛应用于工业检测与控制、计算机外设、智能仪器仪表、通信设备等领域；家电型单片机多为专用型，通常是小封装、低价格，外围器件和外设接口集成度高，广泛应用在家用电器及电子玩具等产品中。

上述分类并非唯一的和严格的。例如，80C51 系列单片机既是通用型，又是总线型，还可以用作工控的单片机。

1.1.2 单片机的主要特点

单片机的基本组成和工作原理与一般的微型计算机基本相同，但是，其具体结构和处理过程与一般微机有些不同，具有自己的特点。

1. 单片机的存储器 ROM 和 RAM 通常是严格区分的

ROM 称为程序存储器，只存放程序、固定常数及数据表格。RAM 则为数据存储器，用作工作区及存放用户数据。这样的结构主要是考虑到单片机用于控制系统中，需要较大的程序存储器空间，把开发成功的程序固化在 ROM 中，而把少量的随机数据存放在

RAM 中。

2. 采用面向控制的指令系统,控制功能强

为满足控制的需要,单片机有更强的逻辑控制能力,特别是具有很强的位处理能力。

3. 单片机的 I/O 引脚通常是多功能的

由于受体积限制,单片机芯片上的引脚数目有限,而实际需要的引脚信号又较多,所以采用了引脚功能复用的方法,将一根引脚设计了两个或多个功能。

4. 外部扩展能力强

单片机内具有计算机正常运行所必需的部件。芯片外部有许多供扩展用的三总线及并行、串行输入输出引脚,并与许多通用的微机接口芯片兼容,很容易构成各种规模的计算机应用系统。

5. 集成度高,体积小,可靠性好

单片机将各功能部件集成在一块晶体芯片上,集成度很高,体积自然也是最小的,能方便地组装成各种智能式控制设备以及组装在各种智能仪表中。芯片本身是按工业测控环境要求设计的,内部布线很短,其抗工业噪音性能优于一般通用的 CPU。单片机程序指令、常数及表格等固化在 ROM 中不易破坏,许多信号通道均在一个芯片内,故可靠性高。

6. 低电压,低功耗,便于生产便携式产品

为了广泛使用于便携式系统中,许多单片机内的工作电压仅为 1.8～3.6V,而工作电流仅为数百 μA。

7. 性能价格比高

为了提高速度和运行效率,单片机已开始使用 RISC 流水线和 DSP 等技术。单片机的寻址能力也已突破 64KB 的限制,有的已可达到 1MB 和 16MB,片内的 ROM 容量可达 62MB,RAM 容量则可达 2MB。由于单片机的广泛使用,因而销量极大,各大公司的商业竞争更使其价格十分低廉,其性能价格比极高。

1.2 单片机的发展历程

单片机诞生于 1971 年,由 Intel 公司的霍夫等人研制成功的世界上第一块 4 位微处理器芯片 Intel 4004,标志着第一代微处理器问世,微处理器和微机时代从此开始。此后,单片机的发展经历了单片微型计算机 SCM、微控制器 MCU、嵌入式系统 SoC 三大阶段。

1. SCM 阶段

SCM(Single Chip Microcomputer)阶段即单片微型计算机阶段，主要是寻求最佳的单片形态嵌入式系统的最佳体系结构。"创新模式"获得成功，奠定了 SCM 与通用计算机完全不同的发展道路。

1976—1978 年是 SCM 的探索阶段，早期的 SCM 单片机都是 8 位或 4 位的，以 Intel 公司的 MCS-48 系列 8 位单片机为代表，MCS-48 的推出是在工控领域的探索应用。参与这一探索的公司还有 Motorola 公司、Zilog 公司和 NEC 公司等，且都取得了满意的效果。这一阶段也是 SCM 的诞生年代，"单片机"一词即由此而来。

1978—1982 年是 SCM 的完善阶段。Intel 公司在 MCS-48 基础上推出了完善的 MCS-51 系列单片机，它在以下几个方面奠定了典型的通用总线型单片机体系结构，使得这一系列的单片机直到现在还在广泛使用。

（1）完善的外部总线。MCS-51 系列单片机设置了经典的 8 位单片机的总线结构，包括 8 位数据总线、16 位地址总线、控制总线及具有很多通信功能的串行通信接口。

（2）CPU 外围功能单元的集中管理模式。

（3）体现工控特性的位地址空间及位操作方式。

（4）指令系统趋于丰富和完善，并且增加了许多突出控制功能的指令。

2. MCU 阶段

MCU(Micro Controller Unit)阶段即微控制器阶段，主要的技术发展方向是不断扩展满足嵌入式应用所要求的各种外围电路与接口电路，突显其对对象的智能化控制能力。它所涉及的领域都与对象系统相关，因此，发展 MCU 的重任不可避免地落在电气、电子技术厂家。在发展 MCU 方面，最著名的厂家当数 Philips 公司。Philips 公司以其在嵌入式应用方面的巨大优势，将 MCS-51 从单片微型计算机迅速发展到微控制器。

1982—1990 年是 8 位单片机的巩固发展及 16 位单片机的推出阶段，也是单片机向微控制器发展的阶段。Intel 公司推出的 MCS-96 系列单片机，将一些用于测控系统的模数转换器、程序运行监视器、脉宽调制器等集成到片中，体现了单片机的微控制器特征。随着 MCS-51 系列的广泛应用，许多电气厂商竞相使用 80C51 为内核，将许多测控系统中使用的电路技术、接口技术、多通道 A/D 转换部件、可靠性技术等应用到单片机中，增强了外围电路功能，强化了智能控制的特征。

1990 年至今是微控制器的全面发展阶段。随着单片机在各个领域全面深入地发展和应用，出现了高速、大寻址范围、强运算能力的 8 位/16 位/32 位通用型单片机以及小型廉价的专用型单片机。

3. SoC 阶段

SoC(System on Chip)阶段即嵌入式系统式的发展阶段。SCM 向 MCU 发展的重要因素，就是寻求应用系统在芯片上的最大化解决，因此，专用型单片机的发展自然形成了向 SoC 发展的趋势。目前，随着微电子技术、IC 设计、EDA 工具的发展，基于 SoC 的单片机应用系统设计将会有较大的发展。当代单片机系统已经不再只在裸机环境下开发和使用,大量专用的嵌入式操作系统将被广泛应用在全系列的单片机上,而作为掌上电脑和手机核心处理的高端单片机甚至可以直接使用专用的 Windows 和 Linux 操作系统。因此,对单片机的理解可以从单片微型计算机、单片微控制器延伸到单片应用系统。

单片机的发展虽然按先后顺序经历了 SCM、MCU 和 SoC 三个阶段,但从实际使用情况看,并没有以新代旧。4 位和 8 位单片机仍有各自的应用领域,4 位单片机在一些简单的家用电器、高档玩具中仍有应用;8 位单片机以它的价格低廉、品种齐全、应用软件丰富、支持环境充分、开发方便等特点在许多应用场合仍占主流地位,16 位和 32 位单片机在比较复杂的控制系统中应用广泛。

1.3　单片机的种类与应用

1.3.1　单片机的种类

Intel 公司推出 MCS-51 系列单片机后,将 80C51 内核使用权以专利互换等方式出让给世界许多著名 IC 制造厂商,如 Philips、NEC、Atmel、AMD、Dallas、Siemens、Fujutsu、OKI、华邦、LG 等。在保持与 8051 单片机兼容的基础上,各家公司融入了自身的优势,扩展了针对满足不同测控对象要求的外围电路,开发出上百种功能各异的新品种,如满足模拟量输入的 A/D,满足伺服驱动的 PWM,满足高速输入输出控制的 HSL/HSO,满足串行扩展的总线 I2C,保证程序可靠运行的 WDT,引入使用方便且价廉的 Flash ROM 等。这样 8051 单片机就变成了众多芯片制造厂商支持的大家族,统称为 8051 系列单片机,所以人们习惯用 8051 来称 MCS-51 系列单片机。客观事实表明,8051 已成为 8 位单片机的主流,成为事实上的标准 MCU 芯片。

除了 8051 系列单片机之外,还有其他内核结构的单片机品种,如 PIC 单片机、SX 系列单片机等。由于应用中的单片机品种繁多,现介绍一些主要的单片机品种。

1. Atmel 单片机

Atmel 公司生产的 8 位单片机有 AT89 和 AT90 两个系列,AT89 系列是具有 Flash ROM 的增强型 51 系列单片机,在市场上十分流行。它可与 8051 系列单片机兼容,处于静态时钟模式;AT90 系列单片机是增强型 RISC 结构、全静态工作方式、内载在线可编程 Flash 的单片机,也称为 AVR 单片机。AVR 单片机广泛应用于计算机外部设备、工业实时控制、仪器仪表、通信设备、家用电器、宇航设备等多个领域。

2. PIC 单片机

PIC 单片机是 MicroChip 公司的产品,主要产品是 PIC16C 系列和 17C 系列 8 位单片机,CPU 采用 RISC 结构,分别仅有 33、35、58 条指令,采用硬件双总线结构。其突出的特点是运行速度快、体积小、功耗低、输入输出直接驱动能力强、价格低、抗干扰性好,可靠性高,代码保密性好。PIC 单片机在办公自动化设备、消费电子产品、电讯通信、智能仪器仪表、汽车电子、金融电子、工业控制等领域都有广泛的应用,它在世界单片机市场份额的排名中逐年提高。

3. STC 单片机

STC 单片机是深圳宏晶科技有限公司生产的以 51 内核为主的系列单片机,指令代码完全兼容传统的 8051 系列。其优点是速度快,加密性强,很难解密或破解,超强抗干扰,降低单片机时钟对外部电磁辐射的三大措施,超低功耗,适用于供电系统、水表、气表、便携设备以及电机控制等强干扰应用场合。

4. Motorola 单片机

Motorola 是世界上最大的单片机厂商,开发的品种较为广泛,4 位、8 位、16 位和 32 位的单片机都能生产,其中典型的代表有 8 位机 M6805、M68HC05 系列,8 位增强型 M68HC11、M68HC12,16 位机 M68HC16,32 位机 M683xx。Motorola 单片机的特点之一是在同样的速度下所用的时钟频率较 Intel 类单片机低得多,因而使得高频噪声低,抗干扰能力强,更适用于工控领域及恶劣的环境。

5. TMS370 和 MSP430 单片机

TI(德州仪器)公司推出了 TMS370 和 MSP430 两大系列的通用单片机。TMS370 系列是 8 位 CMOS 单片机,具有多种存储模式、多种外围接口模式,适用于复杂的实时控制场合;MSP430 系列单片机采用冯·诺依曼架构,通过通用存储器地址总线(MAB)与存储器数据总线(MDB),将 16 位 RISC CPU、多种外设以及高度灵活的时钟系统进行完美结合。它是一种功能集成度较高的 16 位超低功耗单片机,并能为混合信号的应用提供很好的解决方案。主要应用范围为计量设备、便携式仪表、智能传感系统等。

6. MDT20XX 系列单片机

MDT 系列单片机是中国台湾 Micon(麦肯)公司设计的 OTP/MASK 掩膜型 8 位单片机。自 1997 年推向市场以来,深受用户欢迎。MDT 系列与 PIC 单片机相比,最大的特点是温度范围为工业级,最大工作频率可达到 20MHz,售价十分便宜;同时,工业级 OTP 单片机与 PIC 单片机引脚完全一致。海尔集团的电冰箱控制器,TCL 通信产品,长安奥拓铃木小轿车功率分配器就采用这种单片机。

7. EMC 单片机

EMC 单片机由中国台湾义隆电子股份有限公司生产,该公司大部分产品与 PIC 单片机兼容,且相兼容产品的资源相对比 PIC 单片机多,价格便宜。适用范围为家电产品、IC 卡终端产品、遥控器、仪表仪器、通信产品、电子医疗器械等。

8. SN8P 系列单片机

SN8P 系列单片机是中国台湾 Sonix(松翰)公司结合 OTP、抗干扰及精准的 A/D 技术推出的系列通用及专用型 8 位单片机,部分与 PIC 8 位单片机兼容,价格便宜,抗干扰性较好。SN8P 系列单片机广泛应用于计算机周边装置、通信产品、各类型遥控器、智能型充电器、大小家电、车用警报系统等。

9. SX 系列单片机

美国 Ubicom 公司推出的 SX 系列微控制器,采用 RISC 结构,双时钟设置,具有高速的计算能力,具有虚拟外设功能,灵活的 I/O 口控制,公司提供各种 I/O 的库函数,用于实现各种 I/O 模块的功能,如多路 UART、多路 A/D、PWM、SPI、DTMF、FS、LCD 驱动等。采用 EEPROM/Flash 程序存储器,可以实现在线系统编程,通过计算机 RS232C 接口,可实现对目标系统的在线仿真。

10. Zilog 单片机

Z8 系列及 SUPER8 系列单片机是 Zilog 公司的产品,采用多累加器结构,有较强的中断处理能力,开发工具价廉物美,它以低价位面向低端应用。最早使用单片机的人都知道 Z80 单板机(Zilog 公司的早期产品)。

11. NS 单片机

COP800 系列单片机是 NS(美国国家半导体)公司的产品,其内部集成了 16 位 A/D,这在其他产品中是不多见的。COP800 系列单片机的程序加密性较好,在看门狗电路及 STOP 方式下单片机的唤醒方式上也具有特点,主要应用于自动化系统过程控制、机器人、智能仪器及电讯设备等。HPC 系列是 NS 公司生产的 16 位单片机,具有高度优化的指令集,采用 MMOS 的钢作工艺,抗干扰能力力强,由于其极强的功能而被应用于数据处理远程通信、军事/空间系统、医疗仪器和需要大量计算和高精度控制的自动化控制系统等。

12. SST 单片机

美国 SST 公司推出的 SST89 系列单片机为标准的 51 系列单片机,它与 8052 系列单片机兼容,提供系统在线编程(ISP 功能),内部 Flash 擦写次数 1 万次以上,程序保存时间可达 100 年。

13. Philips 51LPC 系列单片机

Philips(飞利浦)半导体公司推出的 51LPC 系列和 P89C5X 系列等单片机是基于 80C51 内核,嵌入了掉电检测、模拟以及片内 RC 振荡器等功能,这使其在高集成度、低成本、低功耗的应用设计中可以满足多方面的性能要求。近几年 Philips 公司在 ARM32 位方面,也有大量新产品问世。

14. EPSON 单片机

EPSON 单片机以低电压、低功耗和内置 LCD 驱动器为特点,推出了 4 位单片机 SMC62 系列、SMC63 系列、SMC60 系列和 8 位单片机 SMC88 系列。EPSON 单片机广泛应用于工业控制、医疗设备、家用电器、仪器仪表、通信设备和手持式消费类产品等领域。

15. 东芝单片机

东芝单片机门类齐全,4 位机在家电领域应用,8 位机主要有 870 系列和 90 系列,该类单片机允许使用慢模式,采用 32K 时钟时功耗降至 $10\mu A$ 数量级。东芝的 32 位单片机采用 MIPS 3000A RISC 的 CPU 结构,面向 VCD、数字相机、图像处理等市场。

16. 三星单片机

三星单片机有 KS51 和 KS57 系列 4 位单片机,KS86 和 KS88 系列 8 位单片机,KS17 系列 16 位单片机和 KS32 系列 32 位单片机。三星还为 ARM 公司生产 ARM 单片机,三星单片机为 OTP 型 ISP 在片编程功能。

17. GMS90 系列单片机

GMS90 系列单片机是 LG 公司的产品,与 Intel MCS-51 系列、Atmel 89C51/52、89C2051 等单片机兼容,采用 CMOS 技术,高达 40MHz 的时钟频率。可应用于多功能电话、智能传感器、电表、工业控制、防盗报警装置、各种计费器、各种 IC 卡装置、DVD 等。

18. 飞思卡尔单片机

Freescale(飞思卡尔)公司是全球领先的汽车工业和通信产业嵌入芯片制造商,8 位单片机系列主要包括 RS08 类、HCS08 类、HC08 类。16 位单片机主要有 S12X、S12HZ、S12Q、S12R、MC9S12 等系列。32 位单片机 K60、MPC56xx 等系列。最近飞思卡尔推出的 Flexis QE128 系列,打破了传统的位界限和嵌入式系统移植的旧模式,这两种创新重新定义了 8 位与 32 位产品之间的兼容性。

19. 华邦单片机

华邦电子(上海)公司的 W77、W78 和 W79 系列 8 位单片机与 8051 兼容,内嵌数据 Flash、10 位 ADC、10 位 PWM、很强的 I/O 驱动能力、宽工作电压,支持 I2C 和 UART 接口,在线系统编程和程序加密功能,抗干扰性好。适用于工业控制、仪器仪表和家用电器等领域。

20. AX1001 单片机

AX1001 单片机由珠海建荣科技公司推出,具有 100MIPS 高性能的 8 位 RISC 微控制器,采用先进的 CMOS OTP 技术,性能比很高。可应用于税控机、条形码扫描仪、打印机、网络控制系统、读卡器等。

这里还有很多优秀的单片机品种没有收集,每个单片机生产企业都有自己的特点,使用者可根据需要选择单片机,在完全实现功能的前提下尽量低价位。但实际中选择单片机也跟开发者的应用习惯和开发经验密不可分。

1.3.2　单片机的等级

单片机芯片是按照工业测试环境要求进行设计的,具有很强的适应各种恶劣环境的能力。按照对温度适应能力的要求,单片机的等级可以分成三个级别。

1. 民用级或商用级

温度适应能力在 $0\sim70℃$,在芯片型号上用字母 C 表示 Commercial 商业级产品,适用于家用电器、机房和一般的办公环境等。

2. 工业级

温度适应能力在 $-40\sim85℃$,在芯片型号上用字母 I 表示 Industrial 工业级产品,适用于工业控制领域,对环境的适应能力较强。

3. 军用级

温度适应能力在 $-65\sim125℃$,适用于环境条件恶劣、温度变化很大的野外,主要用在军事领域。

1.3.3　单片机的应用

单片机渗透到人们生活的各个领域,几乎每个领域都有单片机的踪迹。例如导弹的导航装置,飞机上各种仪表的控制,计算机的网络通信与数据传输,工业自动化过程的实时控制和数据处理,各种智能 IC 卡设备,民用豪华轿车的安全保障系统,录像机、摄像机、全自动洗衣机等家用电器,自动控制领域的机器人、智能仪表、医疗器械等各种智能机械,以及程控玩具和电子宠物等。因此,对单片机的学习、开发与应用将造就出一批计算机应用与智能化控制的专家和工程师。

单片机广泛应用于智能仪器设备、工业控制系统、家用电器、网络通信、汽车电子和航空航天等领域。

1. 智能仪器设备

单片机具有体积小、功耗低、控制功能强、扩展灵活、微型化和使用方便等优点,广泛应用于仪器仪表中,结合不同类型的传感器,可实现诸如电压、电流、功率、频率、湿度、温度、流量、速度、厚度、角度、长度、硬度、元素、压力等物理量的测量。采用单片机控制使得仪器仪表数字化、智能化、微型化,且功能更加强大。

单片机在医用设备中的用途亦相当广泛,例如医用呼吸机,各种分析仪、监护仪、超声诊断设备及病床呼叫系统等。

2. 工业控制系统

单片机具有体积小、控制功能强、功耗低、环境适应能力强、扩展灵活和使用方便等优点，用单片机可以构成形式多样的控制系统、数据采集系统、通信系统、信号检测系统、无线感知系统、测控系统、机器人等应用控制系统，例如工厂流水线的智能化管理，电梯智能化控制，各种报警系统，与计算机联网构成二级控制系统等。

3. 家用电器

家用电器广泛采用了单片机控制，从电饭煲、洗衣机、电冰箱、空调机、彩电、其他音响视频器材，到电子称量设备和白色家电等。

4. 网络和通信

现代的单片机普遍具备通信接口，可以很方便地与计算机进行数据通信，为在计算机网络和通信设备间的应用提供了极好的物质条件，通信设备基本上都实现了单片机智能控制，从手机、座机、小型程控交换机、楼宇自动通信呼叫系统、列车无线通信，到日常工作中随处可见的移动电话、集群移动通信、无线电对讲机等。

5. 汽车电子

单片机在汽车电子中的应用非常广泛，例如汽车中的发动机控制器，基于 CAN 总线的汽车发动机智能电子控制器、GPS 导航系统、ABS 防抱死系统、制动系统、胎压检测等。

此外，单片机在工商、金融、科研、教育、电力、通信、物流和国防航空航天等领域都有着十分广泛的应用。

1.4 单片机的选型

通过 1.3 节的学习，你也许会困惑这么多的单片机该从何学起？

首先解决的是平台的选择，即选择什么类型的单片机？ 是 MCS-51 单片机还是 PIC 或 AVR 单片机？

不明真相的读者认为：MCS-51 单片机都快淘汰了，现在都流行 PIC、AVR 或者 ARM 了，还学 MCS-51 系列单片机就跟不上时代了。我们公司用的是 PIC（或者易隆、NEC、Philips 等与 8051 不兼容的单片机），我学了 MCS-51 单片机又用不上。其实，MCS-51 单片机具有很强的生命力，至今仍然活跃在各种应用领域。如 STC51,C8051F 等 51 系列单片机与时俱进地融入了很多现代 MCU 特有的元素，在常规单片机应用领域中仍然很受欢迎。因此，本书选择 MCS-51 系列单片机为典型，来介绍单片机的原理与应用系统设计，理由有以下几个方面。

（1）51 单片机是所有单片机的一个典型代表，学会了 51 单片机再引申到其他单片机就比较容易了。就好像你先学会了开小轿车，然后再去学开大卡车，很多东西（例如交通规则,譬如油门控制、刹车等)都是共通的,很容易上手。

(2) 51 单片机内部结果相对简单,寄存器较少,也没有让初学者完全摸不着头脑的复杂配置,是初学者学习单片机和编程最好的对象。

(3) 51 单片机有广泛的群众基础,资料最为丰富,获取最为容易。学习和开发中遇到问题最容易从外界获取帮助。

(4) 51 单片机有很好的开发工具配合,Keil μVision IDE 集成开发环境和 Proteus 仿真调试环境,对初学者来说是辅助学习单片机工作原理及提高程序调试能力的利器。

其次是编程语言的选择,即选择汇编语言还是 C 语言?

现在很多宣传一味鼓吹 C 语言的好,这种观点是有失偏颇的。客观地讲,汇编语言和 C 语言各有特点。简单地说,汇编语言的本质是机器码,是直接和单片机对话的唯一途径,优点是效率高,缺点是难以驾驭。C 语言的逻辑性更强,优点是只要掌握了语言本身,编程就变得简单,而且移植性好;缺点是即使你写出了程序,完成了功能,但是你对单片机本身的了解还是很少。在实际开发中,大多数情况往往会使用 C 语言,汇编语言在较为复杂的工程面前还是显得很无力,往往折腾得你着急上火。但是汇编语言在学习单片机的过程中却是个宝贝,想要真正懂得单片机的内部奥妙,还得借助汇编语言这个窗口才能一窥全貌。因此作者认为学习的正确流程应该是先通过汇编语言将单片机硬件资源掌握透彻,在对硬件了解清楚的基础之上再学习使用 C 语言,非常容易上手。

习　　题

1. 什么是单片机?
2. 单片机的主要特点是什么?
3. 单片机的主要品种有哪些?
4. 简述单片机的主要应用领域。

第 2 章

chapter 2

单片机的基本原理

2.1　MCS-51 系列单片机简介

2.1.1　MCS-51 系列单片机的特点

MCS-51 系列单片机是美国 Intel 公司于 1980 年推出的高性能 8 位单片机,它包含 51 和 52 两个子系列。

51 子系列是基本型,其主要包括 8031、8051、8751、8951 四种机型,它们的指令系统与芯片引脚完全兼容,其差别仅在于片内程序储存器有所不同。8031 芯片内部不带程序存储器;8051 芯片内带 4KB 的 ROM,8751 芯片内带 4KB 的 EPROM,8951 芯片内带 4KB 的 EEPROM。51 子系列单片机的主要性能特点如下:

- 8 位 CPU
- 片内带振荡器,频率范围为 1.2~12MHz
- 片内带 128B 的数据存储器 RAM
- 片内程序存储器 0KB/4KB/8KB,根据不同机型有所不同
- 程序存储器的寻址空间为 64KB
- 片外数据存储器的寻址空间为 64KB
- 128 个用户位寻址空间
- 21 个字节特殊功能寄存器
- 4 个 8 位的 I/O 并行接口:P0、P1、P2、P3
- 一个全双工的串行 I/O 接口,可单机或多机通信
- 两个 16 位定时/计数器
- 两个优先级别的 5 个中断源
- 指令系统包含 111 条指令,含有乘法指令和除法指令
- 片内采用单总线结构
- 内置一个布尔处理器和一个布尔累加器(Cy),具有较强的位处理能力
- 采用单一的+5V 电源

52 子系列是增强型,其主要包括 8032、8052、8752、8952 四种机型。52 子系列与 51 子系列的大部分功能相同,不同之处在于:①片内数据存储器增至 256B。②8032 芯片内

部不带程序存储器；8052 芯片内带 8KB 的 ROM；8752 芯片内带 8K 的 EPROM；8952 芯片内带 8KB 的 EEPROM。③有 3 个 16 位定时器/计数器。④有 6 个中断源。

本书将以 8051 为主来介绍 MCS-51 单片机的基本原理。有些文献甚至也将 8051 泛指 MCS-51 系列单片机，8051 是早期的最典型的代表作，由于 MCS-51 单片机影响极深远，许多公司都推出了兼容系列的单片机，就是说 MCS-51 内核实际上已经成为一个 8位 51 单片机的标准。

2.1.2　MCS-51 系列单片机的常用芯片简介

Intel 公司把 MCS-51 的核心技术授权给了很多其他公司，所以有很多公司在做以 8051 为核心的单片机，这些 51 单片机的功能或多或少会有些改变，以满足不同用户的需要。近年来，在我国应用很广的 51 单片机有美国 ATMEL 公司开发生产的 AT89 系列单片机，美国 SST 公司开发生产的 SST89 系列单片机、Philips 公司研制的 51LPC 系列单片机等。

1. AT89 系列单片机

AT89 系列单片机是 ATMEL 公司推出的与 MCS-51 完全兼容的系列单片机。其中 AT89C51 是一种带 4KB Flash 存储器、低电压、高性能的 8 位 CMOS 单片机，该器件采用 ATMEL 高密度非易失存储器制造技术制造，与工业标准的 MCS-51 指令集和输出引脚相兼容。由于它将多功能 8 位 CPU 和闪烁存储器组合在单个芯片中，因此 AT89C51 是一种高效微控制器。其引脚结构如图 2.1 所示。

AT89C51 的标准功能有：4KB Flash 闪速存储器作为片内程序存储器，能实现 1000 次写/擦循环，数据保留时间可达 10 年；3 个程序存储器加密位；128B 内部 RAM；4 个 8 位的并行 I/O 接口；两个 16 位定时/计数器；两个优先级的 5 个中断源；一个全双工串行通信口；片内振荡器及时钟电路。

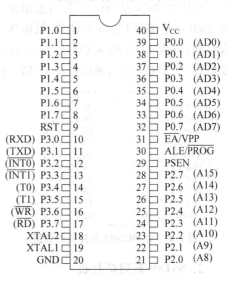

图 2.1　AT89C51 单片机引脚图

AT89C51 的主要特点是可全静态工作方式 0～24MHz，可以在低到零频率的条件下静态逻辑，支持软件可选的两种节电工作模式：①空闲模式：停止 CPU 的工作，但允许 RAM、定时/计数器、串行通信口及中断系统继续工作。②掉电模式：保存 RAM 中的内容，但振荡器停止工作，并禁止其他所有部件工作，直到下一个硬件复位为止。

AT89C51 是基本型号，此外还有 AT89C52、AT89C55、AT89C58 等型号，内部可编程的 Flash 存储器分别为 8K、20K、32K；定时/计数器个数 3 个；6～8 个中断源。

AT89LV51、AT89LV52、AT89LV55、AT89LV58 是上述型号对应的低电压型号，除了具有上述功能之外，还可在 2.7~6V 电压范围工作。

在市场化方面，AT89C51 最致命的缺陷在于不支持 ISP(在线更新程序)功能，因此 Atmel 公司又推出了 AT89S51 以取代 AT89C51，AT89S51 目前已经成为了实际应用市场上的新宠儿。AT89S51 在工艺上进行了改进，降低了成本，而且将功能提升，增加了竞争力。AT89Sxx 可以向下兼容 AT89Cxx 等 51 系列芯片。同时，Atmel 不再接受 89Cxx 的订单，大家在市场上见到的 89C51 实际都是前期生产的巨量库存。

AT89S51 相对于 AT89C51 增加的新功能包括：

① ISP 在线编程功能，这个功能的优势在于改写单片机存储器内的程序不需要把芯片从工作环境中剥离。

② 最大工作频率为 33MHz，具有更高的工作频率，计算速度更快。

③ 内部集成看门狗计时器，不再需要像 89C51 那样外接看门狗计时器单元电路。

④ 双数据指示器。

⑤ 电源关闭标识。

⑥ 全新的加密算法，程序的保密性增强，可以有效地保护知识产权不被侵犯。

⑦ 兼容性方面，向下完全兼容 51 全部子系列产品。

AT89C2051 是 Atmel 公司推出的一款与 MCS-51 兼容的精简版本，是一种片内带有 2KB 可重编程 Flash 存储器、低电压、高性能的 8 位 CMOS 微处理器。它采用 20 个引脚结构；内含 128B 的 RAM；15 个 I/O 口；两个 16 位定时/计数器，两个优先级的 5 个中断源；一个全双工串行通信口；一个精密模拟比较器；全静态工作方式 0~24MHz，支持软件可选的两种节电工作模式；2.7~6V 电压范围；P1

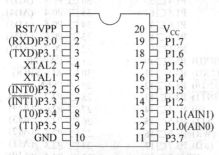

图 2.2　AT89C2051 单片机引脚图

口可 LED 驱动输出。此外，AT89C2051 设计有两个程序保密位，保密位 1 被编程之后，程序存储器不能再被编程，除非做一次擦除；保密位 2 被编程之后，程序不能被读出。AT89C2051 是一款强劲的微型处理器，其引脚结构如图 2.2 所示，它对许多嵌入式控制应用提供一定高度灵活和成本低的解决办法。

2．SST89 系列单片机

SST89 系列单片机为美国 SST 公司(Silicon Storage Technology Inc.)推出的 MCS-51 内核单片机。SST(超捷)公司总部设于加州森尼维尔市，是一家主要从事快闪存储器 Flash 技术的企业，其产品广泛应用于数字消费性产品、网络、无线通信及网络运算市场等。SST 旗下产品主要包括高功能闪存组件、大容量快闪储存产品和整合单芯片闪存的 8 位微控制器，其中 8 位微控制器包括 SST89E/V52RD2，SST89E/V54RD2，SST89E/V58RD2，SST89E/V516RD2 和 SST89E/V564RD 等。其主要技术特点如下。

(1) 片内 RAM 有 1024B；3 个 16 位定时/计数器；4 个 8 位 I/O 端口和 1 个 4 位 I/O (P4 口)；8 个中断源，四个优先级。

（2）片内提供两块 Flash 空间，可做程序和数据空间。

① SST89E/V52RD2：8KB＋8KB。

② SST89E/V54RD2：16KB＋8KB。

③ SST89E/V58RD2：32KB＋8KB。

④ SST89E/V564RD：64KB＋8KB。

（3）SST89E5XXRD 工作电压 4.5～5.5V；SST89V5XXRD 工作电压 2.7～3.6V；频率范围 0～40MHz。

（4）提供系统在线编程（In-System Programming，ISP）和应用中再编程（In-Application Programming，IAP）模式，使用灵活，可以在线软件升级。

（5）内部 Flash 擦写次数达 1 万次以上，程序保存时间可达到 100 年。

（6）带内部看门狗（WDT）。

（7）具有三种节电模式，使功耗降至最低。

（8）器件有多种加密方式。

（9）有 DIP-40，PLCC-44，TQFP-44 三种封装形式。其 TQFP-44 封装形式的引脚结构如图 2.3 所示。

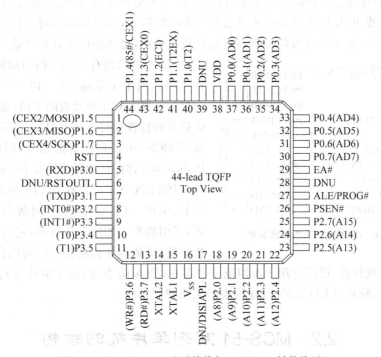

图 2.3　SST89x5xRx 系列单片机 TQFP-44 封装外形

（10）提供 EasyIAP 和 SoftICE 软件工具，通过串口做程序烧录和仿真，不需要另外烧录器和仿真器，方便开发。

SST 公司 89 系列 51 单片机，给单片机应用带来了全新概念。

（1）开发实验。不需编程器就可做单片机实验，不需要仿真器可以调试软件，这对单片机的初学者来说，是一种最低成本的单片机开发手段。

（2）产品的软件升级。不需外加监控芯片,只是通过串行口便可将 PC 内的产品升级软件下载到产品中去,而实现产品软件升级换代。在自己的实验室便可通过 Modem 对远方的产品进行软件升级,这将是电子产品的必然趋势。

（3）在线对产品参数的修改。内部的 Flash 的扇区大小是 128B,擦写次数达到十万次,方便修改,可实现在线对现场历史数据的存储、曲线参数校正等功能。适用于一些需经常改变数据的应用产品及需远距离改变设备参数的产品。

（4）SST89x5xRx 提供了大容量存储器(32KB/64KB),更适合一些特殊应用场合,使单片机和存储器合在一起,只用单片芯片,加强保密性。

3. 51LPC 系列单片机

51LPC 系列单片机是 Philips 半导体公司推出的 51 系列 OTP(一次编程)单片机,型号为 P87LPC76x。P87LPC76x 是一种 80C51 改进型 CPU,主要包括 P87LPC760、P87LPC761、P87LPC762、P87LPC764、P87LPC767、P87LPC768 和 P87LPC769 七个型号。这个系列单片机增加了 WDT(看门狗)、I2C 总线、模拟比较器、8 位 A/D 及 D/A 转换器、PWM(脉冲宽度调制器)、上电复位检测、欠压复位检测等功能,最大限度地减少了外部元件的使用;提供高速和低速的晶振和 RC 振荡方式,可编程选择;具有较宽的操作电压范围 2.7~6.0V;可编程 I/O 口线输出模式选择,可选择施密特触发输入,LED 驱动输出,所有口线均有 20mA 的驱动能力;工作温度范围达到了工业标准(−40~+85℃);运行速度为标准 80C51 单片机的 2 倍,而且可靠性即电磁兼容特性很好。P87LPC76X 系列单片机具备了 MCS-51 系列所有的特点,同时还继承了 Philips 半导体的低功耗特性及不可破译性。

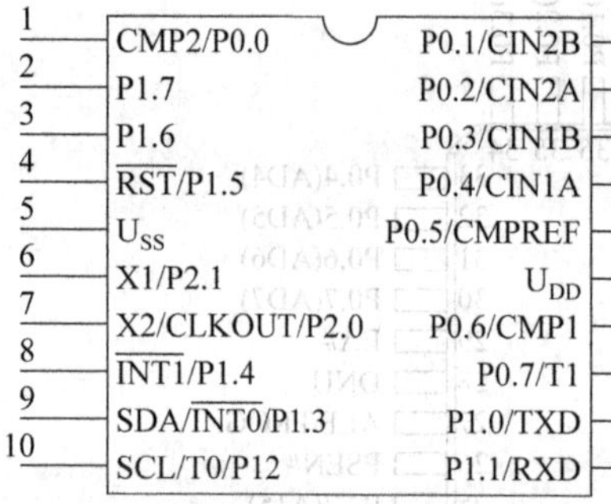

P87LPC76x 系列有 14、16 和 20 引脚 DIP 封装、SOIC 封装和 TSSOP 超薄微小型封装形式,其引脚形式如图 2.4 所示,它适合于许多高集成度、低成本和低功耗的应用场合,而且系统具有高抗干扰性能,已广泛用于车用电子产品(如汽车防盗器、倒车雷达等)、IC 卡水表、电子秤、消毒碗柜、LED 显示屏、煤气表等工业控制领域。

图 2.4　P87LPC762/764 单片机

2.2　MCS-51 系列单片机的结构

2.2.1　MCS-51 系列单片机的内部结构

MCS-51 系列单片机的芯片种类很多,但它们的基本组成相同,MCS-51 系列单片机的基本结构如图 2.5 所示。

MCS-51 系列单片机内部集成了中央处理器 CPU、数据存储器 RAM、程序存储器 ROM(8031 和 8032 除外)、时钟电路、定时/计数器、并行接口、串行接口、中断系统和一

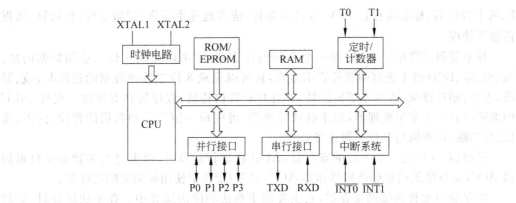

图 2.5 MCS-51 系列单片机的基本结构

些特殊功能寄存器 SFR,这些部件通过内部总线紧密地联系在一起。其内部结构如图 2.6 所示。MCS-51 系列单片机对外设的控制采用特殊功能寄存器集中控制的方式,使用更方便。

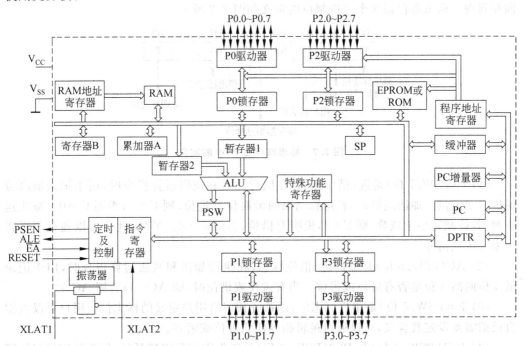

图 2.6 MCS-51 系列单片机的内部结构

2.2.2 MCS-51 系列单片机的 CPU

MCS-51 系列单片机的中央处理器 CPU 包含运算部件和控制部件两部分。

1. 运算部件

运算部件以算术逻辑运算单元 ALU 为核心,包含有累加器 ACC(简称 A)、寄存器

B、两个暂存器、标志寄存器 PSW 等许多部件,能实现算术运算、逻辑运算、位运算、数据传输等处理。

算术逻辑运算单元 ALU 是一个 8 位的运算器,它可以完成 8 位二进制数据的加、减、乘、除、BCD 码十进制调整等算术运算,还可以完成 8 位二进制数据的逻辑与、或、异或、求反、循环移位、清零等逻辑运算,并且具有数据传输、程序转移等功能。此外,ALU 内部还设有一个布尔处理器,用来处理位操作,可完成一位二进制数据的置位、清零、求反、位判断、位逻辑与和位逻辑或等处理。

累加器 ACC 是一个 8 位的寄存器,ALU 在进行运算时,数据绝大多数都来自累加器 ACC,运算结果通常也送回累加器 ACC,它是 CPU 中使用最频繁的寄存器。

寄存器 B 也称为辅助寄存器,它主要用于乘法和除法运算中。在乘法运算时,累加器 ACC 和寄存器 B 用于存放乘数和被乘数,运算结果的高、低字节送回给寄存器 B 和累加器 ACC。在除法运算时,累加器 ACC 和寄存器 B 用于存放被除数和除数,运算结果的商和余数送回给累加器 ACC 和寄存器 B。

标志寄存器 PSW 是一个 8 位的寄存器,用于保存指令执行结果的状态,以供程序查询和判别。标志寄存器 8 个二进制位的定义如图 2.7 所示。

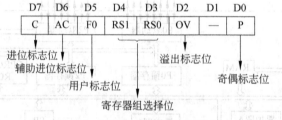

图 2.7 标志寄存器 PSW 的定义

(1) C(PSW.7 位)是进/借位标志,在执行算术和逻辑运算指令时,用于记录最高位的进位或借位。加法运算时,若运算结果的最高位有进位,则 C=1;否则 C=0。减法运算时,若被减数小于减数,则 C=1,说明有借位;否则 C=0。另外,此位可以通过逻辑指令来置位或清零。

(2) AC(PSW.6 位)是辅助进/借位标志,在执行加法和减法运算指令时,用于记录低 4 位向高 4 位是否有进位或借位。当有进位或借位时,则 AC=1;否则 AC=0。

(3) F0(PSW.5 位)是用户标志位,是系统预留给用户定义的标志位。用户可以根据自己的需要设定其含义,可以通过逻辑指令使它置位或清零。

(4) RS1(PSW.4 位)和 RS0(PSW.3 位)是工作寄存器组选择位,用于从四组工作寄存器中选择一组作为当前工作寄存器组,选择方式如表 2.1 所示。此二位可以用软件置位或清零。

表 2.1 工作寄存器组选择方式

RS1	RS0	工作寄存器组	RS1	RS0	工作寄存器组
0	0	0 组(00H~07H)	1	0	2 组(10H~17H)
0	1	1 组(08H~0FH)	1	1	3 组(18H~1FH)

(5) OV(PSW.2 位)是溢出标志位,在执行加法或减法运算指令时,用于记录运算结果有无溢出(即超出 8 位二进制数的范围)。若有溢出,则 OV=1;否则 OV=0。

(6) —(PSW.1 位)是未定义位。

(7) P(PSW.0 位)是奇偶标志位,在执行指令时,用于记录执行结果的累加器 ACC 中二进制 1 的个数的奇偶性。若累加器 ACC 中二进制 1 的个数为奇数,则 P=1;若为偶数,则 P=0。

影响上述标志位的指令及其影响方式可参见第 3 章。

【例 2-1】 试分析下面指令执行后,累加器 A 和标志位 C、AC、OV、P 的值。

```
MOV A,#79H
ADD A,#98H
```

加法运算过程如下:79H=01111001B,98H=10011000B

$$
\begin{array}{r}
0\ 1\ 1\ 1\ 1\ 0\ 0\ 1\ B \\
+\quad 1\ 0\ 0\ 1\ 1\ 0\ 0\ 0\ B \\
\hline
0\ 0\ 0\ 1\ 0\ 0\ 0\ 1
\end{array}
$$

执行结果累加器 A 中的值为 11H,相加过程得 C=1、AC=1、OV=1、P=0。

2. 控制部件

控制部件是单片机的控制指挥中心,它包括定时及控制电路、指令寄存器、指令译码器、程序计数器 PC、堆栈指针 SP、数据指针 DPTR 以及信息传送控制部件等。控制部件的主要任务就是不断地完成从 ROM 中取出指令和执行指令的过程。其工作过程是先以振荡器 OSC 产生的振荡信号为基准产生 CPU 的时序,然后从 ROM 中取出指令到指令寄存器,再经过指令译码器对指令进行译码,产生指令执行所需各种操作控制信号,并将其送到单片机内部的各功能部件,以指挥各功能部件产生相应的操作,完成指令所对应的功能。

指令寄存器是 8 位寄存器,用于保存当前正在执行的一条指令。指令的内容含指令操作码和地址码。操作码送往指令译码器,经译码后形成相应的操作控制信号;地址码送往操作数地址形成电路,以形成实际的操作数地址。定时与控制部件完成取指令、执行指令、存取操作数和运算结果,向其他部件发出各种操作控制信号,协调各部件的工作。

振荡器 OSC 是控制器的心脏,能为控制器提供时钟脉冲。振荡器产生矩形时钟脉冲序列,其频率是单片机的重要性能指标之一,时钟频率越高,单片机控制器的控制节拍就越快,运算速度也就越快。

程序计数器 PC 是 16 位的特殊功能寄存器,专门用来存放将要执行的指令地址。它具有自动计数功能,工作时它的内容会自动加 1,它可对 64KB 程序存储器直接寻址。执行指令时,PC 内容的低 8 位经 P0 口输出,高 8 位经 P2 口输出。

堆栈指针 SP 是一个 8 位的特殊功能寄存器,用于指示堆栈的地址。51 单片机的堆栈设在片内 RAM 中,对堆栈的操作包括压入(PUSH)和弹出(POP)两种方式,并且遵循先进后出、后进先出的原则,按字节进行操作。

数据指针寄存器 DPTR 是 16 位的特殊功能寄存器,用来存放 16 位地址值。DPTR 可分成 DPH(高 8 位)和 DPL(低 8 位)两个寄存器,两个 8 位寄存器可以分别使用,DPTR 可以用来存放片内 ROM 的地址,也可以用来存放片外 ROM 和片外 RAM 的地址。

2.2.3　MCS-51 系列单片机的存储器分布

MCS-51 系列单片机存储器结构分为程序存储器 ROM 和数据存储器 RAM。程序存储器用于存放程序、固定常数和数据表格,数据存储器用作工作区及存放数据,两者完全分开使用。这与一般微机的存储器结构不同。MCS-51 系列单片机的程序存储器和数据存储器各有自己的寻址方式、寻址空间和控制系统。

MCS-51 单片机的程序存储器和数据存储器从物理结构上可分为片内和片外两种,因此从物理空间上看,MCS-51 单片机有 4 个存储器空间:片内数据存储器、片外数据存储器、片内程序存储器、片外程序存储器。MCS-51 单片机存储器物理结构如图 2.8 所示。

图 2.8　MCS-51 单片机存储器物理结构

1. 程序存储器

1) 程序存储器的分布

MCS-51 单片机的程序存储器,从物理结构上分为片内和片外程序存储器。而对于片内程序存储器空间,在 MCS-51 系列中,不同的芯片各不相同,8031 和 8032 内部没有 ROM;8051 内部 ROM 有 4KB,8751 内部 EPROM 有 4KB;8052 内部 ROM 有 8KB;8752 内部 EPROM 有 8KB。

对于内部没有 ROM 的 8031 和 8032(目前已被市场淘汰),工作时只能扩展外部 ROM,最多可扩展 64K,地址范围为 0000H～FFFFH。

对于内部有 ROM 的芯片,根据使用情况外部可以扩展 ROM,但内部 ROM 和外部 ROM 共用 64K 地址空间,其中,片内程序存储器地址空间和片外程序存储器的低地址空间重叠。51 子系列重叠区域为 0000H～0FFFH,52 子系列重叠区域为 0000H～1FFFH。MCS-51 单片机程序存储器物理结构如图 2.9 所示。

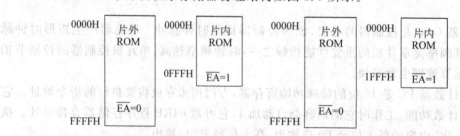

(a) 片内有4KB的程序存储器　　　　　　　(b) 片内有8KB的程序存储器

图 2.9　MCS-51 单片机程序存储器空间

程序存储器的作用是用于存放单片机工作时的程序,事先用户需编制好程序和表格常数,并把它们存放到程序存储器中。程序是由若干条指令组成的,指令在程序存储器中的存放位置(即指令的地址)被存放在 CPU 内的程序计数器 PC 中,它的初始值为0000H。当单片机工作时,在控制器的作用下,先从程序计数器 PC 中取出一条指令的地址送给程序地址寄存器,按此地址从程序存储器中取出一条指令送到 CPU 中执行,实现该指令相应的功能。程序计数器 PC 具有自动计数功能,在每取出一条指令的同时,它的内容会自动加1,以指向下一条将要执行的指令,从而实现从程序存储器中依次取出指令来执行。

程序存储器是以程序计数器 PC 作为地址指针,通过 16 位地址总线,可寻址 64KB 程序存储器空间。在 MCS-51 单片机中,64KB 内、外程序存储器的地址是统一编址的。那么,对于片内和片外重叠的低地址空间,单片机是如何区分的呢?也就是说单片机在取指令时,对于片内和片外重叠的低地址空间部分,是如何区分从片内还是从片外程序存储器中取指令呢?这是根据单片机引脚$\overline{EA}$(片外程序存储器选用端)电平的高低来区分的,$\overline{EA}$接低电平,则从片外程序存储器取指令;$\overline{EA}$接高电平,则从片内程序存储器取指令。

CPU 访问程序存储器使用 MOVC 指令进行。

2)程序存储器的 7 个特殊地址

在 64KB 的程序存储器空间中,有 7 个地址单元有特殊作用。首先是 0000H 地址单元,MCS-51 系列单片机复位后程序计数器 PC 值为 0000H,因此单片机复位后将从0000H 地址开始取指令和执行指令,程序存储器的 0000H 地址是程序的启动地址,也叫复位地址。通常,用户会在复位地址处放一条绝对转移指令,以便单片机复位后启动工作时会自动转移到用户设计的主程序的起始地址开始执行程序。其余 6 个特殊地址分别是作为 6 个中断源所对应的中断服务程序的入口地址,MCS-51 系列单片机程序存储器 7 个特殊地址的作用如表 2.2 所示。

表 2.2 MCS-51 系列单片机程序存储器的 7 个特殊地址

7 个特殊地址的作用	地 址
复位地址	0000H
外部中断 0 入口地址	0003H
定时/计数器 0 中断入口地址	000BH
外部中断 1 入口地址	0013H
定时/计数器 1 中断入口地址	001BH
串行口中断入口地址	0023H
定时/计数器 2 中断入口地址(仅 52 子系列有)	002BH

2. 数据存储器

MCS-51 系列单片机的数据存储器用于存储程序执行时所需要的数据,从物理结构上它可分为片内数据存储器和片外数据存储器。

1) 片内数据存储器分布

MCS-51系列单片机的片内数据存储器按功能可以分为以下几个部分：工作寄存器组区、位寻址区、一般RAM区和特殊功能寄存器区。具体分布情况如图2.10所示。

图2.10　片内数据存储器地址分布情况

对于51子系列：片内数据存储器的工作寄存器组区、位寻址区和一般RAM区共有128个字节的RAM块，编址为00H～7FH；特殊功能寄存器SFR区包含有18个特殊功能寄存器，编址为80H～FFH。

对于52子系列：片内数据存储器的工作寄存器组区、位寻址区和一般RAM区共有256个字节的RAM块，编址为00H～FFH；特殊功能寄存器SFR区包含有21个特殊功能寄存器，编址为80H～FFH；两者的80H～FFH之间128个字节的编址重叠，访问时通过执行不同的指令来加以区分。

(1) 工作寄存器组区。

工作寄存器组区共有32个字节，地址为00H～1FH。工作寄存器也称为通用寄存器，用于暂时存放数据信息。工作寄存器组共有4组，分别为0组(地址00H～07H)、1组(地址08H～0FH)、2组(地址10H～17H)和3组(地址18H～1FH)，每组8个字节，分别依次用R0～R7表示。4个工作寄存器组，使用时只能选择其中一组作为当前工作寄存器组，工作时使用哪一组作为当前工作寄存器组，是由程序中程序状态寄存器PSW中的RS0和RS1两位的状态设置来选择的(如表2.1所示)，当前工作寄存器组中的8个字节地址分别用R0～R7表示。没有被选择的其他三组可以作为数据存储器使用。系统复位时，自动选中0组工作寄存器。例如，程序中PSW的RS0和RS1两位状态设置为00，表示选择0组寄存器作为当前工作寄存器，那么R0～R7就分别表示0组寄存器中的8个字节地址00H～07H。

(2) 位寻址区。

位寻址区共有16个字节，地址为20H～2FH。这16个字节包含128位，而且128位中的每一位都有一个位地址，每一位都可以按位方式寻址，位地址范围为00H～7FH，其具体分布情况如表2.3所示。因此，MCS-51系列单片机的位寻址区即可以按字节方式寻址(地址为20H～2FH)，也可以按位方式寻址(地址为00H～7FH)。但是，MCS-51系列单片机的字节寻址和位寻址的指令各不相同。

表 2.3　位寻址区地址分布情况

字节单元地址	D7 位地址	D6 位地址	D5 位地址	D4 位地址	D3 位地址	D2 位地址	D1 位地址	D0 位地址
20H	07H	06H	05H	04H	03H	02H	01H	00H
21H	0FH	0EH	0DH	0CH	0BH	0AH	09H	08H
22H	17H	16H	15H	14H	13H	12H	11H	10H
23H	1FH	1EH	1DH	1CH	1BH	1AH	19H	18H
24H	27H	26H	25H	24H	23H	22H	21H	20H
25H	2FH	2EH	2DH	2CH	2BH	2AH	29H	28H
26H	37H	36H	35H	34H	33H	32H	31H	30H
27H	3FH	3EH	3DH	3CH	3BH	3AH	39H	38H
28H	47H	46H	45H	44H	43H	42H	41H	40H
29H	4FH	4EH	4DH	4CH	4BH	4AH	49H	48H
2AH	57H	56H	55H	54H	53H	52H	51H	50H
2BH	5FH	5EH	5DH	5CH	5BH	5AH	59H	58H
2CH	67H	66H	65H	64H	63H	62H	61H	60H
2DH	6FH	6EH	6DH	6CH	6BH	6AH	69H	68H
2EH	77H	76H	75H	74H	73H	72H	71H	70H
2FH	7FH	7EH	7DH	7CH	7BH	7AH	79H	78H

（3）一般 RAM 区。

一般 RAM 区也称为用户 RAM 区，地址为 30H～7FH，共 80 个字节。对于 52 子系列，一般 RAM 区从 30H～FFH 单元，共 208 个字节。另外，对于工作寄存器组区和位寻址区未用的单元，也可作为用户 RAM 单元来使用。

（4）特殊功能寄存器。

特殊功能寄存器 SFR 也称为专用寄存器，是专门用于控制和管理片内算术逻辑部件、并行 I/O 接口、串行口、定时/计数器和中断系统等部件的工作。特殊功能寄存器 SFR 分布在片内数据存储器 80H～FFH 的地址空间内，它们的地址分布情况如表 2.4 所示。对于 51 子系列，有 18 个特殊功能寄存器，其中数据指针 DPTR、定时/计数器 0 和定时/计数器 1 分别为双字节，其余为单字节；对于 52 子系列，有 21 个特殊功能寄存器，其中数据指针 DPTR、定时/计数器 0、定时/计数器 1、定时/计数器 2 和定时/计数器 2 重装寄存器分别为双字节，其余为单字节；这些特殊功能寄存器的具体名称如下：

- CPU 专用寄存器：累加器 A(E0H)，寄存器 B(F0H)。
- 程序状态寄存器 PSW(D0H)。
- 堆栈指针 SP(81H)。
- 数据指针 DPTR(82H、83H)。

- 并行接口：P0、P1、P2、P3(80H、90H、A0H、B0H)。
- 串行接口：串口控制寄存器 SCON(98H)、串口数据缓冲器 SBUF(99H)。
- 电源控制寄存器 PCON(87H)。
- 定时/计数器：方式寄存器 TMOD(89H)、控制寄存器 TCON(88H)、定时/计数器 0 初值寄存器 TH0、TL0(8BH、8AH)。
- 定时/计数器 1 初值寄存器 TH1、TL1(8DH、8CH)。
- 中断系统：中断允许寄存器 IE(A8H)、中断优先级寄存器 IP(B8H)。
- 定时/计数器 2 相关寄存器(仅 52 子系列有)：定时/计数器 2 控制寄存器 T2CON(CBH)、定时/计数器 2 自动重装寄存器 RLDL、RLDH(CAH、CBH)、定时/计数器 2 初值寄存器 TH2、TL2(CDH、CCH)。

在表 2.4 中，标明位名称或位地址的特殊功能寄存器，既能按字节方式处理，也能够按位方式处理。表中未标明的地址单元是无定义字节，用户不能使用，如果访问，将得到一个不确定的值。

表 2.4　特殊功能寄存器地址分布

特殊功能寄存器名称	符号	地址	位地址与位名称							
			D7	D6	D5	D4	D3	D2	D1	D0
P0 口	P0	80H	87	86	85	84	83	82	81	80
堆栈指针	SP	81H								
数据指针低字节	DPL	82H								
数据指针高字节	DPH	83H								
定时/计数器控制	TCON	88H	TF1	TR1	TF0	TR0	IE1	IT1	IE0	IT0
定时/计数器方式	TMOD	89H	GATE	C/T	M1	M0	GATE	C/T	M1	M0
定时/计数器 0 低字节	TL0	8AH								
定时/计数器 0 高字节	TH0	8BH								
定时/计数器 1 低字节	TL1	8CH								
定时/计数器 1 高字节	TH1	8DH								
P1 口	P1	90H	97	96	95	94	93	92	91	90
电源控制	PCON	97H	SMOD				GF1	GF0	PD	IDL
串行口控制	SCON	98H	SM0	SM1	SM2	REN	TB8	RB8	TI	RI
串行口数据	SBUF	99H								
P2 口	P2	A0H	A7	A6	A5	A4	A3	A2	A1	A0
中断允许控制	IE	A8H	EA		ET2	ES	ET1	EX1	ET0	EX0
P3 口	P3	B0H	B7	B6	B5	B4	B3	B2	B1	B0
中断优先级控制	IP	B8H			PT2	PS	PT1	PX1	PT0	PX0

续表

特殊功能寄存器名称	符号	地址	位地址与位名称							
			D7	D6	D5	D4	D3	D2	D1	D0
定时/计数器 2 控制	T2CON	C8H	TF2	EXF2	RCLK	TCLK	EXEN2	TR2	C/T2	CP/RL2
定时/计数器 2 重装低字节	RLDL	CAH								
定时/计数器 2 重装高字节	RLDH	CBH								
定时/计数器 2 低字节	TL2	CCH								
定时/计数器 2 高字节	TH2	CDH								
程序状态寄存器	PSW	D0H	C	AC	F0	RS1	RS0	OV	D1	P
累加器	A	E0H	E7	E6	E5	E4	E3	E2	E1	E0
寄存器 B	B	F0H	F7	F6	F5	F4	F3	F2	F1	F0

(5) 堆栈区与堆栈指针。

堆栈区是用于暂时保存数据的一段存储区域,它按先进后出、后进先出的原则进行管理。MCS-51 系列单片机的堆栈占用片内数据存储器中的一段连续的区域,因此在使用时,堆栈地址的设置要避开程序已使用的工作寄存器区、位寻址区和一般 RAM 区中的某些单元,以防止堆栈数据和其他数据相互覆盖,造成程序执行混乱。一般在编程之前,用户要根据程序的功能事先规划好片内数据存储区的空间使用,尤其是确定好一块存储区域专门作为堆栈使用。

堆栈的作用是为子程序调用和中断调用时保护断点地址和保护现场数据。堆栈操作分为自动方式和指令方式。自动方式是在调用子程序或发生中断时 CPU 自动将断点地址存入堆栈或者从堆栈中取出,以保护断点地址;指令方式是使用进栈(PUSH)和出栈(POP)指令进行操作,以保护现场数据。当系统执行子程序调用或中断调用时,CPU 会自动将断点地址(即程序计数器 PC 的值)放入堆栈保存,以便调用返回时使用;在调用结束后,会自动从堆栈中取出断点地址送回给程序计数器 PC,以便程序从原来断点处继续执行下去。因而先进栈保存的后出栈,后进栈保存的先出栈。

为了实现对堆栈的管理,MCS-51 单片机中专门设置了一个堆栈指针 SP,用于指向堆栈顶部在内部 RAM 中的地址,即 SP 中的内容就是栈顶的地址。进栈时,SP 指针先自动加 1,然后把断点地址(先低字节,后高字节)或现场数据存放到 SP 指针指向的存储单元;出栈时,先从 SP 指针指向的存储单元中取出断点地址(先高字节,后低字节)或现场数据,然后再把 SP 指针自动减 1。可见,MCS-51 单片机的堆栈是向上生长型的,栈顶的地址总是大于或等于栈底的地址。复位时,SP 的初值为 07H,使用时是从 08H 开始以后的存储区域作为堆栈。但是,用户可以在程序中通过给 SP 赋值的方式重新设置堆栈的位置。

2) 片外数据存储器

片外数据存储器用于存放随机读写的数据。片外数据存储器空间最多为 64KB,地址范围为 0000H~0FFFFH,通过数据指针 DPTR 以间接方式访问。

MCS-51单片机的外部数据存储器和外部I/O设备实行统一编址，并使用相同的读、写信号作为选通控制信号，均使用MOVX指令进行访问。

需要说明的是：第一，MCS-51单片机64KB的程序存储器和64KB的片外数据存储器地址空间都为0000H～0FFFFH，使用时如何区分呢？是通过使用不同的控制信号和不同的访问指令加以区分的。片外数据存储器地址空间是通过读、写控制信号RD和WR来控制读写操作，采用MOVX指令实现访问；而程序存储器地址空间是通过PSEN选通信号来控制读操作，采用MOVC指令实现访问。

第二，片内数据存储器和片外数据存储器的低256B的地址空间00H～0FFH是重叠的，使用时如何区分呢？是通过不同的指令实现访问。片内数据存储器采用MOV指令访问；而片外数据存储器采用MOVX指令访问。

2.2.4 MCS-51系列单片机的输入输出接口

输入输出接口有串行和并行接口两种，串行I/O接口一次只能传送1位二进制信息；并行I/O接口一次可以传送一组二进制信息。

1. 并行I/O接口

MCS-51系列单片机的并行接口有4个8位的I/O口：P0、P1、P2和P3口。它们是4个特殊功能寄存器，既可以作输入，也可以作输出，既可按字节方式输入输出数据，也可按位方式使用。并且输出时都具有锁存能力，输入时都具有缓冲功能。这4个接口的具体功能有所不同，下面分别加以介绍。

1) P0口

P0口是一个三态双向口，可作为地址/数据分时复用接口，也可作为通用的I/O接口。它由一个输出锁存器、两个三态缓冲器、输出驱动电路和输出控制电路组成，它的一位结构如图2.11所示。

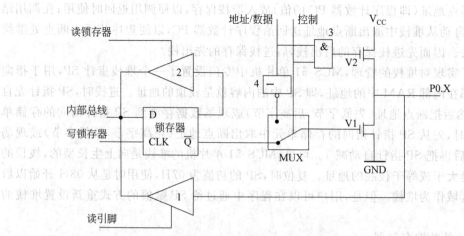

图2.11 P0口的一位结构组成

当控制信号为高电平1时，P0口作为地址/数据分时复用总线使用，这种使用可分为两种情况：一种是从 P0 口输出地址或数据；另一种是从 P0 口输入数据。当控制信号为高电平 1 时，若地址或数据为 1，则 V1 截止，V2 导通，P0.X 引脚输出高电平 1；若地址或数据为 0，则 V1 导通，V2 截止，P0.X 引脚输出低电平 0。如果从 P0 口输入数据，将通过三态输入缓冲器进入内部总线。

当控制信号为低电平 0 时，P0 口作为通用 I/O 口使用。

当 P0 口作通用 I/O 接口时，应注意以下两点：①在输出数据时，由于 V2 截止，输出级是漏极开路电路，要使 1 信号正常输出，必须外接上拉电阻；②P0 口作为通用 I/O 口输入使用时，在输入数据前，应先向 P0 口写 1。

另外，P0 口的输出级具有驱动 8 个 LSTTL 负载的能力，输出电流不大于 $800\mu A$。

2）P1 口

P1 口是准双向口，它只能作为通用 I/O 接口使用。P1 口的结构与 P0 口不同，它的输出只由一个场效应管 V1 与内部上拉电阻组成，它的一位结构如图 2.12 所示。P1 口输入输出原理特性与 P0 口作为通用 I/O 接口使用时一样，当其输出时，可以提供电流负载，不必像 P0 那样需要外接上拉电阻。P1 口具有驱动 4 个 LSTTL 负载的能力。

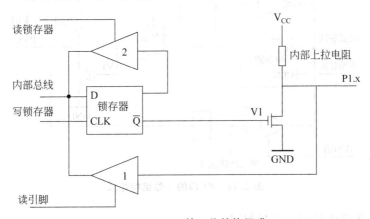

图 2.12　P1 口的一位结构组成

3）P2 口

P2 口也是准双向口，它有两种用途：通用 I/O 接口和高 8 位地址线。它的一位结构如图 2.13 所示。与 P1 口相比，它只在输出驱动电路上比 P1 口多了一个模拟转换开关 MUX 和反相器 3。

当控制信号为高电平 1 时，转换开关接上方，P2 口用作高 8 位地址总线使用，此时访问片外存储器的高 8 位地址由 P2 口输出。

当控制信号为低电平 0 时，转换开关接下方，P2 口作为通用 I/O 口使用，其工作原理与 P1 口相同。

4）P3 口

P3 口可以作为通用 I/O 使用，它的一位结构如图 2.14 所示。它的输出驱动由与非门 3、V1 组成，输入比 P0、P1、P2 口多了一个缓冲器 4。

当 P3 口作为通用 I/O 口使用时，第二种功能输出线为高电平，此时，P3 是一个准双

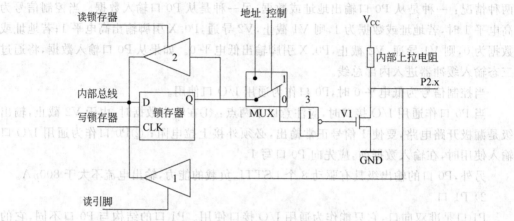

图 2.13　P2 口的一位结构组成

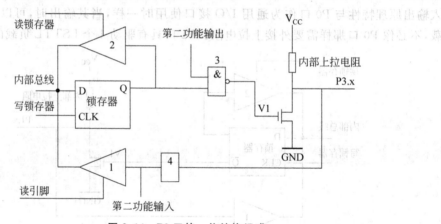

图 2.14　P3 口的一位结构组成

向口,它的工作原理与 P1、P2 口相同。

P3 口除了作为准双向通用 I/O 口使用外,它的每一根线还具有第二种功能,如表 2.5 所示。

表 2.5　P3 口的第二功能

P3 口	第 二 功 能	P3 口	第 二 功 能
P3.0	RXD 串行口输入端	P3.4	T0 定时/计数器 0 外部计数脉冲输入端
P3.1	TXD 串行口输出端	P3.5	T1 定时/计数器 0 外部计数脉冲输入端
P3.2	INT0 外部中断 0 请求输入端,低电平有效	P3.6	WR 外部数据存储器写信号,低电平有效
P3.3	INT1 外部中断 1 请求输入端,低电平有效	P3.7	RD 外部数据存储器读信号,低电平有效

2. 串行 I/O 接口

MCS-51 系列单片机的串行接口是一个全双工的可编程串行 I/O 端口,有一个数据接收缓冲器和一个数据发送缓冲器,两个缓冲器共用一个地址 99H,符号表示为 SBUF。中央处理器对接收缓冲器只能读出不能写入,对发送缓冲器只能写入不能读出。系统中有两个特殊功能寄存器 SCON 和 PCON,控制串行通信的工作方式。

51 系列单片机的串行 I/O 端口既可以在程序控制下,把 8 位并行数据变成串行数据逐位从输出端 TXD 发送出去,也可以把输入端 RXD 上串行接收到的数据变成 8 位并行数据送给 CPU,而且这种串行发送和串行接收可以单独进行,也可以同时进行。它的特点是传输距离远、传输线少、传输速度慢。

MCS-51 系列单片机的串行发送和串行接收就是利用了 P3 口的第二功能,这部分内容将在第 5 章详细讲解。

2.2.5 MCS-51 系列单片机的时钟电路

单片机的时钟电路是用来给单片机内各种微操作提供时间基准信号的,MCS-51 单片机的时钟电路通常有两种电路形式:内部振荡方式和外部振荡方式。

内部振荡方式是在引脚 XTAL1 和 XTAL2 外接晶体振荡器(简称晶振),连接方式如图 2.15 所示。其中的电容器 C01 和 C02 起到稳定振荡频率、快速起振的作用,电容值一般为 10~30pF。

外部振荡方式是把已有的时钟信号引入单片机。这种方式适用于使单片机的时钟与外部信号保持一致。外部振荡方式连接如图 2.16 所示。对于 HMOS 工艺的单片机,外部时钟信号由 XTAL2 引入;对于 CHMOS 工艺的单片机,外部时钟信号由 XTAL1 引入。

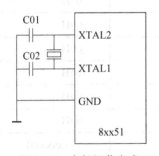

图 2.15 内部振荡方式

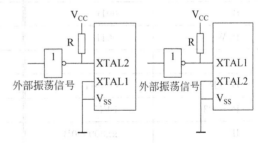

图 2.16 外部振荡方式

2.2.6 MCS-51 系列单片机的复位电路

单片机在启动运行时都需要复位,复位操作是使单片机内部的 CPU 及其他部件初始化,即处于一种确定的初始状态,然后从这个初始状态开始工作。

MCS-51 系列单片机有一个复位引脚 RST,该引脚外接复位电路。在时钟电路启动工作以后,当复位电路使得 RST 端出现 2 个机器周期(即 24 个时钟周期)以上的高电平时,单片机就启动复位操作。复位操作有两种方式:上电复位和按钮复位。两种方式的复位电路如图 2.17 所示。上电复位要求接通电源后,自动完成复位。按钮复位(也称为开关复位)要求在电源接通的条件下,在单片机运行期间,通过按下按钮开关动作使 RST

端持续一段时间的高电平,从而使单片机复位。复位电路中,通常选择复位电容 $C=$ $10\mu F$,复位电阻 $R=10k\Omega$。

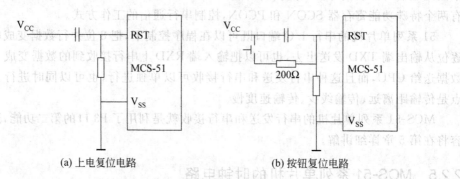

(a) 上电复位电路　　　　　　　　　　(b) 按钮复位电路

图 2.17　MCS-51 单片机复位电路

如果 RST 端持续为高电平,单片机将处于循环复位状态。当 RST 端从高电平变为低电平后,复位操作完成,程序计数器 PC 的值变为 0000H,单片机将从程序存储器地址为 0000H 的单元开始执行程序。此外,单片机内部其他特殊功能寄存器的内容也将在复位后恢复成初始状态。复位后内部特殊功能寄存器的初始内容如表 2.6 所示。

表 2.6　复位后内部特殊功能寄存器的初始内容

特殊功能寄存器	初始内容	特殊功能寄存器	初始内容
A	00H	TMOD	00H
PC	0000H	TCON	00H
B	00H	TL0	00H
PSW	00H	TH0	00H
SP	07H	TL1	00H
DPTR	0000H	TH1	00H
P0~P3	FFH	SCON	00H
IP	xx000000B	SBUF	xxxxxxxxB
IE	0x000000B	PCON	0xxx0000B

例如,A=00H,表明累加器已被清零;PSW=00H,表明选寄存器 0 组为工作寄存器组;SP=07H,表明堆栈指针指向片内 RAM 中 07H 地址单元,堆栈数据将被写入片内 RAM 中 08H 以后的地址单元;P0~P3=FFH,表明已向各 I/O 端口写入 1,各端口既可用于输入又可用于输出。记住特殊功能寄存器复位后的状态,对于熟悉单片机操作和编写应用程序是十分必要的。

图 2.17 给出了简单的复位电路,在实际应用中,复位电路通常采用具有复位功能的专用芯片来完成,以提高复位操作的稳定性和可靠性,如图 2.18 所示的是采用具有看门狗和复位功能的集成电路芯片 DS1232 构成的复位电路。

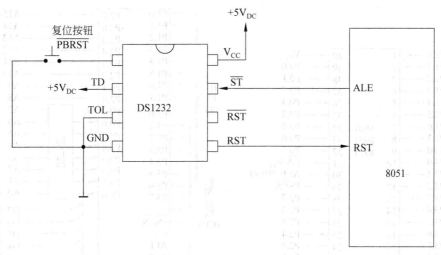

图 2.18　集成电路芯片 DS1232 构成的复位电路

2.3　MCS-51 系列单片机的引脚功能

在 MCS-51 系列单片机中,外部引脚的封装形式通常有 DIP(双列直插式封装)、PLCC(带引脚的塑料芯片封装,是表面贴焊型封装之一,引脚从封装的四个侧面引出)、TQFP(薄塑封四角扁平封装,是表面贴焊型封装之一,引脚从封装的四个侧面引出)、TSSOP(超薄紧缩小型封装,是表面贴焊型封装之一,引脚从封装的两侧面引出)几种。同一种封装形式的各种芯片的引脚基本相互兼容,它们的引脚情况基本相同,只是部分引脚功能略有差异。

MCS-51 系列单片机的 DIP40 封装有 40 个功能引脚,其外部引脚与总线结构如图 2.19 所示,各引脚功能如下。

1. 输入输出引脚

1) P0 口(39～32 引脚)

39～32 引脚分别对应 P0 口的 P0.0～P0.7。在不接片外存储器与不扩展 I/O 口时,P0 口作为准双向输入输出口。在接有片外存储器或扩展 I/O 口时,P0 口作为地址/数据分时复用口,分时复用为低 8 位地址总线和双向数据总线。

2) P1 口(1～8 引脚)

1～8 引脚分别对应 P1 口的 P1.0～P1.7。P1 口可作为准双向 I/O 口使用。对于 52 子系列,P1.0 与 P1.1 还有第二功能:P1.0 可用作定时器/计数器 2 的计数脉冲输入端 T2;P1.1 可用作定时器/计数器 2 的外部控制端 T2EX。

3) P2 口(21～28 引脚)

21～28 引脚分别对应 P2 口的 P2.0～P2.7。P2 口一般可作为准双向 I/O 口使用;在接有片外存储器或扩展 I/O 口且寻址范围超过 256B 时,P2 口用作高 8 位地址总线。

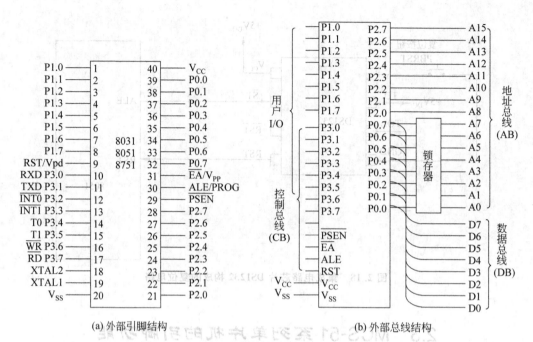

(a) 外部引脚结构　　　　　　　　(b) 外部总线结构

图 2.19　MCS-51 系列单片机外部引脚与总线结构

4) P3 口（10～17 引脚）

10～17 引脚分别对应 P3 口的 P3.0～P3.7。P3 口可以作为准双向 I/O 口使用，还可以将每一位用于第二功能使用，而且 P3 口的每一条引脚均可独立定义为第一功能的输入输出或第二功能。

2. 控制引脚

1) RST/Vpd（9 引脚）

RST（RESET 的简称）为复位，Vpd 为备用电源。当单片机的振荡器启动工作时，该引脚上出现持续两个机器周期（即 24 个振荡周期）的高电平可以实现复位操作，使单片机回复到初始状态。上电时，考虑到振荡器需要有一定的起振时间，该引脚上高电平必须持续 10ms 以上才能保证有效复位。

该引脚还可外接备用电源，当 V_{CC} 引脚电源的电平降低到低电平规定值或掉电时，此备用电源可为内部 RAM 供电，以保证内部 RAM 中的数据不丢失。

2) PSEN（29 脚）

PSEN 为片外程序存储器读选通信号，低电平有效。当外接片外程序存储器时，此引脚与片外程序存储器的输出允许控制引脚 OE 相连。

3) ALE/PROG（30 引脚）

ALE 为地址锁存信号输出端。ALE 在每个机器周期内输出两个脉冲，脉冲的频率为振荡频率的 1/6。当片外存储器存取数据时，此脉冲下降沿作为外部锁存器的触发信号，用于把片外存储器低 8 位地址锁存到外部专用地址锁存器。当不访问片外存储器时，此引脚输出固定频率的脉冲信号，该脉冲序列可作为外部时钟源或定时脉冲源使用。

对于片内含有 EPROM 的机型,在 EPROM 编程期间,此引脚用作编程脉冲$\overline{PROG}$的输入端。

4) $\overline{EA}/V_{PP}$(31 引脚)

$\overline{EA}$为片外程序存储器选用端,低电平有效。此引脚为低电平时,选用片外程序存储器;高电平或悬空时,选用片内程序存储器。

对于片内含有 EPROM 的机型,在 EPROM 编程期间,此引脚用作编程电源 VPP 的输入端。

3. 主电源引脚

V_{CC}(40 引脚):接$+5V$电源正端。

V_{SS}(20 引脚):接$+5V$电源地端。

4. 外接晶体引脚

XTAL1 和 XTAL2(19 和 18 引脚)是时钟信号输入端,可以采用内部振荡方式或外部振荡方式为单片机提供时钟信号。

2.4　MCS-51 系列单片机的时序

单片机时序就是 CPU 在执行指令过程中,由 CPU 控制器发出的一系列控制信号的时间顺序。CPU 实质上就是一个复杂的时序电路,每执行一条指令,CPU 的控制器都会产生一系列特定的控制信号,不同的指令所产生的控制信号不同。但是,每条指令的执行过程都可以分为取指令和执行指令两个过程。

CPU 在执行指令时所产生的控制信号可以分为两类:一类是作用于片内的,这类信号用户不能直接接触;另一类是作用于片外的数据、地址、控制信号,这类信号是用户在使用时所关心的,这里主要讨论作用于片外的这类信号的时序。

2.4.1　MCS-51 系列单片机的时序单位

MCS-51 系列单片机的时序单位有:振荡周期、状态周期、机器周期和指令周期。

振荡周期又称时钟周期,是单片机内部时钟电路中晶体振荡器的振荡周期或外部时钟电路送入的时钟信号的振荡周期,它是单片机时序信号的基本单位,也是时序中的最小时间单位。它控制着单片机的工作节奏,使单片机的每一步操作都统一到它的步调上来。振荡周期是振荡器频率的倒数。

状态周期是振荡频率经单片机内的二分频器分频后,提供给片内 CPU 的时钟周期。因此,一个状态周期包含两个振荡周期。

机器周期是单片机完成一种基本操作所用的时间,它是单片机的基本操作周期。MCS-51 系列单片机的一个机器周期由 12 个振荡周期组成。每个机器周期包含 6 个状态,分别表示为 S1、S2、S3、S4、S5 和 S6,每个状态周期所包含的两个振荡周期分别表示为 P1 和 P2。

因此,一个机器周期所包含的12个振荡周期依次可表示为S1P1、S1P2、S2P1、S2P2、…、S6P1、S6P2。MCS-51系列单片机的时钟周期与机器周期的关系如图2.20所示。

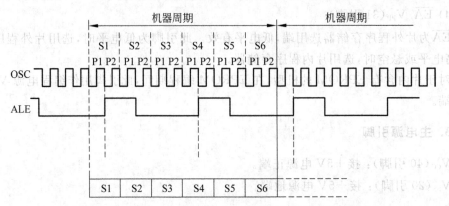

图2.20　MCS-51系列单片机的时钟周期与机器周期的关系

指令周期是计算机取出一条指令至执行完该指令所需要的时间。不同的指令,指令周期不同,单片机的指令周期数以包含的机器周期数为单位。MCS-51系列单片机中,大多数指令的指令周期由一个机器周期或两个机器周期组成,只有乘法指令和除法指令需要4个机器周期。MCS-51系列单片机的各种指令所包含的机器周期数见附录A。

以上4种时序单位中,振荡周期和机器周期是单片机内计算其他时间值(例如计算波特率、定时器的定时时间等)的基本时序单位。

例如,单片机外接晶振频率为12MHz时,各种时序单位的值为:

$$振荡周期 = 1/f_{osc} = 1/12MHz = 0.0833\mu s$$
$$状态周期 = 2/f_{osc} = 2/12MHz = 0.167\mu s$$
$$机器周期 = 12/f_{osc} = 12/12MHz = 1\mu s$$
$$指令周期 = (1\sim 4个)机器周期 = 1\sim 4\mu s$$

2.4.2　MCS-51系列单片机典型指令的时序

单片机执行任何一条指令都分为取指令阶段和执行指令阶段。取指令阶段简称取指阶段,在这个阶段单片机把程序计数器PC中的地址送到程序地址,并从程序存储器中取出需要执行指令的操作码和操作数。指令执行阶段可以对指令操作码进行译码,以寄存器产生一系列控制信号完成指令的执行。

在每个机器周期内,出现两次ALE高电平信号,出现时刻为S1P2和S4P2,持续时间为一个状态周期。ALE信号每出现一次,CPU就进行一次取指操作。

按照指令字节数和机器周期数的不同,MCS-51单片机的111条指令可分为6类,分别对应于6种基本时序,它们是单字节单周期指令、单字节双周期指令、单字节四周期指令、双字节单周期指令、双字节双周期指令和三字节双周期指令。

(1) 单字节单机器周期指令的时序如图2.21中的(a)所示,其特点为:

* 指令长度为一个字节。
* 指令执行时间为一个机器周期。

- 在 S1P2 期间读入指令操作码并锁存在指令寄存器中。
- 在本机器周期的 S6P2 期间指令执行完毕。
- 在 S4P2 期间的读操作码无效,PC 不加 1。

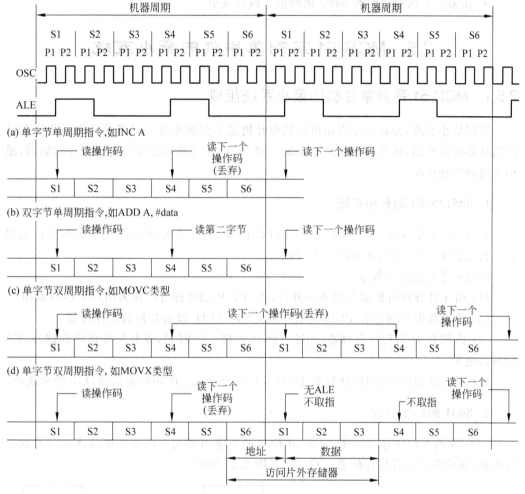

图 2.21　MCS-51 单片机的典型指令周期

（2）双字节单机器周期指令的时序如图 2.21 中的(b)所示,其特点为:
- 指令长度为两个字节。
- 执行时间为一个机器周期。
- 在 S1P2 期间读入操作码(即指令第 1 字节)并锁存在指令寄存器中。
- 在 S4P2 期间读入指令第 2 字节。
- 在本机器周期的 S6P2 期间指令执行完毕。

（3）单字节双机器周期指令的时序如图 2.21(c)和图 2.21(d)所示,其特点为:
- 指令长度为 1 个字节。
- 执行时间为两个机器周期。

- 在 S1P2 期间读入操作码并锁存在指令寄存器中。
- 在后面 3 个 ALE 出现时读操作码无效,即在第 1 个机器周期的 S4P2 及第 2 个机器周期的两次取指无效,PC 不加 1。
- 在第 2 个机器周期的 S6P2 期间指令执行完毕。

2.5 MCS-51 系列单片机的最小系统

2.5.1 MCS-51 系列单片机的最小系统组成

所谓最小系统,是指一个真正可用的单片机最小配置系统。对于单片机内部资源已能满足系统需要的,可直接采用最小系统。MCS-51 单片机根据片内有无程序存储器,最小系统分两种情况。

1. 8051/8751 的最小系统

8051/8751 片内有 4K 的 ROM/EPROM,因此,只需要外接晶体振荡器和复位电路就可构成最小系统,其组成如图 2.22 所示。

该最小系统的特点如下:

(1) 由于片外没有扩展存储器和外设,P0、P1、P2、P3 都可以作为用户 I/O 口使用。

(2) 片内数据存储器有 128B,地址空间 00H~7FH,没有片外数据存储器。

(3) 内部有 4KB 程序存储器,地址空间 0000H~0FFFH,没有片外程序存储器,EA 应接高电平。

(4) 可以使用两个定时/计数器 T0 和 T1,一个全双工的串行通信接口,5 个中断源。

2. 8031 的最小系统

8031 片内无程序存储器片,因此,在构成最小应用系统不仅要外接晶体振荡器和复位电路,还应外扩展程序存储器。其组成如图 2.23 所示。

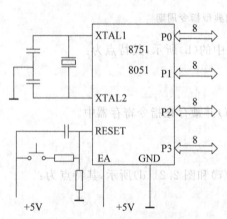

图 2.22　8051/8751 单片机的最小系统

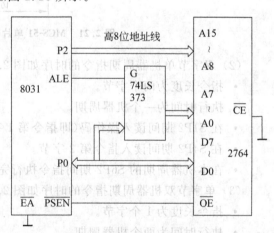

图 2.23　8031 单片机的最小系统

该最小系统特点如下:

(1) 由于 P0、P2 在扩展程序存储器时作为地址线和数据线,不能作为 I/O 线,因此,只有 P1、P3 作为用户 I/O 口使用。

(2) 片内数据存储器同样有 128B,地址空间 00H~7FH,没有片外数据存储器。

(3) 内部有无程序存储器,但片外扩展了程序存储器,其地址空间随芯片容量不同而不一样。图中使用的是 2764 芯片,容量为 8KB,地址空间为 0000H~1FFFH。

由于片内没有程序存储器,只能使用片外程序存储器,EA 只能接低电平。

(4) 同样可以使用两个定时/计数器 T0 和 T1,一个全双工的串行通信接口,5 个中断源。

2.5.2 MCS-51 系列单片机的节电方式

从制造工艺看,MCS-51 系列中的器件基本分为 HMOS 和 CHMOS 两类。8051 采用 HMOS 工艺制造;8XC51 系列采用 CHMOS 工艺制成,功耗低,其中 87C51 还具有两级存储器保密系统,可防止非法拷贝。

1. HMOS 单片机的掉电方式

HMOS 芯片本身运行功耗较大,这类芯片没有设置低功耗节电运行方式。为了减小系统的功耗,设置了 RST/Vpd 端接有备用电源的掉电方式,即当单片机正常运行时,单片机内部的 RAM 由主电源 V_{CC} 供电;当 V_{CC} 掉电,V_{CC} 电压低于 RST/V_{pd} 端备用电源电压时,由备用电源向 RAM 维持供电,保证 RAM 中数据不丢失。这时系统的其他部件都停止工作,包括片内振荡器。退出掉电模式由硬件复位完成。

2. CHMOS 的节电运行方式

节电方式是一种能减少单片机功耗的工作方式,通常分为空闲(或待机)方式和掉电方式两种,只有 CHMOS 型器件才有这种工作方式。CHMOS 的芯片运行时耗电少,它的节电运行方式可以进一步降低功耗,它们特别适用于电源功耗要求低的应用场合。

CHMOS 型单片机的节电方式是由一个特殊功能寄存器即电源控制寄存器 PCON 控制的,地址为 97H。PCON 中的低两位:PCON.0 定义为 IDL 空闲控制位,PCON.1 定义为 PD 掉电控制位。用户可以通过指令设置它们的状态,当设置 IDL=1 时,单片机进入待机方式;当设置 PD=1 时,单片机进入掉电方式。若 PD 和 IDL 同时设置为 1,则先激活掉电方式。8xC51 单片机的低功耗工作方式的内部结构如图 2.24 所示。

1) 掉电方式

当 CPU 执行指令:MOV PCON,♯02H 时,便进入掉电方式。此时与门 M1 关闭,时钟发生器停振,片内所有部件停止工作,但只有片内 RAM 单元和特殊功能寄存器中的内容被保护,ALE 和 PSEN 输出逻辑低电平。

在掉电期间,V_{CC} 电源可以降为 2V,但必须等待 V_{CC} 恢复 +5V 电压,并依靠复位操作(就是给 RST 引脚上外加一个足够宽的复位正脉冲),才能使单片机退出掉电方式。

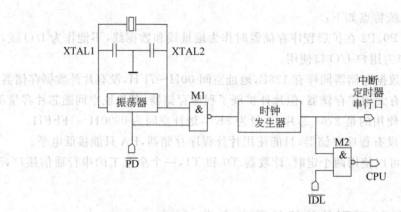

图 2.24   8xC51 单片机低功耗工作方式的内部结构

2) 待机方式

当 CPU 执行指令：MOV PCON，♯01H 时，便进入待机方式。此时与门 M2 无输出，向 CPU 提供时钟的电路被阻断，因此 CPU 停止工作，但片内 RAM 和 SFR 中的内容保持不变，ALE 和 PSEN 变为高电平。进入待机方式时，振荡器仍然运行，并向中断逻辑、串行口和定时器/计数器电路提供时钟，因此中断功能、定时器和串行口等电路正常工作。可以采用中断方式和硬件复位两种方式退出空闲状态。

中断方式：在待机方式下，若产生一个外部中断请求信号，在单片机响应中断的同时，片内硬件电路自动使 PCON.0 位(IDL 位)清零，与门 M2 重新打开，于是单片机退出待机方式而进入正常工作方式。通常，在中断服务程序的最后安排一条 RETI 指令，就可以使 CPU 恢复正常工作。恢复正常工作时，CPU 会从进入待机方式指令的下一条指令开始继续执行程序。

硬件复位：在 51 单片机的 RST 引脚上送一个脉宽大于 24 个时钟周期的脉冲，则 PCON 中的 IDL 被硬件自动清零，与门 M2 重新打开，CPU 便可继续执行进入待机方式前的用户程序。

习   题

一、选择题

1. 8031 单片机的(   )口的引脚还具有外中断、串行通信等第二功能。

    A. P0   B. P1   C. P2   D. P3

2. 单片机应用程序一般存放在(   )。

    A. RAM   B. ROM   C. 寄存器   D. CPU

3. 在 AT89C51 单片机中，片内 RAM 分为两部分：地址(   )的真正 RAM 区和地址(   )的特殊功能寄存器(SFR)区。

    A. 00H～7FH   B. 00H～FFH   C. 80H～FFH   D. 00H～1FH

4. 8031 复位后,PC 与 SP 的值为(　　)。

   A. 0000H,00H　　　B. 0000H,07H　　　C. 0003H,07H　　　D. 0800H,00H

5. 10101.101B 转换成十进制数是(　　)。

   A. 46.625　　　　B. 23.625　　　　C. 23.62　　　　D. 21.625

6. 8031 单片机中既可位寻址又可字节寻址的内存单元是(　　)。

   A. 20H　　　　B. 30H　　　　C. 00H　　　　D. 70H

7. 若 PSW=18H 时,则当前工作寄存器是(　　)。

   A. 0 组　　　　B. 1 组　　　　C. 2 组　　　　D. 3 组

8. 在 MCS-51 系列单片机中,通用寄存器区共分为(　　)组,每组(　　)个工作寄存器,当 CPU 复位时,第(　　)组寄存器为当前的工作寄存器。

   A. 0　　　　B. 4　　　　C. 8　　　　D. 1

9. 在 MCS-51 系列单片机中,一个机器周期包括(　　)个振荡周期,而每条指令都由一个或几个机器周期组成,分别有单周期指令、双周期指令和(　　)周期指令。

   A. 1　　　　B. 12　　　　C. 4　　　　D. 6

10. 当 51 单片机系统处于正常工作状态且振荡稳定后,在 RST 引脚上加一个(　　)电平并维持(　　)个机器周期,可将系统复位。

   A. 高　　　　B. 低　　　　C. 2　　　　D. 12

11. 当 CPU 访问片外的存储器时,其低八位地址由(　　)口提供,高八位地址由(　　)口提供,8 位数据由(　　)口提供。

   A. P0　　　　B. P1　　　　C. P2　　　　D. P3

二、问答题

1. MCS-51 系列单片机的标志寄存器 PSW 的各位定义是什么?

2. 什么是堆栈? 作用是什么? 单片机初始化后 SP 内容是什么?

3. MCS-51 单片机的片内 RAM 容量多大? 可以分为几个区? 各区有什么特点?

4. 8051 的 SFR 有几个? 可以位寻址的有哪些?

5. 程序计数器 PC 和堆栈指针 SP 的作用是什么?

6. 当 8051 和片外 RAM/ROM 连接时,P0 和 P2 口各用来传送什么信号? 为什么 P0 口还需要采用片外地址锁存器?

7. 叙述下面各个引脚功能:

PSEN　　ALE　　RD　　WR　　XTAL1 和 XTAL2　　RST

8. 什么是空闲工作? 什么是掉电工作?

9. 什么是指令周期? 什么是机器周期? 什么是时钟周期?

10. MCS-51 系列单片机的内部复位过程如何? 时钟电路和复位电路的作用是什么?

第 3 章

chapter 3

单片机汇编语言程序设计

3.1 MCS-51 系列单片机的汇编指令格式和寻址方式

指令是计算机完成某种基本操作的命令。计算机程序就是由一条条指令按一定的顺序组成的,完成一个特定任务的指令序列。以二进制代码构成的指令形式成为机器码,而用指令助记符代替机器码的一种指令形式成为汇编指令。用汇编指令编写的汇编语言程序结构简单,执行速度快,编译后占用的存储空间小,是单片机应用系统开发中最常用的程序设计语言。

一种单片机能够执行的所有指令的集合,构成这种单片机的指令系统。单片机的指令系统与微型计算机的指令系统不同。MCS-51 系列单片机的指令系统共有 111 条指令,其中指令助记符有 42 种。

MCS-51 系列单片机的指令系统功能强、指令短、执行快,存储和运算效率都比较高。

3.1.1 MCS-51 系列单片机的汇编指令格式

1. 汇编指令格式

MCS-51 系列单片机的汇编语言指令格式如下:

[标号:] 操作码助记符 [目的操作数] , [源操作数] [;注释]

其中:

(1) 操作码助记符又称指令助记符,是表示指令功能的一组特殊符号,通常用说明其功能的英文单词的缩写形式来表示。不同功能的指令有不同的指令助记符。例如,表示数据传送功能的指令助记符为 MOV。

(2) 操作数用于表明指令操作的对象,即为指令的操作提供数据、数据的地址或指令的地址。区分操作数的类型是数据,还是数据的地址,或是指令的地址往往通过指令助记符和相应的寻址方式来指明。

(3) 标号是表明指令位置的符号地址,用于为转移指令提供转移的目标地址。

(4) 注释是对指令作用的说明或解释。编程时,注释可以省略。

按照操作数的个数不同,MCS-51 系列单片机的汇编指令可以分为无操作数、单操作数、双操作数和三操作数四种情况。无操作数指令中不需要操作数或操作数以隐含形式指明,如 RET、NOP 指令等。单操作数指令中只提供一个操作数,如 CLR A、RL A 指令等。双操作数指令中提供了两个操作数,通常后面的一个是源操作数,前面的一个是目的操作数,如 ADD A,♯11H 指令等。三操作数指令中提供了三个操作数,如 CJNE A,direct,rel 指令。

按照指令的机器码中所包含的字节数不同,MCS-51 系列单片机的汇编指令可以分为 1 字节指令、2 字节指令和 3 字节指令三种。其中 1 字节指令占用的存储空间最少,只有一个字节的地址空间。

按照指令的执行时间所需要的机器周期数不同,MCS-51 系列单片机的汇编指令又可以分为 1 机器周期指令、2 机器周期指令和 4 机器周期指令三种。其中 1 机器周期指令执行时间最短,只需要一个机器周期的时间即可执行完毕。MCS-51 系列单片机的汇编指令大都是 1 机器周期或 2 机器周期指令,只有乘法和除法指令是 4 机器周期指令。

2. 汇编指令中的标识符

汇编指令中的标识符是具有约定意义、专门用来表示指令的特定成分的一些符号。这些符号的含义如下:

(1) Ri 和 Rn:表示当前工作寄存器区中的工作寄存器,i 取 0 或 1,表示工作寄存器 R0 或 R1。n 取 0~7,表示工作寄存器 R0~R7。

(2) ♯data:表示指令中的 8 位立即数。用此立即数的形式所表示的操作数为 8 位二进制常数。

(3) ♯data16:表示指令中的 16 位立即数。用此立即数的形式所表示的操作数为 16 位二进制常数。

(4) addr16 和 addr11:分别表示指令中的 16 位地址和 11 位地址。

(5) direct:表示直接寻址的地址。该地址通常表示的是片内数据存储器的地址。

(6) rel:以补码形式表示的 8 位相对偏移量,取值范围为 −128~127,主要用在相对寻址的指令中。

(7) bit:表示可位寻址的直接位地址。

(8) (X):表示 X 单元中的内容。即 X 为地址,该地址中的内容为(X)。

(9) ((X)):表示以 X 单元的内容为地址的存储器单元的内容。即(X)为地址,该地址中的内容为((X))。

(10) "/"符号:表示对该位操作数取反。

(11) "→"符号:表示操作流程,将箭尾一方的内容送入箭头所指一方的单元中去。

除了上述标识符外,MCS-51 系列单片机汇编指令中出现的 A、B、C 和 DPTR 分别是指累加器 A、寄存器 B、标志寄存器 PSW 中的进位标志位 C 和数据指针 DPTR。

3.1.2 MCS-51 系列单片机的寻址方式

寻址方式是指操作数或操作数的地址的寻找方式。

MCS-51 系列单片机的寻址方式按操作数的类型,可分为操作数的寻址和指令的寻址。

1. 操作数寻址

操作数的寻址方式有：立即寻址、寄存器寻址、寄存器间接寻址、直接寻址、变址寻址和位寻址。

1) 立即寻址

立即寻址时,操作数是常数,使用时直接出现在指令中,作为指令的一部分与操作码一起存放在程序存储器中,在取指时,可以在指令中立即得到操作数。常数又称立即数,故称为立即寻址。在汇编指令中,立即数通常用"#"前缀加以表示。例如：

```
MOV  A,#30H    ;执行该指令后 A=30H
ADD  A,#56H    ;执行该指令后 A=86H
ANL  A,#3AH    ;执行该指令后 A=02H
```

其中的 30H、56H 和 3AH 都为立即数。

2) 寄存器寻址

寄存器寻址时,操作数在寄存器中,使用时,在指令中直接提供寄存器的名称,这种寻址方式称为寄存器寻址。

例如,

```
MOV  A,R0    ;执行该指令时 (R0)=26H
```

表示源操作数 26H 存放在 R0 寄存器中,源操作数为寄存器寻址。执行该指令后,A 中的数据为 26H。

3) 寄存器间接寻址

寄存器间接寻址是指数据存放在存储器单元中,而存储单元地址存放在寄存器中,所以在指令中通过给出存放存储单元地址的寄存器,来寻找存储器单元中的数据。在汇编指令中,寄存器间接寻址通常用"@寄存器名"加以表示。

例如,

```
MOV  A,@R1    ;执行该指令时 (R1)= 10H,(10H)= 30H
```

表示源操作数的地址 10H 存放在 R1 寄存器中,源操作数为寄存器间接寻址。寻找源操作数时,先读取 R1 寄存器中的内容 10H,再以此内容作为源操作数的地址到片内数据存储器 10H 单元中读取源操作数 30H。执行该指令后,A 中的数据为 30H。

在 MCS-51 系列单片机中,寄存器间接寻址用到的寄存器只能是通用寄存器 R0、R1 和数据指针寄存器 DPTR。用通用寄存器 R0 和 R1 做指针间接访问数据时,表示数据存放在片内数据存储器中或片外数据存储器低端的 256B 单元中。访问时,用不同的指令来区分,用 MOV 指令表示访问片内 RAM,用 MOVX 指令表示访问片外 RAM;用数据指针寄存器 DPTR 做指针间接访问数据时,表示数据存放在片外数据存储器中,用 MOVX 指令来访问。

例如，

```
MOVX A,@R1
```

表示源操作数的地址存放在 R1 寄存器中，操作数存放在片外数据存储器低端 256B 的某个单元中。

例如，

```
MOVX A,@DPTR
```

表示源操作数的地址存放在寄存器 DPTR 中，操作数存放在片外数据存储器的某个单元中。

4) 直接寻址

直接寻址是指数据存放在片内数据存储器单元中，在指令中直接给出存储器单元的地址。在 MCS-51 系列单片机中，直接寻址主要是针对片内数据存储器(包括特殊功能寄存器)的访问。

例如下面几条指令：

```
MOV A,20H   ;(20H)=11H,执行该指令后 A=11H
ORL A,30H   ;(30H)=22H,执行该指令后 A=33H
MOV A,P0    ;P0 地址为 80H,(80H)=55H,执行该指令后 A=55H
```

其中，源操作数的寻址方式都是直接寻址，3 条指令的源操作数分别存放在片内数据存储器的 20H、30H 和特殊功能寄存器 P0 中。

5) 变址寻址

变址寻址是指操作数的地址由基址寄存器的地址加上变址寄存器的地址得到。在 MCS-51 系列单片机系统中，它是以数据指针寄存器 DPTR 或程序计数器 PC 为基址，以累加器 A 为变址，两者相加得到存储单元的地址，所访问的存储器为程序存储器中的数据。这种寻址方式通常用于访问程序存储器中的表格型数据，表首地址为基址，所访问的单元相对于表首的位移量为变址，两者相加得到访问单元的地址。

例如，

```
MOVC A,@A+DPTR
```

表示源操作数的地址是用数据指针寄存器 DPTR 的内容和累加器 A 的内容相加而得到，以此地址访问程序存储器的某个单元来读取源操作数，即源操作数存放在程序存储器的某个单元中。

如果(DPTR)=2000H，A=05H，程序存储器的(2005H)=38H，则执行该指令后，A=38H。

6) 位寻址

位寻址是指操作数是二进制位的寻址方式。在 MCS-51 系列单片机中，有一个独立的位处理器，有多条位处理指令，能够进行各种位运算。

在 MCS-51 系统中，位地址的表示可以用以下几种方式：

① 直接位地址(00H~0FFH)。例如：19H 表示片内 RAM 的可寻址位 19H。

② 字节地址带位号。例如：23H.1 表示片内 RAM 中 23H 单元的 1 位。

③ 特殊功能寄存器名带位号。例如：P0.1 表示特殊功能寄存器 P0 的 1 位。

④ 位符号地址。例如：TR0 是定时/计数器 T0 的启动位。

例如，

```
MOV C,19H
```

表示将片内 RAM 可寻址位 19H 中的二进制数送给进位标志位。

2. 指令寻址

指令的寻址是指寻找将要执行的下一条指令的目的地址。指令寻址有绝对寻址和相对寻址两种。

1) 绝对寻址

绝对寻址是在指令中直接给出下一条指令的地址、符号地址或地址的一部分。在 MCS-51 系列单片机的指令系统中，长转移和长调用指令，绝对转移和绝对调用指令都为绝对寻址。

例如，LJMP addr16 转移指令中直接给出将要转移到的下一条指令的地址。

LCALL DALLY 调用指令中直接给出将要调用的子程序段的首行符号地址。

2) 相对寻址

相对寻址是以当前程序计数器 PC 值，加上指令中给出的偏移量 rel，得到将要执行的下一条指令的目的地址。

例如，SJMP rel 转移指令中给出的是偏移量，将此偏移量加上当前程序计数器 PC 值得到将要转移的下一条指令的地址。

在使用相对寻址时，要注意以下两点：

(1) 当前程序计数器 PC 值等于转移指令的地址(即原 PC 值)加上转移指令的字节数。因此，先将原 PC 值加上转移指令的字节数，然后再与偏移量相加才得到转移后的下一条指令的目的地址。即：

目的地址＝转移指令的地址＋转移指令的字节数＋rel

(2) 偏移量 rel 是 8 位有符号数，以补码表示，它的取值范围为 $-128\sim+127$。当为负数时，向前转移；当为正数时，向后转移。

3.2 MCS-51 系列单片机的指令系统

所有汇编指令的集合构成了单片机的指令系统。MCS-51 系列单片机的指令系统共包含 111 条汇编指令。根据汇编指令功能的不同，可以将 MCS-51 系列单片机的汇编指令分成 5 类：数据传送类指令、算术运算类指令、逻辑运算类指令、控制转移类指令和位运算类指令。

3.2.1　数据传送类指令

MCS-51 系列单片机的数据传送类指令共有 29 条,是完成数据从源地址向目的地址传送的一类指令,也是指令系统中数量最多、使用最频繁的一类指令。这类指令可以分为 3 种:普通传送指令 22 条、数据交换指令 5 条、堆栈操作指令 2 条。

1. 普通传送指令

普通传送指令共有 22 条,这种指令的功能是完成数据从源操作数向目的操作数传送。根据目的操作数位置的不同,这种指令又可以分为:片内数据存储器传送指令 16 条、片外数据存储器传送指令 4 条和程序存储器传送指令 2 条。

1) 片内数据存储器传送指令

片内数据存储器传送指令共有 16 条,指令助记符为 MOV,这些指令的特点是数据的存放位置都在片内数据存储器中。根据目的操作数的寻址方式不同,这些指令可以划分为以下 5 组。

(1) 目的操作数为 A:

```
MOV    A,Rn          ;A←Rn
MOV    A,direct      ;A←(direct)
MOV    A,@Ri         ;A←(Ri)
MOV    A,#data       ;A←#data
```

(2) 目的操作数为 Rn:

```
MOV    Rn,A          ;Rn←A
MOV    Rn,direct     ;Rn←(direct)
MOV    Rn,#data      ;Rn←#data
```

(3) 目的操作数为直接地址 direct:

```
MOV    direct,A      ;(direct)←A
MOV    direct,Rn     ;(direct)←Rn
MOV    direct,direct ;(direct)←(direct)
MOV    direct,@Ri    ;(direct)←(Ri)
MOV    direct,#data  ;(direct)←#data
```

(4) 目的操作数为间接地址@Ri:

```
MOV    @Ri,A         ;(Ri)←A
MOV    @Ri,direct    ;(Ri)←(direct)
MOV    @Ri,#data     ;(Ri)←#data
```

(5) 目的操作数为数据指针寄存器 DPTR:

```
MOV    DPTR,#data16  ;DPTR←#data16
```

2) 片外数据存储器传送指令

片外数据存储器传送指令共有 4 条,指令助记符为 MOVX,这些指令的特点是源操作数或目的操作数的位置在片外数据存储器中。在 MCS-51 系列单片机指令系统中,只能通过累加器 A 与片外数据存储器进行数据传送。访问时,通过@Ri 或@DPTR 的形式间接寻址。

```
MOVX    A,@DPTR        ;A ← (DPTR)
MOVX    @DPTR,A        ;(DPTR)← A
MOVX    A,@Ri          ;A ← (Ri)
MOVX    @Ri,A          ;(Ri)← A
```

注意:前两条指令是通过数据指针 DPTR 间接寻址,可以对整个 64KB 片外数据存储器访问;后两条指令是通过寄存器 R0 或 R1 间接寻址,只能对片外数据存储器低端的 256B 访问。

3) 程序存储器传送指令

程序存储器传送指令只有 2 条,指令助记符为 MOVC,这两条指令的功能是用于访问存放在程序存储器中的表格数据,因此又称为查表指令。其中一条是用 DPTR 为基址的变址寻址;另一条是用 PC 为基址的变址寻址。

```
MOVC    A,@A+ DPTR     ;A ← (A+DPTR)
MOVC    A,@A+ PC       ;A ← (A+PC)
```

例如,表格数据的起始单元地址为程序存储器的 1200H,访问表格中的第 5 个数据的处理过程如下:

```
MOV     A,#04H         ;第 5 个数据相对于表首的偏移
MOV     DPTR,#1200H    ;表格数据的起始地址
MOVC    A,@A+DPTR      ;表格中的第 5 个数据的地址为 1204H
```

又例如,表格数据的起始单元地址为程序存储器的 1056H,MOVC 指令所处的地址为 1000H,即程序执行完 MOVC 指令时程序计数器 PC 的值为 1000H+1(MOVC 指令的字节数)=1001H,访问表格中的第 5 个数据的处理过程如下:

```
MOV     A,#04H         ;第 5 个数据相对于表首的偏移
ADD     A,#55H         ;表首地址相对于 PC 的偏移
MOVC    A,@A+PC        ;表格中的第 5 个数据的地址为 105AH
```

【例 3-1】 写出下列程序段所完成的功能。

(1) 程序段:

```
MOV     A,R0
MOV     R7,A
```

功能:将 R0 的内容送 R7 中。

（2）程序段：

```
MOV    A,30H
MOV    R0,#50H
MOVX   @R0,A
```

功能：将片内 RAM 中 30H 单元的内容传送片外 RAM 的 50H 单元中。

（3）程序段：

```
MOV    DPTR,#2000H
MOVX   A,@DPTR
MOV    20H,A
```

功能：将片外 RAM 中 2000H 单元的内容传送片内 RAM 的 20H 单元中。

（4）程序段：

```
MOV    A,#0
MOV    DPTR,#0500H
MOVC   A,@A+DPTR
MOV    30H,A
```

功能：将 ROM 中 500H 单元的内容传送到片内 RAM 的 30H 单元中。

2. 数据交换指令

普通传送指令是将源操作数传送到目的操作数，指令执行后源操作数不变，数据传送是单向的。而数据交换指令的数据传送是双向的，即两个操作数之间相互交换内容。数据交换指令共有 5 条，它的一个操作数必须为累加器 A。

```
XCH    A,Rn              ;A<=>Rn
XCH    A,direct          ;A<=>(direct)
XCH    A,@Ri             ;A<=>(Ri)
XCHD   A,@Ri             ;A0~3<=>(Ri)0~3
SWAP   A                 ;A0~3<=>A4~7
```

其中，前 3 条指令为 8 位的字节交换；后两条指令为 4 位的半个字节交换。

【**例 3-2**】　执行如下程序段，A 的内容如何变化？

```
MOV    R0,#30H           ;片内 RAM 中 30H 单元的内容若为 12H
MOV    A,#45H
XCH    A,@R0
SWAP   A
```

执行完该程序段，A 的内容为 21H。

3. 堆栈操作指令

堆栈是设在片内数据存储器中的一段专用存储区。栈底的地址是堆栈寄存器 SP 指针的初始值,栈顶的地址是 SP 指针的当前值。堆栈操作指令的功能是完成将现场数据存入堆栈(即进栈)和从堆栈中取出现场数据(即出栈)的操作。堆栈操作指令共有两条。

```
PUSH    direct          ;SP←(SP+1),(SP)←(direct)
POP     direct          ;(direct)←(SP),(SP)←(SP-1)
```

其中,PUSH 指令为进栈操作;POP 指令为出栈操作。操作时以字节为单位。执行进栈指令时,堆栈寄存器 SP 指针先加1,再进栈。执行出栈指令时,先出栈,然后堆栈寄存器 SP 指针再减1。

注意:用堆栈保存数据时,先进栈的内容后出栈;后进栈的内容先出栈。

例如,若入栈时的顺序为:

```
PUSH    A
PUSH    B
```

则出栈的顺序必须为:

```
POP     B
POP     A
```

3.2.2 算术运算类指令

算术运算指令共有24条,根据指令功能的不同可分为:加法指令13条、减法指令8条、乘法指令1条、除法指令1条和十进制调整指令1条。

1. 加法指令

加法指令共有13条,包括一般的加法指令、带进位的加法指令和加1指令。

1) 一般的加法指令

一般的加法指令有4条,指令助记符为 ADD。

```
ADD     A,Rn            ;A←A+Rn
ADD     A,direct        ;A←A+(direct)
ADD     A,@Ri           ;A←A+(Ri)
ADD     A,#data         ;A←A+#data
```

2) 带进位加指令

带进位加指令有4条,指令助记符为 ADDC。

```
ADDC    A,Rn            ;A←A+Rn+C
ADDC    A,direct        ;A←A+(direct)+C
ADDC    A,@Ri           ;A←A+(Ri)+C
ADDC    A,#data         ;A←A+#data+C
```

3) 加1指令

加1指令有5条,指令助记符为 INC。

```
        INC    A                ;A← A+1
        INC    Rn               ;Rn← Rn+1
        INC    direct           ;(direct)← (direct)+1
        INC    @Ri              ;(Ri)←(Ri)+1
        INC    DPTR             ;DPTR← DPTR+1
```

　　注意：ADD 和 ADDC 指令在执行时要影响标志寄存器 PSW 中的 CY、AC、OV 和 P 标志位。而 INC A 要影响 P 标志位。其他 INC 指令对标志位没有影响。

2. 减法指令

　　减法指令共有 8 条,包括带借位的减法指令和减 1 指令。

　　1) 带借位减法指令

　　带借位减法指令有 4 条,指令助记符为 SUBB。

```
        SUBB   A,Rn             ;A← A-Rn-C
        SUBB   A,direct         ;A← A-(direct)-C
        SUBB   A,@Ri            ;A← A-(Ri)-C
        SUBB   A,#data          ;A← A-#data-C
```

　　2) 减 1 指令有 4 条,指令助记符为 DEC

```
        DEC    A                ;A← A-1
        DEC    Rn               ;Rn← Rn-1
        DEC    direct           ;direct← (direct)-1
        DEC    @Ri              ;(Ri)←(Ri)-1
```

　　在 MCS-51 系列单片机的指令系统中,只提供了一种带借位的减法指令,没有提供一般的减法指令,一般的减法操作可以通过先对 CY 标志清零,然后再执行带借位的减法指令来实现。其中,SUBB 指令在执行时要影响 CY、AC、OV 和 P 标志位。而 DEC A 要影响 P 标志位。其他 DEC 指令对标志位没有影响。

　　【例 3-3】　编程试把存放在 R1R2 和 R3R4 中的两个 16 位数相加,结果存于 R5R6 中。

　　分析：R2 和 R4 用一般的加法指令 ADD,结果的低字节放于 R6 中,R1 和 R3 用带进位的加法指令 ADDC,结果的高字节放于 R5 中,汇编程序段如下：

```
        MOV    A,R2
        ADD    A,R4
        MOV    R6,A
        MOV    A,R1
        ADDC   A,R3
        MOV    R5,A
```

　　【例 3-4】　编程试把存放在 R1R2 和 R3R4 中的两个 16 位数相减,结果存于 R5R6 中。

　　分析：R2 和 R4 存放被减数和减数的低字节,R1 和 R3 存放被减数和减数的高字节。先对 CY 标志清零,然后低字节数相减,结果放于 R6 中,再高字节数相减,结果放于 R5 中。结果若 CY 标志为 1,表示被减数 R1R2 小于减数 R3R4;结果若 CY 标志为 0,表示被减数 R1R2 大于减数 R3R4,结果在 R5R6 中存放。

汇编程序段如下:

```
MOV    A,R2
CLR    C
SUBB   A,R4
MOV    R6,A
MOV    A,R1
SUBB   A,R3
MOV    R5,A
```

3. 乘法指令

乘法指令只有一条,指令助记符为 MUL。

```
MUL  AB
```

执行乘法指令时,将累加器 A 中的无符号被乘数和寄存器 B 中的无符号乘数相乘,将积的高字节存于寄存器 B 中,低字节存于累加器 A 中。

乘法指令执行后将影响 CY 和 OV 标志位,CY 复位;当积大于 255 时(即 B 中不为 0),OV 为 1;否则,OV 为 0。

4. 除法指令

除法指令只有一条,指令助记符为 DIV。

```
DIV  AB
```

执行除法指令时,将用累加器 A 中的无符号被除数与寄存器 B 中的无符号除数相除,结果的商存于累加器 A 中,余数存于寄存器 B 中。

除法指令执行后将影响 CY 和 OV 标志,一般情况 CY 和 OV 都清零,只有当 B 寄存器中的除数为 0 时,CY 和 OV 才被置 1。

5. 十进制调整指令

十进制调整指令只有一条,指令助记符为 DA。

```
DA  A
```

执行十进制调整指令时,将累加器 A 中的二进制数调整为十进制结果。其调整过程为:

(1) 若累加器 A 的低四位为十六进制数的 A~F 或辅助进位标志 AC 为 1,则累加器 A 中的内容作加 06H 调整。

(2) 若累加器 A 的高四位为十六进制数的 A~F 或进位标志 CY 为 1,则累加器 A

中的内容作加 60H 调整。

【例 3-5】　将 R1 中的十进制数 56 与 R2 中的十进制数 95 相加,运算结果的十进制
数放于 R5R6 中。

汇编程序段如下:

```
MOV    A,R1
ADD    A,R2
DA     A
MOV    R6,A
CLR    A
RLC    A
MOV    R5,A
```

结果 R5 和 R6 中的十进制数分别为 1 和 51,即表示 151。

3.2.3　逻辑运算类指令

逻辑运算指令共有 24 条,根据指令功能的不同可分为:逻辑与指令 6 条、逻辑或指
令 6 条、逻辑异或指令 6 条、清零和求反指令 2 条和循环移位指令 4 条。

1. 逻辑与指令

逻辑与指令共有 6 条,指令助记符为 ANL。

```
ANL    A,Rn             ;A← A∧Rn
ANL    A,direct         ;A← A ∧ (direct)
ANL    A,@Ri            ;A← A ∧ (Ri)
ANL    A,#data          ;A← A ∧data
ANL    direct,A         ;(direct)← (direct)∧A
ANL    direct,#data     ;(direct)← (direct)∧ data
```

2. 逻辑或指令

逻辑或指令共有 6 条,指令助记符为 ORL。

```
ORL    A,Rn             ;A← A∨Rn
ORL    A,direct         ;A← A∨ (direct)
ORL    A,@Ri            ;A← A∨(Ri)
ORL    A,#data          ;A← A∨ data
ORL    direct,A         ;(direct)← (direct)∨A
ORL    direct,#data     ;(direct)← (direct)∨ data
```

3. 逻辑异或指令

逻辑异或指令共有 6 条,指令助记符为 XRL。

```
XRL    A,Rn            ;A← A∀Rn
XRL    A,direct        ;A← A∀(direct)
XRL    A,@Ri           ;A←A∀(Ri)
XRL    A,#data         ;A← A∀data
XRL    direct,A        ;(direct)← (direct)∀A
XRL    direct,#data    ;(direct)← (direct)∀data
```

在使用中,逻辑与可用于实现对指定位清零,其余位不变;逻辑或可用于实现对指定位置1,其余位不变;逻辑异或可用于实现对指定位取反,其余位不变。

4. 清零和求反指令

```
CLR    A               ;A← 0,累加器清零指令
CPL    A               ;A← Ā,累加器求反指令
```

5. 循环移位指令

循环指令有4条,包括左循环移位2条和右循环移位2条。

```
RL     A               ;累加器A循环左移一位
RLC    A               ;带进位标志CY的循环左移一位
RR     A               ;累加器A循环右移一位
RRC    A               ;带进位标志CY的循环右移一位
```

【例3-6】 写出完成下列功能的指令。

(1) 对累加器A中的1、3位清零,其余位不变

```
ANL A,#11110101B
```

(2) 对累加器A中的4、6位置1,其余位不变

```
ORL A,#01010000B
```

(3) 对累加器A中的0、1位取反,其余位不变

```
XRL A,#00000011B
```

3.2.4 控制转移类指令

控制转移指令共有16条,通常用于控制指令的执行顺序。这类指令包括无条件转移指令、条件转移指令、子程序调用及返回指令。

1. 无条件转移指令

无条件转移指令是指当执行该指令后,程序将无条件地转移到指令指定的地方去。无条件转移指令共有4条,包括长转移指令、绝对转移指令、相对转移指令和间接转移指令。

1）长转移指令

```
LJMP addr16    ;PC ← addr16
```

执行长转移指令时，CPU 直接将 16 位地址送给程序计数器 PC，程序无条件地转移到 16 位目标地址指向的位置去。指令中提供的是 16 位目标地址，所以可以转移到 64KB 程序存储器的任意位置，故得名为"长转移"。执行该指令不影响标志位，使用方便。缺点是指令长度为 3 个字节，字节数多，执行时间长。

2）绝对转移指令

```
AJMP addr11    ;PC 10～0 ← addr11
```

执行短转移指令时，先将程序计数器 PC 的值加 2（该指令长度为 2 个字节），然后把指令中的 11 位地址送给程序计数器 PC 的低 11 位，而程序计数器 PC 的高 5 位不变。

由于 11 位的地址范围是 2KB，而目的地址的高 5 位不变，所以程序转移的位置只能是和当前 PC 位置（AJMP 指令地址加 2）在同一个 2KB 地址范围内。转移可以是向前转移也可以是向后转移，指令执行后不影响状态标志位。

【例 3-7】 若 AJMP 指令地址为 3000H。AJMP 后面带的 11 位地址 addr11 为 123H，则执行指令 AJMP addr11 后转移的目的位置是多少？

AJMP 指令的 PC 值加 2＝3000H＋2＝3002H

指令中的 addr11＝123H

转移的目的地址＝3125H

3）相对转移指令

```
SJMP rel   ;PC ← 原 PC+2+rel
```

指令中的操作数 rel 是 8 位带符号补码数，执行时，先将程序计数器 PC 的值加 2（该指令长度为 2 个字节），然后再将程序计数器 PC 的值与指令中的位移量 rel 相加得到转移的目的地址。即：

转移的目的地址 ＝ SJMP 指令的地址＋2＋rel

因为 8 位补码的取值范围为－128～＋127，所以该指令的转移范围是从相对 PC 当前值向前 128 个字节至向后 127 个字节。

【例 3-8】 在程序存储器 2100H 单元有 SJMP 指令，

若 rel＝5AH（正数），则转移目的地址为：2100H＋2＋5AH＝215CH（向后转移）。

若 rel＝F0H（负数，其真值为－10H），则转移目的地址为：

2100H＋2＋（－10H）＝20F2H（向前转移）

注意：在单片机程序设计中，通常用到一条 SJMP 指令：

```
SJMP  $
```

该指令的功能是在本身上循环，进入等待状态。其中符号"＄"表示转移到本身。在程序设计中，程序的最后一条指令通常用它，使程序不再向后执行以避免出错。

4) 间接转移指令

```
JMP @A+DPTR  ;PC ← A+DPTR
```

转移的目的地址是由数据指针 DPTR 的内容与累加器 A 中的内容相加得到,数据指针 DPTR 的内容一般为基址,累加器 A 的内容为相对偏移量,可在 64KB 范围内无条件转移。指令执行后,不会改变 DPTR 及 A 中原来的内容。

2. 条件转移指令

条件转移指令是指当条件满足时,程序转移到目的地址指定的位置;条件不满足时,程序将继续顺次执行。

在 MCS-51 指令系统中,条件转移指令共有 8 条,按功能可分为 3 种:累加器 A 判零条件转移指令、比较转移指令、减 1 不为零转移指令。

1) 累加器 A 判零条件转移指令(2 条)

```
JZ  rel   ;若 A=0,则转移 PC ← PC+2+rel,否则顺序执行
JNZ rel   ;若 A≠0,则转移 PC ← PC+2+rel,否则顺序执行
```

【例 3-9】 把片外 RAM 的 50H 单元开始的数据块传送到片内 RAM 的 30H 开始的位置,直到出现零为止。汇编程序段如下:

```
        MOV   R0,#50H
        MOV   R1,#30H
LOOP:   MOVX  A,@R0
        MOV   @R1,A
        INC   R1
        INC   R0
        JNZ   LOOP
        SJMP  $
```

2) 比较转移指令(4 条)

用于对两个操作数作比较,并根据比较结果进行转移:

```
CJNE A,#data,rel
        若 A=data,则顺序执行;
        若 A>data,则 C=0,转移;
        若 A<data,则 C=1,转移;
CJNE Rn,#data,rel
        若(Rn)=data,则继续执行;
        若(Rn)>data,则 C=0,转移;
        若(Rn)<data,则 C=1,转移;
CJNE @Ri,#data,rel
        若(Ri)=data,则继续执行
        若(Ri)>data,则 C=0,转移;
        若(Ri)<data,则 C=1,转移;
```

```
CJNE A,direct,rel
        若 A=(direct),则继续执行
        若 A>(direct),则 C=0,转移;
        若 A<(direct),则 C=1,转移;
```

3) 减 1 不为零转移指令(2 条)

这类指令是先减 1 后判断,若不为零则转移。否则,顺序执行。

```
DJNZ    Rn,rel        ;先 Rn 中的内容减 1,再判断 Rn 中的内容是否等于零,若不为零,则转移。
DJNZ    direct,rel    ;先(direct)中的内容减 1,再判断(direct)中的内容是否等于零,若
                        不为零,则转移。
```

在 MCS-51 系统中,通常用 DJNZ 指令来构造循环结构。

【例 3-10】 统计片外 RAM 中 30H 单元开始的 20 个数据中 0 的个数,并将结果放于 R7 中。

设计思路:用 R6 作循环变量,置初值为 20;R7 作计数器,置初值为 0;R0 作指针访问片外 RAM 单元,置初值为 30H;用 DJNZ 指令对 R6 减 1 转移进行循环控制,在循环体中用指针 R0 依次取出片外 RAM 中的数据,然后判断是否为 0,如为 0,则 R7 中的内容加 1。

汇编程序段如下:

```
        MOV    R0,#30H
        MOV    R6,#20
        MOV    R7,#0
LOOP:   MOVX   A,@R0
        CJNE   A,#0,NEXT
        INC    R7
NEXT:   INC    R0
        DJNZ   R6,LOOP
        SJMP   $
```

3. 子程序调用及返回指令

子程序调用及返回指令共有 4 条,包括 2 条子程序调用指令和 2 条返回指令。

1) 长调用指令

```
LCALL   addr16
```

指令执行时,先将当前的 PC 值(即指令的地址加上指令的字节数 3)压入堆栈保存,入栈时先低字节,后高字节。然后转移到指令中 addr16 所指定的目的地址执行。由于 addr16 是 16 位地址,因而可以转移到程序存储空间的任一位置。该指令执行过程如下:

```
PC←PC+3
SP←SP+1
(SP)←PC_{7-0}
```

```
SP←SP+1
(SP)←PC15~8
PC←addr16
```

2) 绝对调用指令

```
ACALL  addr11
```

该指令执行过程与 LCALL 指令类似,执行过程如下:

```
PC←PC+2
SP←SP+1
(SP)←PC7~0
SP←SP+1
(SP)←PC15~8
PC10~0←addr11
```

在汇编程序中,子程序是实现一个功能模块的程序单位,子程序的首行指令通常带有标号,该标号即为子程序的符号地址,可以通过 LCALL 或 ACLALL 指令进行调用。用 LCALL 指令调用时,子程序的存放可以是程序存储空间的任一位置;而用 ACALL 指令调用时,必须注意子程序的存放位置(即首行指令的地址)必须与 ACALL 指令的下一条指令地址在一个 2KB 的存储空间范围内,即它们的高 5 位地址必须相同。

3) 子程序返回指令

```
RET
```

执行该指令时,将子程序调用指令执行时压入堆栈的地址出栈,先出栈的内容送到 PC 的高 8 位,后出栈的内容送到 PC 的低 8 位。执行完后,程序转移到新的 PC 位置执行指令。由于子程序调用指令执行时压入堆栈的内容是调用指令的下一条指令的地址,因而 RET 指令执行后,程序将返回到调用指令的下一条指令继续执行,即实现了子程序的返回。该指令的执行过程如下:

```
PC15~8←(SP)
SP←SP—1
PC7~0←(SP)
SP←SP—1
```

该指令通常用于实现子程序返回到主程序。另外,在 MCS-51 单片机汇编程序设计中,也常用 RET 指令来实现程序转移,处理时先将转移位置的地址用两条 PUSH 指令入栈,低字节在前,高字节在后,然后在需要转移的位置执行 RET 指令,执行后程序即转移到先前入栈的地址所指定的位置去执行程序。

4) 中断返回指令

```
RETI
```

该指令的执行过程与 RET 指令基本相同,不同之处是 RETI 指令执行时,在转移之

前会先清除中断的优先级触发器,因此中断子程序的返回必须使用 RETI 指令。其执行过程如下:

$$PC_{15\sim 8} \leftarrow (SP)$$
$$SP \leftarrow SP-1$$
$$PC_{7\sim 0} \leftarrow (SP)$$
$$SP \leftarrow SP-1$$

该指令用于中断服务子程序的最后一条指令,它的功能是返回到主程序中断的断点位置,继续执行断点位置后面的指令。

在 MCS-51 系统中,中断都是由硬件实现的,没有软件中断调用指令。硬件中断时,由硬件将当前的断点地址压入堆栈保存,以便于以后通过中断返回指令返回到断点位置继续执行程序。

3.2.5 位运算类指令

MCS-51 系列单片机指令系统的位运算指令共有 17 条,包括位传送指令、位逻辑运算指令、位控制转移指令。

1. 位传送指令

位传送指令有 2 条,用于实现位运算器与一般可位寻址单元之间的二进制位传送。

```
MOV    C,bit      ;C←(bit)
MOV    bit,C      ;(bit)←C
```

2. 位逻辑运算指令

位逻辑运算指令共有 10 条,包括位清零、置 1、取反、位与和位或指令。

1) 位清零指令

```
CLR    C          ;C←0
CLR    bit        ;(bit)←0
```

2) 位置 1 指令

```
SETB   C          ;C←1
SETB   bit        ;(bit)←1
```

3) 位取反指令

```
CPL    C          ;C←/C
CPL    bit        ;(bit)←(/bit)
```

4) 位与指令

```
ANL    C,bit      ;C←C∧(bit)
```

```
ANL     C,/bit      ;C←C∧(/bit)
```

5) 位或指令

```
ORL     C,bit       ;C←C∨(bit)
ORL     C,/bit      ;C←C∨(/bit)
```

3. 位转移指令

位转移指令共有 5 条,包括以进位标志 C 为条件的位转移指令和以可寻址位 bit 为条件的位转移指令。

1) 以进位标志 C 为条件的位转移指令

```
JC      rel         ;若 C=1,则转移;否则程序继续执行
JNC     rel         ;若 C=0,则转移;否则程序继续执行
```

2) 以可寻址位 bit 为条件的位转移指令

```
JB      bit,rel     ;若(bit)=1,则转移;否则继续执行
JNB     bit,rel     ;若(bit)=0,则转移;否则继续执行
JBC     bit,rel     ;若(bit)=1,则转移,且(bit)←0;否则程序继续执行
```

【例 3-11】 从片外 RAM 中 1000H 单元开始有 50 个数据,统计当中正数、0 和负数的个数,分别放于 R5、R6、R7 中。

设计思路:设用 R2 作计数器,置初值为 50;用 DPTR 作数据指针,初值指向片外 RAM 的 1000H 单元;将 R5、R6、R7 清零;用 DJNZ 指令对数据指针进行减 1 转移的循环控制;在循环体中,依次取出片外 RAM 中的 50 个数据,进行判断,若大于 0,则 R5 中的内容加 1;若等于 0,则 R6 中的内容加 1;若小于 0,则 R7 中的内容加 1。

汇编程序段如下:

```
        MOV     R2,#50
        MOV     DPTR,#1000H
        MOV     R5,#0
        MOV     R6,#0
        MOV     R7,#0
LOOP:   MOVX    A,@DPTR
        CJNE    A,#0,ZS         ;A是否等于0
        INC     R6              ;是0,R6加1
        SJMP    NEXT
ZS:     JC      FS              ;C是否为1
        INC     R5              ;C=0,是正数,R5加1
        SJMP    NEXT
FS:     INC     R7              ;C=1,是负数,R7加1
NEXT:   INC     DPTR            ;数据指针加1
        CLR     C               ;清除进位(或借位)标志
        DJNZ    R2,LOOP         ;循环50次
```

```
         SJMP   $
```

4. 空操作指令

```
NOP      ;PC ← PC+1
```

执行空操作指令时,不作任何操作(即空操作),仅将程序计数器 PC 的内容加 1,使 CPU 指向下一条指令继续执行程序。执行空操作时要占用一个机器周期的时间,因此该指令通常用来产生时间延迟,构造延时程序。

【**例 3-12**】 调用下列子程序 DLY,可延时多少时间?

```
DLY:    MOV  R1,#99    ;1 机器周期指令
LOOP:   NOP            ;1 机器周期指令
        DJNZ R1,LOOP   ;2 机器周期指令
        RET            ;2 机器周期指令
```

假如晶振频率为 12MHz,则时钟周期=1/12M=1/12μs。

一个机器周期=12 个时钟周期=12×1/12M=1μs。

子程序中共占用的机器周期数=1+(1+2)×99+2=300μs。

延时时间=300μs,即调用子程序 DLY,可延时 300μs。

3.3 MCS-51 系列单片机汇编程序常用的伪指令

在设计 MCS-51 单片机应用系统时,可以采用前面介绍的汇编指令来编写程序,用汇编指令编写的程序称为汇编语言源程序。汇编语言源程序需要被翻译成机器代码(也称为目标程序)才能运行,翻译通常是由计算机中的编译程序来完成,将源程序翻译成目标程序的过程称为编译。在编译过程中,汇编语言源程序通常会向编译程序提供某些编译信息,告诉编译程序如何编译,这些信息是通过在汇编语言源程序中加入相应的伪指令来实现的。

伪指令是放在汇编语言源程序中,用于指示编译程序如何对源程序进行编译的指令。它的作用通常是用来定义数据、分配存储空间、控制程序的输入输出等。因此,伪指令与指令系统中的一般指令不同,一般指令经过编译程序编译后能够产生相应的指令代码(也称机器码),而伪指令经编译后不会产生机器码,它只是对编译过程进行相应的控制和说明。

MCS-51 系列单片机系统的汇编语言中常用的伪指令有以下 9 条。

1. ORG 伪指令

格式:

ORG 地址(十六进制表示)

此伪指令放在一段源程序或数据的前面,编译时用于指明这段程序或数据从程序存储空间什么位置开始存放。ORG 伪指令中的地址是后面这段程序或数据在程序存储器中存放的起始地址。例如,

```
        ORG 100H
START:  MOV A,#30H
        …
```

指明从 START 标号开始的程序将存放在程序存储器 100H 地址单元开始的空间。

2. DB 伪指令

格式:

[标号:]DB 项或项表

此伪指令用于定义字节数据,可以定义一个字节或多个字节。定义多个字节时,字节之间用逗号间隔,定义的多个字节在存储器中是连续存放的。定义的字节可以是一般常数,也可以为字符,还可以是字符串,字符和字符串用单引号括起来,注意字符数据在存储器中是以 ASCII 码形式存放。

使用 DB 伪指令时前面可以带标号,该标号是定义的字节数据在程序中的起始地址。

例如,

```
        ORG  1000H
TAB1:   DB   11H,22H
        DB   'abc'
```

1000H	11H
1001H	22H
1002H	61H
1003H	62H
1004H	63H

编译后,所定义的字节数据在程序存储器中的存放情况如图 3.1 所示。而标号 TAB1 便是字节数据的起始地址 1000H。

3. DW 伪指令

图 3.1 DB 伪指令数据分配图

格式:

[标号:] DW 项或项表

此伪指令用于定义字数据,可以定义一个或多个字,一个字在存储器中占两个字节。编译时,机器自动按高字节在前低字节在后的顺序存放。例如,

```
        ORG  2000H
TAB2:   DW   1234H,5678H
```

编译后,数据在程序存储器中的存放情况如图 3.2 所示。标号 TAB2 便是字数据的起始地址 2000H。

4. DS 伪指令

格式：

[标号：] DS 数值表达式

此伪指令用于在存储器中保留一定数量的字节单元,保留的空间主要为以后存放数据所使用。保留的字节单元数由数值表达式的值决定。例如,

```
        ORG    3000H
TAB3:   DB     12H
        DS     2H
        DB     '5'
```

编译后,程序存储器单元的分配情况如图 3.3 所示。标号 TAB3 表示的起始地址是 3000H。

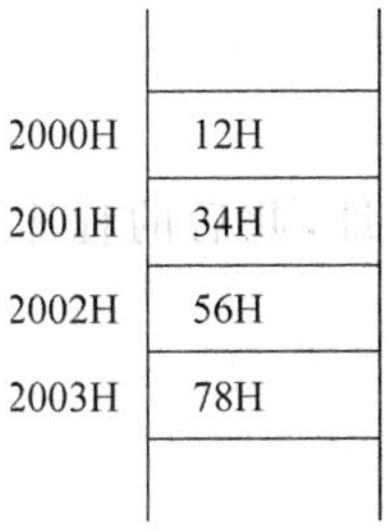

2000H	12H
2001H	34H
2002H	56H
2003H	78H

图 3.2 DW 伪指令数据分配图

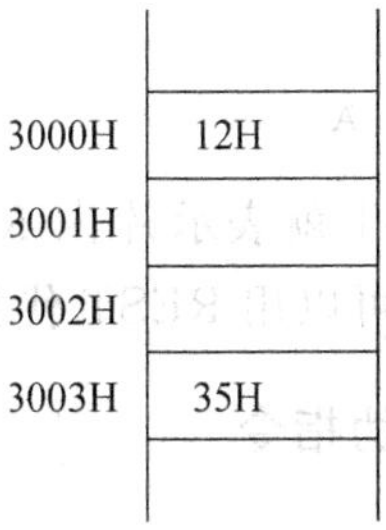

3000H	12H
3001H	
3002H	
3003H	35H

图 3.3 DS 伪指令数据分配图

5. EQU 伪指令

格式：

符号　EQU　项

此伪指令是将指令中的项的值赋给 EQU 前面的符号,此后的程序可以通过使用该符号来代替相应的项。项可以是常数、地址标号或表达式。例如,

```
TAB1 EQU 1000H
TAB2 EQU 2000H
```

编译后,TAB1、TAB2 分别等于 1000H,2000H,此后的程序中有使用 1000H、2000H 的地方,就可以用符号 TAB1、TAB2 代替。

注意：用 EQU 伪指令对某符号赋值后,该符号的值在整个程序中不能再改变。

6. bit 伪指令

格式：

符号　bit　位地址

此伪指令用于给位地址赋予符号,赋值后可用该符号代替 bit 后面的位地址。例如,

```
RD    bit    P3.6
WR    bit    P3.7
```

编译后,RD、WR 分别表示 P3.6、P3.7,此后的程序中有使用 P3.6、P3.7 位地址的地方,就可以用符号 RD,WR 来代替。

7. DATA 伪指令

格式:

符号　DATA　直接字节地址

此伪指令用于给片内 RAM 字节单元地址赋予一个符号,赋值后可用该符号代替 DATA 后面的片内 RAM 字节单元地址。例如,

```
REST  DATA   30H
...
MOV   REST, A
```

编译后,REST 就表示片内 RAM 的 30H 单元地址,此后的程序中,片内 RAM 的 30H 单元地址就可以用 REST 代替。

8. XDATA 伪指令

格式:

符号　XDATA　直接字节地址

此伪指令与 DATA 伪指令基本相同,但它是用于给片外 RAM 字节单元地址赋予一个符号。例如,

```
PORT1 XDATA  1200H
...
MOV   DPTR,PORT1
MOVX  A,@DPTR
```

编译后,符号 PORT1 就表示片外 RAM 的 1200H 单元地址,程序后面可通过符号 PORT1 表示片外 RAM 的 1200H 单元地址。

9. END 伪指令

格式:

END

此伪指令通常放于汇编程序的最后,用于指明汇编语言源程序的结束位置,当汇编程序编译到 END 伪指令时,编译结束。END 后面的所有指令都不予以处理。一个汇编源程序有且只能有一个 END 伪指令。

3.4　MCS-51 系列单片机汇编语言程序设计

一般来说,利用汇编语言编写的程序叫做汇编源程序,通常以.ASM 为汇编程序的扩展名,它是不能直接被单片机识别和执行的,需要在一个编译环境下,将汇编源程序翻译成计算机可识别和执行的二进制指令(即机器码),翻译后的二进制程序叫做目标程序,通常以.OBJ 或.HEX 为目标程序的扩展名。目标程序可以被写入到单片机系统中去运行,但只有经过软硬件调试后无误的目标程序,才能在单片机系统中正常执行。

汇编语言程序是基于单片机硬件系统的软件程序,其开发设计的一般步骤如下。

1. 分析问题,了解硬件环境和接口配置,明确软件要求

假设单片机的硬件系统已经设计好,开始软件的设计和编写工作。在编写软件之前,首先要确定一些常数和地址。事实上这些常数和地址在硬件系统设计阶段已被直接或间接地确定下来了,如当某器件的连线设计好后,其地址也就被确定了,当器件的功能被确定下来后,其软件要求和控制字也就被确定了。

2. 程序总体结构设计,确定算法

汇编语言程序通常采用模块化结构设计,即主程序加上若干个功能模块的子程序的结构。主程序和子程序中的算法设计通常采用三种基本结构,即顺序结构、分支结构和循环结构。顺序结构的程序段是按照程序书写的自然顺序执行的,通常由数据传送类、算术和逻辑运算类及位运算类指令组成。而分支结构和循环结构的程序段是需要控制转移类指令设计实现的。

在设计算法时,要注意其对执行速度、所占存储空间大小以及代码长度的影响。

3. 设计流程,根据算法编制流程图

根据任务及确定的程序结构和算法设计流程,绘制流程图,这是编写程序前必要的基本步骤。绘制流程图常用的图形符号如图 3.4 所示。

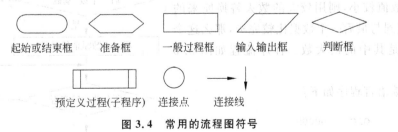

起始或结束框　　准备框　　一般过程框　　输入输出框　　判断框

预定义过程(子程序)　　连接点　　连接线

图 3.4　常用的流程图符号

4. 规划存储空间

为提高存储器的使用效率和方便性,以及考虑二次开发的需要,必须在编写汇编程

序前对存储器空间(包括程序存储器和数据存储器)做合理的规划,明确主程序、子程序、表格数据等存放在程序存储器的哪段空间;结果数据、暂存数据、标识数据等存放在数据存储器的哪段空间。

5. 编写程序,上机调试

用汇编指令对流程图中的各部分加以表示,并在编译环境下写入程序的过程就是编写程序,然后对编写好的汇编源程序进行编译,产生目标程序。此时的目标程序需要在单片机硬件系统中运行并加以调试。也就是说,编译程序的过程只能检测出程序中的所有语法错误和算法错误,而对硬件操作程序编写错误和硬件设计错误的检测则需要通过系统调试来进行。

调试单片机汇编程序时,需要将软件和硬件连接在一起进行系统连调,或者在硬件仿真环境下进行系统连调,只有在硬件环境下运行正常的目标程序才是最终的目标程序。

6. 程序固化

将调试后的目标程序写入单片机系统的程序存储器中,就可以在单片机系统中运行此程序。一般目标程序的写入需要专门的写入器或通过在线下载的方式完成。

下面介绍几种常用的 51 汇编语言程序。

3.4.1 数据的寻找与排序的程序

1. 寻找数据块中最大的数

【例 3-13】 设从片内数据存储器 30H 单元开始存有 10H 个无符号数据,寻找数据块中最大的数,并存入 40H 单元。

分析:寻找最大数的方法是用第一个数据作为基数,依次与第二个、第三个、……相比较,如果基数值较小,则用较大的数去替换原来的基数,直到与最后一个数据比较完毕,那么这个基数就是其中的最大数。程序流程如图 3.5 所示。

汇编语言程序如下:

```
        ORG   0000H
        LJMP  STAR
        ORG   1000H
STAR:   MOV   R0,#30H  ;预先在内部 RAM 区
                        存入 16 个数据
        MOV   A,#10H
```

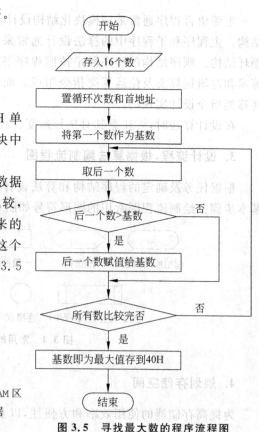

图 3.5　寻找最大数的程序流程图

```
            MOV     R7,#16
SSS:        MOV     @R0,A
            INC     R0
            DEC     A
            DJNZ    R7,SSS
            NOP
COMP:       MOV     R7,#15      ;比较次数
            MOV     R0,#30H     ;数据块地址指针初值
            MOV     B,@R0       ;基数存放在 B 寄存器
LOOP:       CLR     C
            INC     R0
            MOV     A,@R0       ;取后一个数
            SUBB    A,B         ;用后一个数减去基数
            JC      NEXT        ;C>1,则后一个数 A<基数 B,基数 B 值不变
            MOV     B,@R0       ;C=0,则后一个数 A≥基数 B,用较大数替换基数 B
NEXT:       DJNZ    R7,LOOP     ;循环比较
            MOV     40H,B       ;结果存到 40H
            SJMP    $
            END
```

程序运行结果为(40H)=10H。

注意：在寻找最大数的程序中，不允许改动原来的数据，只要求找到最大数即可。

2. 数据的排序

【**例 3-14**】　有 16 个单字节无符号数存放在内部 RAM 的 30H～3FH 单元，将这些数进行升序排序。

分析：数据的排序问题需要两层循环结构来实现。内循环中，依次进行相邻两个数据的比较，如果前面的数大，就交换两数的位置，直到比较完所有数据并找到其中最大的数，并将其中最大的数调换到最后面的位置。外循环中，依次寻找其余数据中的第二大，第三大，……，直到最后倒数第二大的数据调换好位置为止。程序流程如图 3.6 所示。

汇编语言程序如下：

```
            ORG     0000H
            LJMP    STAR
            ORG     1000H
```

图 3.6　数据升序排列的程序流程图

```
STAR:   MOV    R0,#30H      ;预先在内部 RAM 区存入 16 个数据
        MOV    A,#10H
        MOV    R7,#16
SSS:    MOV    @R0,A
        INC    R0
        DEC    A
        DJNZ   R7,SSS
        NOP
STOR:   MOV    R7,#15       ;内循环比较次数
        MOV    A,R7
        MOV    R6,A         ;外循环比较次数
NEXT:   MOV    R0,#30H      ;数据块地址指针初值
        MOV    A,R6
        MOV    R7,A         ;重新修订内循环次数
        MOV    B,@R0        ;基数存放在 B 寄存器
LOOP:   CLR    C
        INC    R0
        MOV    A,@R0        ;取后一个数
        SUBB   A,B          ;用后一个数减去基数
        JC     HUAN         ;C>1,则后一个数 A<基数 B,B 值不变
        MOV    B,@R0        ;C=0,则后一个数 A≥基数 B,用较大数替换基数
        AJMP   NHUAN
HUAN:   MOV    A,B
        XCH    A,@R0        ;将较大的数调换到后面
        DEC    R0
        XCH    A,@R0        ;将较小的数调换到前面,即交换两数的位置
        INC    R0
NHUAN:  DJNZ   R7,LOOP      ;循环比较,将本次循环中的最大数调换到最后面
        DJNZ   R6,NEXT      ;外循环中依次找到数据中的第二大、第三大、…,直到最后两个
                            ;数大小排序完为止
        SJMP   $
        END
```

程序运行结果为,内部 RAM 区 30H~3FH 单元中的数据依次升序排列成 01H、02H、03H、04H、05H、06J、07H、08H、09H、0AH、0BH、0CH、0DH、0EH、0FH、10H。该结果可在第 11 章图 11.7 中的 Memory 输出窗口中看到。

注意:在数据排序的程序中,如果前面的数大,就需要不断地交换两个数的位置,以使较大的数据不断地向后移,直至找到最大的数据放到最后的位置,最后原来数据按升序排列重新调整了存放位置。

3.4.2　数据运算的程序

1. 多字节无符号数加法

【例 3-15】　设从片内 RAM 的 30H 单元和 40H 单元开始分别存有一个长度为 8 个

字节的数据(低字节在前,高字节在后),把这两个数据相加,结果放于 30H 单元开始的位置处。

分析:用 R0 作地址指针指向 30H 单元,用 R1 作地址指针指向 40H 单元,用 R6 为循环变量,初值为 8,将进位标志 CY 清零。在循环体中用 ADDC 指令把 R0 指针指向的单元与 R1 指针指向的单元相加,加得的结果放回 R0 指向的单元,共循环 8 次,最后将进位放到最高位。

汇编语言程序段如下:

```
           ORG    1000H
ADD5:      MOV    R0,#30H
           MOV    R1,#40H
           MOV    R6,#8
           CLR    C
LOOP:      MOV    A,@R0
           ADDC   A,@R1
           MOV    @R0,A
           INC    R0
           INC    R1
           DJNZ   R6,LOOP
           CLR    A
           ADDC   A,#00H
           MOV    @R0,A
           RET
```

2. 两字节无符号数的乘法

【例 3-16】 设被乘数的高字节放在 R7 中,低字节放于 R6 中;乘数的高字节放于 R5 中,低字节放于 R4 中。乘得的积有 4 个字节,按由低到高的次序存于以 50H 为首址的片内 RAM 中。

分析:由于 MCS-51 单片机的汇编指令中只有一条单字节无符号数乘法指令 MUL,而且要求参加运算的两个字节须放于累加器 A 和寄存器 B 中,而乘得的结果高字节放于寄存器 B 中,低字节放于累加器 A 中。因而两字节数乘法须用 4 次单字节数乘法指令来实现,即 R6×R4、R7×R4、R6×R5 和 R7×R5。设 R6×R4 的结果为 B1A1,R7×R4 结果为 B2A1,R6×R5 的结果为 B3A3,R7×R5 的结果为 B4A4,乘得的结果必须按下面的对应关系加起来。

$$
\begin{array}{ccccc}
 & & & R7 & R6 \\
 & & \times & R5 & R4 \\
\hline
 & & & B1 & A1 \\
 & & B2 & A2 & \\
 & & B3 & A3 & \\
 + & B4 & A4 & & \\
\hline
 & D4 & D3 & D2 & D1 \\
\end{array}
$$

由于 MCS-51 单片机汇编指令中只有单字节数加法指令,因而实现多个数相加须用多次累加的方法来计算。乘积的最低字节 D1 直接由 A1 得到;乘积的第二字节 D2 由 B1、A2 和 A3 相加得到,用两次加法来实现,结果暂存于 R3 中;乘积的第三字节 D3 由 B2、B3、A4 和 D2 部分的进位相加得到,用三次加法来实现,结果暂存于 R2 中;乘积的第四字节 D4 由 B4 和 D3 部分的进位相加得到,用两次加法来实现,结果暂存于 R1 中。

另外用 R0 作地址指针(初值为 50H)来依次存放 D1、D2、D3 和 D4。

汇编程序段如下:

```
            ORG    0100H
CHENG: MOV    R0,#50H     ;地址指针,首地址 50H
MUL1:  MOV    A,R6
       MOV    B,R4
       MUL    AB          ;R6×R4
       MOV    @R0,A       ;结果的低字节 A1 即 D1 存入第一个单元
       MOV    R3,B        ;结果的高字节 B1 暂存到 R3 中
MUL2:  MOV    A,R7
       MOV    B,R4
       MUL    AB          ;R7×R4
       ADD    A,R3        ;结果的低字节 A2 与 R3 相加,再存入 R3 中
       MOV    R3,A
       MOV    A,B
       ADDC   A,#00       ;结果的高字节 B2 加上 D2 部分进位后暂存入 R2 中
       MOV    R2,A
MUL3:  MOV    A,R6
       MOV    B,R5
       MUL    AB          ;R6×R5
       ADD    A,R3        ;结果的低字节 A3 与 R3 相加得到 D2
       INC    R0
       MOV    @R0,A       ;将 D2 存入第二个单元
       MOV    A,R2
       ADDC   A,B         ;结果的高字节 B3 加 R2 再加进位后暂存入 R2 中
       MOV    R2,A
       MOV    A,#00
       ADDC   A,#00       ;计算 D3 部分产生的进位暂存入 R1 中
       MOV    R1,A
MUL4:  MOV    A,R7
       MOV    B,R5
       MUL    AB          ;R7×R5
       ADD    A,R2        ;结果的低字节 A4 与 R2 相加得到 D3
       INC    R0
       MOV    @R0,A       ;将 D3 存入第三个单元
       MOV    A,B
       ADDC   A,R1        ;结果的高字节 B4 加 R1 再加进位得 D4
```

```
        INC   R0
        MOV   @R0,A              ;将 D4 存入的第四个单元
        RET
```

3.4.3　数据的拼拆和转换

1. 数据的拼拆

数据的拼拆是指将两个或多个数据中的一部分加以拼凑，重新组合成一个新数据的过程。

【例 3-17】　设在 20H 和 21H 单元中各有一个 8 位数据：

$$(20H) = D_7 D_6 D_5 D_4 D_3 D_2 D_1 D_0；\quad (21H) = Y_7 Y_6 Y_5 Y_4 Y_3 Y_2 Y_1 Y_0$$

现在要从 20H 单元中的高 5 位，与 21H 单元中的低 3 位进行拼装，结果送到 22H 单元保存，并且规定 $(22H) = Y_2 Y_1 Y_0 D_7 D_6 D_5 D_4 D_3$。

分析：将 20H 单元中数据的低 3 位屏蔽，并将其高 5 位右移至低 5 位的位置；再将 21H 单元内容的高 5 位屏蔽，并将其低 3 位移至高 3 位的位置（高低四位交换再左移一位；或用 5 次左环移指令 RL）；最后将 20H 与 21H 单元的内容相或（或者相加），结果放到 22H 单元。汇编程序如下：

```
        ORG   0100H
PING:   MOV   A,20H
        ANL   A,#11111000B
        RR    A
        RR    A
        RR    A
        MOV   20H,A
        MOV   A,21H
        ANL   A,#00000111B
        SWAP  A
        RL    A
        ORL   A,20H
        MOV   22H,A
        RET
```

【例 3-18】　数据反序存放。设片内 RAM 的 20H 单元的内容为：

$$(20H) = D_7 D_6 D_5 D_4 D_3 D_2 D_1 D_0$$

把该单元内容反序后放回 20H 单元，即反序后：

$$(20H) = D_0 D_1 D_2 D_3 D_4 D_5 D_6 D_7$$

分析：先把原 20H 中数据带进位右移一位，最低位 D_0 移入进位标志位 C 中，20H 内容变为 $(20H) = 0 D_7 D_6 D_5 D_4 D_3 D_2 D_1$；然后将 R4（初值为 0）带进位左移一位，将 C 中的内容移入最低位，$(R4) = 0000000 D_0$；第二次再将 20H 中数据带进位右移一位，最低位 D_1 移入进位标志位 C 中，20H 内容变为 $(20H) = 00 D_7 D_6 D_5 D_4 D_3 D_2$；然后将 R4 带进位左移一

位,将 C 中的内容移入最低位,(R4)=000000D_0D_1;以此类推,通过 8 次循环处理完成,则 R4 中内容变为(R4)=$D_0D_1D_2D_3D_4D_5D_6D_7$。最后将 R4 存入内部 RAM 的 20H 单元中。

现将 20H 单元的内容用 R3 暂存,结果用 R4 暂存,R7 作循环变量。汇编语言程序段如下:

```
        ORG    0100H
CONV:   MOV    R3,20H
        MOV    R4,#0       ;暂存结果
        MOV    R7,#8       ;循环次数
LOOP:   MOV    A,R3
        RRC    A           ;20H 中数据带进位右移一位
        MOV    R3,A
        MOV    A,R4
        RLC    A           ;R4 中数据带进位左移一位
        MOV    R4,A
        DJNZ   R7,LOOP     ;循环 8 次
        MOV    20H,R4
        RET
```

2. 数据的转换

1) 将十六进制数转换成 ASCII 码

一位十六进制数 0~9 和 A~F 的 ASCII 码分别为 30H~39H 和 41H~46H,转换时,要判断十六进制数是在 0~9 之间还是在 A~F 之间,若在 0~9 之间,则原十六进制数加上 30H;若在 A~F 之间,则原十六进制数加上 37H,就可将其转换成 ASCII 码。

【例 3-19】 设片内 RAM 从 30H 单元开始连续存放有 10 个十六进制数,将其分别转换成 ASCII 码,并按原来次序存放于以 40H 为首址的片内 RAM 中。

汇编语言程序段如下:

```
        ORG    0200H
ASCM:   MOV    R0,#30H      ;十六进制数据块首地址
        MOV    R1,#40H      ;转换后的 ASCII 码数据的首地址
        MOV    R7,#10       ;循环次数
LOOP:   MOV    A,@R0
        CLR    C
        SUBB   A,#0AH       ;减去 0AH
        MOV    A,@R0
        JC     ASC1         ;C=1,程序转移
        ADD    A,#07H       ;C=0,在 A~F 之间,先加 07H,再加 30H
ASC1:   ADD    A,#30H       ;C=1,在 0~9 之间,加上 30H
        MOV    @R1,A
        INC    R0           ;下一个数据
        INC    R1
```

```
        DJNZ    R7,LOOP
        RET
```

2）将十六进制数转换成 8 段式数码管显示码

一位十六进制数 0～9、A、B、C、D、E、F 的 8 段式数码管的共阴极显示码分别为 3FH、06H、5BH、4FH、66H、6DH、7DH、07H、7FH、6FH、77H、7CH、39H、5EH、79H、71H。由于数的大小与显示码值之间的转换没有规律，因此只能通过查表方式进行转换。

【**例 3-20**】　设片内 RAM 从 30H 单元开始连续存放有 8 个十六进制数，将其分别转换成数码管显示码，并按原来次序存放于以 40H 为首址的片内 RAM 中。

分析：设查表数据按由小到大的次序放在标号为 TAB 开始的程序存储区中，用 MOVC 指令查表，寻找十六进制数对应的数码管显示码。汇编程序如下：

```
        ORG     0200H
        MOV     R0,#30H         ;十六进制数据块首地址
        MOV     R1,#40H         ;转换后的 ASCII 码数据的首地址
        MOV     R7,#8           ;循环次数
        MOV     DPTR,#TAB       ;DPTR 指向表数据首址
LOOP:   MOV     A,@R0
        MOVC    A,@A+DPTR       ;查表并转换
        MOV     @R1,A
        INC     R0              ;下一个数据
        INC     R1
        DJNZ    R7,LOOP
        RET
TAB:    DB 3FH,06H,5BH,4FH,66H,6DH,7DH,07H      ;表格数据
        DB 7FH,6FH,77H,7CH,39H,5EH,79H,71H
```

3.4.4　多分支转移程序

分支结构的程序就是根据不同的条件进行判断，从而选择执行不同的程序段的程序结构。分支结构的汇编语言程序设计要点如下。

（1）确定分支条件，选择好分支点。

（2）选择合适的条件转移指令。例如，判断累加器 A 是否为零指令 JZ 和 JNZ；比较条件转移指令 CJNE、DJNZ；判断进位标志指令 JC、JNC；判断位条件转移指令 JB、JNB 等。通过条件转移指令可以很方便地构造两个或三个分支结构的程序。

（3）正确选定转移的目的地址，一般要在目的地址处设定标号。此时要注意转移的目的地址与当前地址之间的偏移量不能超过范围。

当程序结构需要多分支转移（散转）的情况时，就需要多分支转移指令 JMP @A＋DPTR，并配合转移指令表或地址偏移量表的形式来实现，也可以采用 RET 指令来实现。

1. 用多分支转移指令 JMP @A＋DPTR 和使用转移指令表实现的多分支转移程序

【**例 3-21**】　现有 n 路分支，分支条件要求根据 R2 中的信息而转向不同的分支处理

程序,即

$$当(R2)=0 时, \quad 转向 PORG0$$
$$当(R2)=1 时, \quad 转向 PORG1$$
$$\cdots$$
$$当(R2)=n 时, \quad 转向 PORGn$$

　　分析:先用无条件转移指令(AJMP 或 LJMP)按顺序构造一个转移指令表,存放于程序存储器的数据表格区。执行多分支程序时,先将转移指令表的首地址装入 DPTR 中作为基址,将 R2 中的分支信息装入累加器 A 中作为变址,然后执行多分支转移指令 JMP @A+DPTR。这样,当 R2 中的信息为 n 时,就能找到转移指令表中相应的第 n 条转移指令并执行这条转移指令,从而转移到第 n 个分支程序段的首地址 PORGn 去执行分支程序。

　　用 AJMP 转移指令的汇编程序如下:

```
        ORG    0100H
        MOV    DPTR,#TAB        ;指向转移指令表首址
        MOV    A,R2             ;分支信息放累加器 A 中
CLR     C
        RL     A                ;转移指令表由 AJMP 构造,分支信息乘 2
        JNC    NADD             ;若 A>255 则翻到表的下一页
        INC    DPH
NADD:   JMP    @A+DPTR          ;转向散转地址,执行转移指令 AJMP
TAB:    AJMP   PORG0            ;转移指令表
        AJMP   PORG1
        ...
        AJMP   PORGn
        ...
PORG0:  ...
        ...
PORGn:  ...
        ...
```

　　用 LJMP 转移指令的汇编程序如下:

```
        ORG    0200H
        MOV    DPTR,#TAB        ;DPTR 指向转移指令表首址
        MOV    A,R2             ;分支信息放累加器 A 中
        MOV    B,#3
        MUL    AB               ;转移指令表由 LJMP 构造,分支信息乘 3
        XCH    A,B              ;交换后,A 高字节 B 低字节
        ADD    A,DPH            ;高字节先调整到 DPH 中
        MOV    DPH,A
        XCH    A,B              ;再交换,A 为低字节
        JMP    @A+DPTR          ;转向散转地址,执行转移指令 LJMP
```

```
TAB:    LJMP    POPG0           ;转移指令表
        LJMP    PORG1
        …
        LJMP PORGn
        …
PORG0:  …
        …
PORGn:  …
        …
```

2. 用多分支转移指令 JMP @A＋DPTR 和使用地址偏移量表实现的多分支转移程序

当各分支程序的代码总长度小于 256B 时,可以考虑采用此方法。此方法是先查出各分支程序相对于地址偏移量表首地址的相对偏移量,然后将此偏移量存放到 A,地址偏移量表首地址存放于 DPTR,通过执行多分支转移指令 JMP @A＋DPTR 实现程序的散转。

例如,上例的问题采用此方法实现汇编程序如下:

```
        MOV     DPTR,#TAB
        MOV     A,R2
        MOVC    A,@A+DPTR       ;查表获得相对偏移量存放到 A
        JMP     @A+DPTR         ;多分支程序的目的地址
TAB:    DB      rel0            ;PROG0 对应的相对偏移量
        DB      rel1
        …
PROG0:  …
        …
PROGn:  …
        …
```

3. 采用 RET 指令实现的多分支程序

采用 RET 指令实现多分支程序的方法是:先把各个分支程序的目的地址按顺序组成一张地址表,存放于程序存储器的数据表格区,在程序中根据分支信息去查表,取得对应分支程序的目的地址,按先低字节、后高字节的顺序压入堆栈,然后执行 RET 指令,则地址出栈,于是转移到对应的分支程序地址中去执行分支程序。

【例 3-22】　现有 n 路分支,分支条件要求根据 R2 中的信息而转向不同的分支处理程序,用 RET 指令实现。

设各分支程序的目的地址分别为 addr00、addr01、addr02、…、addrn。

汇编程序如下:

```
        ORG     0200H
        MOV     DPTR,#TAB       ;DPTR 指向分支地址表首址
```

```
            MOV     A,R2            ;分支信息放累加器 A 中
            RL      A              ;分支信息乘 2
            JNC     NADD
            INC     DPH            ;高字节调整到 DPH 中
NADD:       MOV     R3,A           ;变址放于 R3 中暂存
            MOVC    A,@A+DPTR      ;取目的地址低 8 位
            PUSH    ACC            ;低 8 位地址入栈
            MOV     A,R3           ;取出 R3 中变址到累加器 A
            INC     A              ;加 1 得到高 8 位地址的变址
            MOVC    A,@A+DPTR      ;取目的地址高 8 位
            PUSH    ACC            ;高 8 位地址入栈
            RET                    ;地址出栈,转向分支程序的目的地址
TAB3:       DW      addr00         ;分支程序的目的地址表
            DW      addr01
            …
            DW      addrn
            …
            ORG     addr00
PROG0:      …
            …
            ORG     addrn
PROGn:      …
            …
```

3.4.5　子程序设计

子程序是一种独立地能完成某一特定功能的程序段,是汇编语言程序中常用的程序单位,其资源要为所有调用程序共享,因此,子程序在结构上具有独立性和通用性,它的形式和功能类似于 C 语言程序中的函数,需要时可以按参数要求调用,调用子程序的程序称为主程序。子程序中还可以调用子程序,即子程序可以嵌套调用。使用子程序可以减少编程工作量及代码长度,同时也使程序结构清晰易读。

MCS-51 单片机汇编语言的子程序可分为两类:一类是通用子程序,使用 ACALL 和 LCALL 指令调用子程序,使用 RET 指令返回到主程序。另一类是中断子程序,满足响应中断的条件时,系统自动调用,使用 RETI 指令返回主程序。

在编写子程序时主要应注意以下问题:

(1) 子程序的第一条指令的地址称为子程序的入口地址,该地址前必须有标号。

(2) 主程序与子程序之间的参数传递。

在主程序中调用和执行子程序时,需要预先设置某些参数值。调用返回时,应把必要的结果带回到主程序。此外,一些存储地址也需要进行主程序和子程序之间的参数传递。具体参数传递的方法一般有三种:通过工作寄存器 R0~R7 或片内 RAM 存储器单元;通过堆栈;通过数据指针 DPTR。

(3) 保护现场。

在子程序的运行过程中,可能会"更新"主程序中所使用的一些 RAM 存储单元、工作寄存器或某些特殊功能寄存器 SFR 中的数据。因此,在程序设计时,就需要先将这些数据保护起来再调用子程序,称为保护现场;子程序调用结束再恢复这些数据,称为恢复现场。

保护现场和恢复现场的方法通常使用堆栈,堆栈按照先进后出的原理工作,使用时要特别注意进栈和出栈的次序。

子程序的基本结构如下:

```
MAIN:   ...                    ;主程序
        LCALL  SUB             ;调用子程序 SUB
        ...
SUB:    PUSH   PSW            ;保护现场
        PUSH   ACC
        ...                    ;子程序处理程序段
        POP    ACC            ;恢复现场
        POP    PSW
        RET                    ;子程序返回
```

保护现场和恢复现场的操作可以在子程序中进行,也可以在主程序中进行。

【例 3-23】 编写一个 16 个字节无符号数集体左环移一位的子程序,供主程序在使用时调用。

分析:设 16 个字节无符号数存放在片内 RAM 的 30H～3FH 单元,环移操作中用到寄存器 R1、R7 和累加器 A。

主程序设计时,如果用到寄存器 R1 和累加器 A 存放数据,而且要求在调用子程序期间不改变它们的值,那么,主程序在调用子程序前,一是需要将待环移的 16 个字节无符号数存放在片内 RAM 的 30H～3FH 单元,将数据传递给子程序;二是需要保护现场数据,将 R1 和 A 进栈保存。子程序调用结束后,一是环移后的数据被更新到片内 RAM 的 30H～3FH 单元,供主程序使用;二是需要恢复现场,将 R1 和 A 的数据出栈。

汇编程序如下:

```
        ORG    0000H
        LJMP   STAR
        ORG    0100H
STAR:   ...                    ;主程序
        LCALL  RRRL           ;调用子程序
        ...
        SJMP   $
        ...
RRRL:   PUSH   01H            ;保护现场
        PUSH   ACC
        MOV    R1,#3FH
```

```
        MOV     R7,#16
        CLR     C
RRLP:   MOV     A,@R1
        RLC     A
        MOV     @R1,A
        DEC     R1
        DJNZ    R7,RRLP
        JNC     RRLE
        INC     3FH
RRLE:   POP     ACC              ;恢复现场
        POP     01H
        RET
        END
```

【例 3-24】 编写一个延时 1s 的子程序,供主程序在使用时调用。

分析:延时程序是汇编语言程序中常用的一类子程序,它是为了配合操作时间的需要而编写的。延时程序的设计与汇编指令的执行时间有关,如果 51 单片机使用 12MHz 的晶振,则一个机器周期为 $1\mu s$,程序段中所有指令执行完毕所需要的机器周期数总和可以计算得出,两者乘积即为该程序段执行一遍所经历的时间,对调用该程序段的主程序而言就起到了延时一定时间的作用。

汇编程序段如下:

```
DLY:    MOV     R5,#10           ;1机器周期指令
LOOP1:  MOV     R6,#200
LOOP2:  MOV     R7,#248
        NOP                      ;1机器周期指令
LOOP3:  DJNZ    R7,LOOP3         ;2机器周期指令
        DJNZ    R6,LOOP2
        DJNZ    R5,LOOP1
        RET                      ;2机器周期指令
```

子程序中共占用的机器周期数=$(((1+1+2\times248)+2)\times200+1+2)\times10+1+2$
$$=1000033$$

延时时间=$1000033\mu s$,近似 1s,即调用子程序 DLY,可使主程序延时约 1s。

习   题

一、选择题

1. 当需要从 MCS-51 单片机程序存储器取数据时,采用的指令为(   )。
   A. MOV A,@R1   B. MOVC A,@A + DPTR
   C. MOVX A,@ R0   D. MOVX A,@ DPTR

2. 下列指令中不影响标志位 CY 的指令有(   )。

A. ADD A,20H B. CLR A C. RRC A D. INC A

3. 执行中断返回指令,从堆栈弹出地址送给( )。

A. A B. CY C. PC D. DPTR

4. MOVX A,@R0 指令中,源操作数采用( )寻址方式,指令作用在( )区间。

A. 寄存器,外部数据存储器

B. 直接,程序存储器

C. 寄存器间接,内部数据存储器

D. 寄存器间接,外部数据存储器

5. 若(A)=86H,(PSW)=80H,则执行 RRC A 指令后,(A)=( )。

A. C3H B. B3H C. 0DH D. 56H

6. ( )指令是 MCS-51 指令系统中执行时间最长的。

A. 比较转移 B. 循环转移 C. 增减量 D. 乘除法

7. 以下( )是位操作指令。

A. MOV P0,♯0FFH B. CLR P1.0 C. CPL A D. POP PSW

8. 执行 LCALL 4000H 指令时,MCS-51 所完成的操作是( )。

A. 保护 PC B. 4000H→PC

C. 保护现场 D. PC+3 入栈,4000H→PC

9. 执行 PUSH ACC 指令,MCS-51 完成的操作是( )。

A. SP+1→SP,ACC→(SP) B. ACC→(SP),SP-1→SP

C. SP-1→SP,ACC→(SP) D. ACC→(SP),SP+1→SP

10. MCS-51 执行完 MOV A,♯08H 后,PSW 的( )位被置位。

A. C B. F0 C. OV D. P

11. MCS-51 的相对转移指令的最大负跳变距离是( )。

A. 2KB B. 128B C. 127B D. 256B

二、问答题

1. 在 MCS-51 单片机中,寻址方式有几种? 其中对片内 RAM 可以用哪几种寻址方式? 对片外 RAM 可以用哪几种寻址方式?

2. 在对片外 RAM 单元寻址中,用 Ri 间接寻址与用 DPTR 间接寻址有什么区别?

3. 在位处理中,位地址的表示方式有哪几种?

4. 写出完成下列操作的指令。

(1) R1 的内容送到 R2 中。

(2) 片内 RAM 的 30H 单元内容送到片内 RAM 的 40H 单元中。

(3) 片内 RAM 的 40H 单元内容送到片外 RAM 的 50H 单元中。

(4) 片内 RAM 的 50H 单元内容送到片外 RAM 的 3000H 单元中。

(5) 片外 RAM 的 1000H 单元内容送到片内 RAM 的 30H 单元中。

(6) 片外 RAM 的 1000H 单元内容送到片外 RAM 的 2000H 单元中。

(7) ROM 的 1000H 单元内容送到片内 RAM 的 30H 单元中。

(8) ROM 的 1000H 单元内容送到片外 RAM 的 200H 单元中。

5. 区分下列指令有什么不同?

(1) MOV A,20H 和 MOV A,♯20H

(2) MOV A,@R1 和 MOVX A,@R1

(3) MOV A,R1 和 MOV A,@R1

(4) MOVX A,@R1 和 MOVX A,@DPTR

(5) MOVX A,@DPTR 和 MOVC A,@A+DPTR

6. 设片内 RAM 的(20H)=40H,(40H)=10H,(10H)=50H,(P1)=0CAH。分析下列指令执行后片内 RAM 的 20H、40H、10H 单元以及 P1、P2 中的内容。

```
MOV  R0,#20H
MOV  A,@R0
MOV  R1,A
MOV  A,@R1
MOV  @R0,P1
MOV  P2,P1
MOV  10H,A
MOV  20H,10H
```

7. 已知(A)=02H,(R1)=7FH,(DPTR)=2FFCH,片内 RAM(7FH)=70H,片外 RAM(2FFEH)=11H,ROM(2FFEH)=64H,试分别写出以下各条指令执行后目标单元的内容。

(1) MOV A,@R1

(2) MOVX @DPTR,A

(3) MOVC A,@A+DPTR

(4) XCHD A,@R1

8. 已知:(A)=78H,(R1)=78H,(B)=04H,CY=1,片内 RAM(78H)=0DDH,(80H)=6CH,试分别写出下列指令执行后目标单元的结果和相应标志位的值。

(1) ADD A,@R1

(2) SUBB A,♯77H

(3) MUL AB

(4) DIV AB

(5) ANL 78H,♯78H

(6) ORL A,♯0FH

(7) XRL 80H,A

9. 设(A)=83H,(R0)=17H,(17H)=34H,分析当执行完下面指令段后累加器 A、R0、17H 单元的内容。

```
ANL  A,#17H
ORL  17H,A
```

```
XRL   A,@R0
CPL   A
```

10. 写出完成下列要求的指令。

（1）累加器 A 的低 3 位清零，其余位不变。

（2）累加器的低 4 位取反，其余位不变。

（3）累加器第 0 位、2 位、5 位、7 位取反，其余位不变。

（4）累加器 A 的高 2 位置 1，其余位不变。

11. 说明 LJMP 指令与 AJMP 指令的区别？

12. 设当前指令 CJNE A，♯23H，10H 的地址是 0FFEH，若累加器 A 的值为 05H，则该指令执行后的 PC 值为多少？若累加器 A 的值为 23H 呢？

13. 下列程序段汇编后，从 1000H 单元开始的单元内容是什么？

```
      ORG    1000H
TAB:  DB     11H,22H
      DS     4
      DW     3344H,55H
```

三、编程题

1. 试编写一段程序，将片内 RAM 的 30H、31H、32H、33H 单元的内容依次存入片外 RAM 的 30H、31H、32H、33H 中。

2. 编程实现将片外 RAM 的 1000H～1020H 单元的内容，全部搬到片内 RAM 的 30H 单元开始位置，并将源位置清零。

3. 编程将片外 RAM 的 2000H 单元开始的 50 个字节数据相加，结果放于 R7R6 中。

4. 编程实现 R4R3×R2，结果放于 R7R6R5 中。

5. 编程实现取片内 RAM 的 20H～27H 单元中的最低位，按 0 位、1 位、…、7 位的位置关系拼装在一起放于 R1 中。

6. 编程统计从片外 RAM 的 1000H 地址开始的 50 个单元中 0 的个数放于 R2 中。

7. 用查表的方法实现将一个压缩 BCD 码转换成两个字节的 ASCII 码。

第4章

单片机C语言程序设计

4.1 C语言与MCS-51系列单片机

    C语言是单片机应用系统开发中广泛使用的一种程序设计语言。与其他高级语言相比，C语言的功能丰富，表达能力强，使用灵活方便，目标程序执行效率高，可移植性好；不仅如此，C语言还允许直接访问物理地址，能进行位操作，可以直接对硬件进行操作。因此，C语言既具有高级语言的功能，又具有低级语言的许多功能，它的这种双重性，使得它既是成功的系统描述语言，又是通用的程序设计语言，应用面十分广泛。使用汇编语言编写单片机应用程序的优点是对硬件操作十分方便，编写的程序编译后占用的存储空间小，执行速度快。其缺点是程序的可读性和可移植性差，只有熟悉单片机的指令系统，并具有一定的程序设计经验者，才能研制出功能复杂的应用程序。所以，为了提高程序的可读性和可移植性，缩短单片机应用系统的软件研发周期，尤其对于不熟悉单片机指令系统的用户来说，单片机应用系统程序往往使用C语言进行开发设计。

4.1.1　C语言与MCS-51系列单片机概述

1. C语言特点

    C语言作为一种广泛流行的计算机程序设计语言，其主要特点如下：语言简洁、紧凑，使用方便、灵活；运算符丰富，表达式灵活多样；数据结构丰富，能用来实现各种复杂的数据结构；具有各种结构化的控制语句，而且程序以函数为模块单位，可容易进行结构化程序设计；可以直接对计算机硬件进行操作；生成的目标代码质量高，程序执行效率高；程序的可读性和可移植性好；C语言是一种结构化的程序设计语言，其程序设计采用三种基本结构：顺序、选择和循环结构。

    C语言程序的组织结构通常以函数为单位，采用函数的形式来实现某一模块的功能。每个C语言程序必须有一个主函数main()，也可以由一个主函数main()和若干个功能子函数组成。不管main()函数放于何处，程序总是从main()函数的开始执行，执行到main()函数结束则结束。在main()函数中可以调用子函数，子函数中也可以调用其他子函数，但main()函数不能被子函数所调用。功能子函数可以是C语言编译器提供的库函数，也可以是由用户定义的自定义函数。

在编制 C 程序时,开始部分一般是预处理命令、函数说明和变量定义等。
C 语言程序结构一般如下:

```
include<>              //预处理命令
uchar fun1();          //函数声明
float fun2();
int x,y;               //变量定义
float z;
main()                 //主函数
{
主函数体;
}
uchar fun1()           //功能子函数 1
{
函数体;
}
float fun2()           //功能子函数 2
{
函数体;
}
```

函数是由"函数定义"和"函数体"两个部分组成。函数定义部分包括有函数类型、函数名、形式参数说明等,函数名后面必须跟一个圆括号"()",形式参数在()内定义。函数体包含在一对花括号"{}"内,通常由若干语句构成,它一般包含两部分内容:声明语句和执行语句。声明语句用于对函数中用到的变量进行定义;也可能对子函数进行声明。执行语句由若干语句组成,用来完成一定操作功能。当然也有的函数体仅有一对"{}",其内部没有任何语句,这种函数称为空函数。

C 语言程序的书写格式十分自由,一条语句可以写成一行,也可以写成几行,还可以一行内写多条语句,但每条语句后面必须以分号";"作为结束符。C 语言程序对大小写字母比较敏感,在程序中,同一个字母的大小写系统是当作不同字母来处理的。在程序中可以用"/* …… */"或"//"对 C 程序中的任何部分作注释,以增加程序的可读性。

C 语言本身没有输入输出语句。输入和输出的功能是通过输入输出函数 scanf() 和 printf() 来实现的。输入输出函数由标准库函数形式提供给用户。

2. C 语言与 MCS-51 系列单片机

用 C 语言编写的 MCS-51 系列单片机应用程序简称 C51 程序,它与用汇编语言编写的 MCS-51 系列单片机应用程序(简称 51 汇编程序)不一样,编写 51 汇编程序必须要考虑单片机的存储器结构,尤其是要考虑片内数据存储器与特殊功能寄存器的使用情况,要具体组织和分配存储器资源并按实际地址处理端口数据。编写 C51 程序,则不用像编

写 51 汇编程序那样须具体组织分配存储器资源和按实际地址处理端口数据,而是通过将变量或常量定义成不同的存储类型(data,bdata,idata,pdata,xdata,code)的方法,将它们定位在不同的存储区中,从而实现对存储器资源的利用。

C51 程序与标准的 C 语言程序也有相应的区别:编写 C51 程序,需根据单片机存储器结构及内部资源来定义相应的数据类型和变量。而标准的 C 语言程序不需要考虑这些问题;C51 程序所包含的数据类型、变量存储模式、输入输出处理、函数等方面与标准的 C 语言也有一定的区别。其他的语法规则、程序结构及程序设计方法等方面与标准的 C 语言程序设计相同。

目前,支持 MCS-51 系列单片机的 C 语言编译器有很多种,各种编译器的基本情况相同,但具体处理时有一定的区别,如 AMERICAN AUTOMATION、ARCHIMEDE、AVOCET、BOS/TASKING、DUNFIELD SHAREWARE、KEIL/FRANKLIN、MICRO COMPUTER CONTROLS 等,其中 Keil/Franklin 编译器是一款使用广泛的 C51 编译器,用此编译器编译后的代码紧凑,而且编译速度快,使用十分方便。本书将以 Keil/Franklin 编译器介绍 MCS-51 系列单片机的 C 语言程序设计。

4.1.2　C51 程序的结构

下面介绍一个简单的 C51 程序,程序的功能是使一个连接在单片机 P1.1 口上的 LED 发光二极管(高电平亮,低电平灭)按一定时间间隔闪亮,C51 程序如下:

```
#include<reg52.h>              //包含特殊功能寄存器库
#include<stdio.h>              //包含 I/O 函数库
sbit LED=P1^0;                 //全局变量定义,定义位变量
int data i;                    //定义 data 区的整型变量
void main(void)                //主函数
{   while(1)                   //循环闪亮
   {   LED=1;                  //LED 灯亮
    for(i=0;i<5000;i++)        //延时
    LED=0;                     //LED 灯灭
    for(i=0;i<5000;i++)        //延时
     }
}
```

从上面的 C51 程序可见,C51 的语法规定、程序结构及程序设计方法都与标准的 C 语言程序设计相同。但是,C51 程序与标准的 C 程序也有以下几个方面的不同。

(1) C51 中定义的库函数和标准 C 语言定义的库函数不同。标准的 C 语言定义的库函数是按通用微型计算机来定义的,而 C51 中定义的库函数是按 MCS-51 系列单片机的情况来定义的。

(2) C51 中的数据类型与标准 C 语言中的数据类型有一定的区别,在 C51 中增加了几种针对 MCS-51 单片机特有的数据类型。

（3）C51 中变量的存储模式与标准 C 程序中变量的存储模式不一样，C51 中变量的存储模式是与 MCS-51 单片机的存储器结构紧密相关。

（4）C51 与标准 C 的输入输出处理不一样，C51 中的输入输出是通过 MCS-51 系列单片机的串行口来完成的，输入输出指令执行前必须要对串行口进行初始化。

（5）C51 与标准 C 在函数使用方面也有一定的区别，C51 中有专门的中断函数。

只有熟悉和掌握 C51 程序与标准 C 程序的这些不同点，才能正确使用 C 语言来设计基于单片机硬件系统的 C51 程序。

4.2　C51 的基本数据类型

数据类型即为数据的格式。C51 的数据类型分为基本数据类型和组合数据类型，C51 的基本数据类型与标准 C 的基本数据类型大致相同，但其中 char 型与 short 型相同，float 型与 double 型相同；另外，C51 中还增设有专门针对 MCS-51 单片机的特殊功能寄存器型和位类型。C51 的组合数据类型与标准 C 的组合数据类型相同，包括数组类型、结构体类型、共用体类型和枚举类型。

1. 字符型 char

char 型分 signed char 和 unsigned char 两种，默认为 signed char。它们的长度均为一个字节，用于存放一个单字节的数据，其中 signed char 用于定义带符号字节数据，字节的最高位为符号位，补码表示，所能表示的数值范围是 $-128 \sim +127$；unsigned char 用于定义无符号字节数据或字符，其取值范围为 $0 \sim 255$。

2. 整型 int

int 型分 signed int 和 unsigned int 两种，默认为 signed int。它们的长度均为两个字节，用于存放一个双字节数据。其中 signed int 用于存放两字节带符号数，字节的最高位为符号位，补码表示，数的范围为 $-32768 \sim +32767$；unsigned int 用于存放两字节无符号数，数的范围为 $0 \sim 65535$。

3. 长整型 long

long 型分 signed long 和 unsigned long 两种，默认为 signed long。它们的长度均为四个字节，用于存放一个四字节数据。其中 signed long 用于存放四字节带符号数，补码表示，数的范围为 $-2147483648 \sim +2147483647$；unsigned long 用于存放四字节无符号数，数的范围为 $0 \sim 4294967295$。

4. 浮点型 float

float 型数据的长度为四个字节，格式符合 IEEE-754 标准的单精度浮点型数据，包含指数和尾数两部分,最高位为符号位,0表示正数,1表示负数,其后的8位为阶码,最后的23位为尾数的有效数位,由于尾数的整数部分隐含为1,所以尾数的精度为24位。

5. 指针型 *

指针型变量用于存放指向另一个数据的地址。指针型变量要占用一定的内存单元,对于不同的处理器其占用内存的长度不一样,在C51中它的长度一般为1~3个字节。

6. 特殊功能寄存器型

特殊功能寄存器型是C51扩充的数据类型,用于访问MCS-51单片机中的特殊功能寄存器,它分sfr和sfr16两种类型。其中sfr为字节型特殊功能寄存器类型,占一个字节内存单元,利用它可以访问MCS-51内部的所有特殊功能寄存器;sfr16为双字节型特殊功能寄存器类型,占用两个字节单元,利用它可以访问MCS-51内部的所有两个字节的特殊功能寄存器。在C51中对特殊功能寄存器的访问,必须先用sfr或sfr16进行声明才能使用。其格式为:

sfr 或 sfr16　特殊功能寄存器名=地址;

例如,

```
sfr    P1=0x90;
sfr16  DPTR=0x82;
```

7. 位类型

位类型也是C51扩充的数据类型,用于访问MCS-51系列单片机中可寻址的位单元,它分bit型和sbit型两种,它们在内存中都只占一个二进制位。其中bit位类型用于定义一般的位变量,其位地址是可以变化的。sbit位类型用于定义可位寻址的字节单元中的某一位,定义时必须指明其位地址,其位地址是不可变化的。

Keil C51编译器能够识别的基本数据类型如表4.1所示。

在C51程序中,有时会出现运算中数据类型不一致的情况。C51允许任何标准数据类型的隐式转换,隐式转换的优先级顺序如下:

$$bit \rightarrow char \rightarrow int \rightarrow long \rightarrow float$$
$$signed \rightarrow unsigned$$

表 4.1　Keil C51 编译器支持的基本数据类型

基本数据类型	长度	取值范围
unsigned char	1B	0~255
signed char	1B	−128~+127
unsigned int	2B	0~65535
signed int	2B	−32768~+32767

续表

基本数据类型	长度	取值范围
unsigned long	4B	0～4294967295
unsigned long	4B	−2147483648～+2147483647
float	4B	±1.175494E−38～±3.402823E+38
bit	1b	0 或 1
sbit	1b	0 或 1
sfr	1B	0～255
sfr16	2B	0～65535

C51 除了支持隐式类型转换外,还可以通过强制类型转换符"()",对数据类型进行人为地强制转换。

C51 编译器除了能支持以上这些基本数据类型之外,还能支持一些复杂的组合型数据类型,如数组类型、指针类型、结构类型、联合类型等这些复杂的数据类型,后面将相继介绍。

4.3　C51 的运算量

C51 的运算量有常量和变量两种。

4.3.1　常量

常量是指在程序执行过程中其值不能改变的量。在 C51 中支持整型常量、浮点型常量、字符型常量和字符串型常量。

1. 整型常量

整型常量可以表示成以下几种形式:十进制整数,如 123、−78、0 等;十六进制整数,以 0x 开头表示,如 0x12 等;长整数,在 C51 中当一个整数的值达到长整型的范围,则该数按长整型存放;另外,如一个整数后面加一个字母 L,这个数也按长整型存放,如 123L 等。

2. 浮点型常量

浮点型常量也就是实型常数。有十进制表示形式和指数表示形式两种。十进制表示形式又称定点表示形式,由数字和小数点组成,如 0.323、87.125 等。指数表示形式,如,123.456e−3、−3.123e2 等。

3. 字符型常量

字符型常量是用单引号引起的字符,如'a'、'1'、'F'等。可以是可显示的 ASCII 字符,也可以是不可显示的控制字符。对不可显示的控制字符须在前面加上反斜杠"\"组成转义字符,利用它可以完成一些特殊功能和输出时的格式控制。常用的转义字符如表4.2所示。

表 4.2   C51 常用的转义字符

转义字符	含 义	ASCII 码 (十六进制数)	转义字符	含 义	ASCII 码 (十六进制数)
\0	空字符(null)	00H	\f	换页符(FF)	0CH
\n	换行符(LF)	0AH	\'	单引号	27H
\r	回车符(CR)	0DH	\"	双引号	22H
\t	水平制表符(HT)	09H	\\	反斜杠	5CH
\b	退格符(BS)	08H			

4. 字符串型常量

字符串型常量由双引号" "括起的字符组成。如"A"、"234"、"GOOD"等。注意字符串常量与字符常量是不一样的,一个字符常量在存储器中只占一个字节;而字符串常量在存储器中是一个字符占一个字节,而且系统会自动的在后面加一个转义字符"\0"作为字符串结束符,因此不要将字符常量和字符串常量混淆。

4.3.2   变量

1. 变量的定义

变量是在程序运行过程中其值可变的量。在 C51 程序中,变量在使用前必须先定义,确定变量的数据类型和存储模式,以便编译系统为它分配相应的存储单元。定义变量的格式如下:

[存储种类] 数据类型说明符 [存储器类型] 变量名 1[=初值],变量名 2[=初值]…;

其中,

变量名:C51 规定变量名可以由字母、数字和下划线三种字符组成,且第一个字母必须为字母或下划线。

数据类型说明符:用于指明变量的数据类型,从而指明变量在存储器中占用的字节数。数据类型可以是基本数据类型,也可以是组合数据类型,还可以是用 typedef 或 #define 定义的类型别名。

存储种类:是指变量在程序执行过程中的作用范围。C51 变量的存储种类有四种:自动(auto)、外部(extern)、静态(static)和寄存器(register)。

(1) auto:自动变量,其作用范围在定义它的函数体或复合语句内部。自动变量一般分配在内存的堆栈空间中。当定义它的函数体或复合语句执行时,C51 才为自动变量分配内存空间,执行结束时所占用的内存空间被释放。定义变量时,如果省略存储种类,则该变量默认为自动(auto)变量。

(2) extern：外部变量，在一个函数体内，要使用一个该函数体外或别的程序中定义过的外部变量时，该变量在该函数体内要用 extern 声明。外部变量被定义后会分配到固定的内存空间，其作用范围在整个程序执行时间内都有效，直到程序结束才释放。

(3) static：静态变量，又分为内部静态变量和外部静态变量。在函数体内部定义的静态变量为内部静态变量，它只在对应的函数体内有效，在函数体外则不可见，而且其值不被改变；外部静态变量是在函数外部定义的静态变量，它在该程序中一直有效，但在定义的范围之外是不可见的。

(4) register：寄存器变量，存放在 CPU 内部的寄存器中，处理速度快，但数目少。C51 编译器编译时能自动识别程序中使用频率最高的变量，并自动将其作为寄存器变量，用户无须专门声明。

存储器类型：用于指明变量所处的存储器区域情况。C51 编译器能识别的存储器类型如表 4.3 所示。

表 4.3　C51 的存储器类型

存储器类型	对应的存储器空间描述
data	直接寻址的片内 RAM 低 128B，访问速度快
bdata	片内 RAM 的可位寻址区(20H～2FH)，允许字节和位混合访问
idata	间接寻址访问的片内 RAM，允许访问全部片内 RAM
pdata	用 Ri 间接访问的片外 RAM 的低 256B
xdata	用 DPTR 间接访问的片外 RAM，允许访问全部 64KB 片外 RAM
code	程序存储器 ROM 的 64KB 空间

使用 data、bdata 存储器类型定义数据时，C51 编译器会将它们定位在片内数据存储区的低 128B 中，片内数据存储区访问速度快，是存放临时变量或使用频率较高的变量的理想场所。

使用 code 存储器类型定义数据时，C51 编译器会将其定位在代码空间，即程序存储区 ROM 中，这里存放着指令代码和一些非易变的表格数据。

使用 xdata 存储器类型定义数据时，C51 编译器会将其定位在片外数据存储区中，其最大可寻址范围为 64KB。

使用 pdata 存储器类型定义数据时，C51 编译器会将其定位在片外数据存储区低 256B 中，常用于实现 I/O 操作。

使用 idata 存储器类型定义数据时，C51 编译器会将其定位在片内数据存储区中，可在全部片内 RAM 中寻址。

例如，

```
char data var1;    /*字符变量 var1 定位在片内 RAM 低 128B 中(地址 00H~0FFH)，用于访
                     问片内 RAM 低 128B */
bit bdata flag1;   /*位变量 flag1 定位在片内 RAM 的可位寻址区中(字节地址 20H~30H)，用
                     于位寻址访问片内 RAM 可位寻址区的 128 位(位地址 00H~7FH) */
```

```
float idata var5;    /* 浮点变量 var5 定位在片内 RAM 中,用于间接寻址方式访问片内 RAM */
int code var2;       /* 整型变量 var2 定位在程序存储器空间,用于访问程序存储区中的非易
                        变数据 */
unsigned char xdata var3[10];    /* 无符号字符数组变量 var3 定位在片外数据存储空间,
                                    并占据 10 个字节的存储空间 */
int pdata var4;      /* 整型变量 var4 定位在片外 RAM 低 256B 中 (地址 00H~0FFH),用于访
                        问片外 RAM 低 256B 或实现 I/O 操作 */
unsigned char bdata var6;  /* 无符号字符变量 var6 定位在片内 RAM 的可位寻址区中(字节地
                              址 20H~30H),可字节处理和位处理片内 RAM 可位寻址区 */
```

2. 特殊功能寄存器变量

MCS-51 系列单片机片内有许多特殊功能寄存器,它们分布在片内 RAM 区的高 128B 中,地址为 80H~0FFH,通过这些特殊功能寄存器可以控制 MCS-51 系列单片机的定时器、计数器、串口、I/O 口及其他功能部件,每个特殊功能寄存器在片内 RAM 中都对应于一个字节单元或两个字节单元。

C51 中允许用户对特殊功能寄存器进行访问,访问前须通过 sfr 或 sfr16 数据类型说明符进行定义,sfr 用于定义单字节的特殊功能寄存器,sfr16 用于定义双字节的特殊功能寄存器,定义时须指明特殊功能寄存器所对应的片内 RAM 单元的地址。

定义特殊功能寄存器变量的格式如下:

sfr 或 sfr16 特殊功能寄存器名=地址;

例如,下面一些特殊功能寄存器的定义。特殊功能寄存器名一般用大写字母表示,而普通的变量名一般用小写字母,以示区别。

```
sfr    PSW=0xd0;     /* 定义状态寄存器 PSW 地址为 0xd0 */
sfr    SCON=0x98;    /* 定义串口控制寄存器 SCON 地址为 0x98 */
sfr    P1=0x90;      /* 定义 P1 口寄存器地址为 0x90 */
sfr16  DPTR=0x82;    /* 定义数据指针寄存器地址为 0x82 */
```

3. 位变量

在 C51 中,允许用户通过位类型说明符定义位变量。位类型说明符有两个: bit 和 sbit,用于定义两种位变量。

bit 位类型说明符用于定义一般的可位处理的位变量,定义格式如下:

bit 位变量名;

在定义一般的位变量时,可以加上存储器类型的声明,位变量的存储器类型只能是 bdata、data 或 idata,而且只能是片内 RAM 的可位寻址区,严格来说只能是 bdata。

例如,下面 bit 型变量的定义。

```
bit    data a1;      /* 正确 */
bit    bdata a2;     /* 正确 */
```

```
bit     pdata a3;        /*错误*/
bit     xdata a4;        /*错误*/
```

sbit 位类型说明符用于定义在可位寻址字节或特殊功能寄存器中的位,定义时须指明其位地址,可以是位直接地址,也可以是可位寻址变量带位号,还可以是特殊功能寄存器名带位号。定义格式如下:

sbit　位变量名=位地址;

例如,下面 sbit 型变量的定义。

```
sbit    OV=0xd2;            /*定义溢出标志位的地址为 0xd2*/
sbit    CY=oxd7;            /*定义进位标志位的地址为 0xd7*/
sfr     P1=0x90;            /*定义 P1 口寄存器的地址为 0x90*/
sbit    P1_0=P1^0;          /*定义 P1_0 为 P1 口寄存器的第 0 位*/
sbit    P1_1=P1^3;          /*定义 P1_1 为 P1 口寄存器的第 3 位*/
unsigned char bdata flag;   /*无符号字符变量 flag 定位在片内 RAM 中可位寻址区*/
sbit    flag0=flag^0;       /*定义 flag0 为可位寻址区变量 flag 的第 0 位*/
```

为了便于用户使用,C51 编译器把 MCS-51 系列单片机中常用的特殊功能寄存器和特殊位进行了定义,并包装在一个"reg51.h"或"reg52.h"的头文件中,使用时,用户只需要用一条预处理命令♯include＜reg52.h＞把它们包含到应用程序中来,就可以直接使用了,而不需要重新定义。

4.3.3　变量的存储模式

C51 编译器支持三种存储模式: SMALL 模式、COMPACT 模式和 LARGE 模式。存储模式与变量默认的存储器类型密切相关。

SMALL 模式称为小编译模式,在 SMALL 模式下编译时,函数参数和变量被默认在片内 RAM 中,即默认的存储器类型为 data。

COMPACT 模式称为紧凑编译模式,在 COMPACT 模式下编译时,函数参数和变量被默认在片外 RAM 的低 256B 空间,即默认的存储器类型为 pdata。

LARGE 模式称为大编译模式,在 LARGE 模式下编译时,函数参数和变量被默认在片外 RAM 的 64KB 空间,即默认的存储器类型为 xdata。

在 C51 程序中,变量的存储模式的指定通过♯pragma 预处理命令来实现。函数的存储模式可通过在函数定义时后面带存储模式加以说明。如果没有指定存储模式,则系统都隐含为 SMALL 模式。

例如,下面 C51 程序中存储模式的使用。

```
#pragma small              /*变量的存储模式为 SMALL*/
char var1;
int xdata a1;
#pragma compact            /*变量的存储模式为 COMPACT*/
char var2;
```

```
int xdata a2;
int func1(int x1,int y1) large    /*函数的存储模式为 LARGE */
{
    …
}
int func2(int x2,int y2)          /*函数的存储模式隐含为 SMALL */
{
    …
}
```

上面的 C51 程序在编译时,由于变量 var1 和 var2 在定义时没有指明其存储器类型,因而被指定为与存储模式对应的默认存储器类型,var1 变量存储器类型为 data,var2 变量存储器类型为 pdata。变量 a1 和 a2 在定义时指明了存储器类型 xdata,因而它们的存储器类型为 xdata 型,与默认的存储器类型无关;函数 func1 的形参 x1 和 y1 的存储器类型默认为 xdata 型,而函数 func2 由于没有指明存储模式,隐含为 SMALL 模式,所以形参 x2 和 y2 的存储器类型默认为 data 型。

4.3.4　绝对地址的访问

在 C51 中,对 MCS-51 系列单片机存储器的访问可以通过变量的形式,也可以通过绝对地址的形式。通过绝对地址访问的形式有三种:采用指针的方法;使用 C51 运行库中预定义宏;使用 C51 扩展关键字。

1. 采用指针的方法

采用指针的方法,C51 程序中可以对 51 系列单片机里任意指定的存储器单元进行访问。

【例 4-1】　使用指针实现绝对地址的访问。

```
#define uchar unsigned char    /*定义符号 uchar 为无符号字符型 */
#define uint unsigned int       /*定义符号 uint 为无符号整型 */
void function(void)
{   uchar data var;             /*定义一个 data 区的变量 var */
    uchar pdata *p1;            /*定义一个指向 pdata 区的指针 p1 */
    uint xdata *p2;             /*定义一个指向 xdata 区的指针 p2 */
    uchar data *p3;             /*定义一个指向 data 区的指针 p3 */
    p1=0x30;                    /*使 p1 指针指向 pdata 区的 30H 单元 */
    p2=0x1000;                  /*使 p2 指针指向 xdata 区的 1000H 单元 */
    *p1=0x00;                   /*将片外 RAM 的 30H 单元清零 */
    *p2=0x12;                   /*将数据 12H 送到片外 RAM 的 1000H 单元 */
    p3=&var;                    /*p3 指针指向片内 RAM 区的 var 变量 */
    *p3=0x20;                   /*给变量 var 赋值 20H */
}
```

2. 使用 C51 运行库中预定义宏

C51 编译器提供了 8 个宏定义来对 51 系列单片机中的 code、data、pdata 和 xdata 空间进行绝对寻址，并规定只能以无符号数方式进行访问，其函数原型如下：

```
#define CBYTE((unsigned char volatile * )0x50000L)
#define CWORD((unsigned int volatile * )0x50000L)
#define DBYTE((unsigned char volatile * )0x40000L)
#define DWORD((unsigned int volatile * )0x40000L)
#define PBYTE((unsigned char volatile * )0x30000L)
#define PWORD((unsigned int volatile * )0x30000L)
#define XBYTE((unsigned char volatile * )0x20000L)
#define XWORD((unsigned int volatile * )0x20000L)
```

其中，宏名 CBYTE 和 CWORD 分别是以字节和字形式对 code 区寻址；宏名 DBYTE 和 DWORD 分别是以字节和字形式对 data 区寻址；宏名 PBYTE 和 PWORD 分别是以字节和字形式对 pdata 区寻址；宏名 XBYTE 和 XWORD 分别是以字节和字形式对 xdata 区寻址。

这些函数原型放在"absacc.h"头文件中，使用时必须用预处理命令把该头文件包含到使用的文件中，形式为：#include <absacc.h>。

使用宏定义的访问形式如下：

宏名[地址]

其中，地址为存储单元的绝对地址，一般用十六进制形式表示。

【例 4-2】 使用预定义宏实现绝对地址的访问。

```
#include <absacc.h>          /*将头文件包含在文件中*/
#include <reg52.h>           /*将寄存器头文件包含在文件中*/
#define uchar unsigned char  /*定义符号 uchar 为无符号字符型*/
#define uint unsigned int    /*定义符号 uint 为无符号整型*/
void main(void)
{ uchar v1;
  uint v2;
  v1=XBYTE[0x0100];          /*访问片外 RAM 的 0100H 字节单元*/
  v2=XWORD[0x0200];          /*访问片外 RAM 的 0200H 字单元*/
  …
  while(1);
}
```

3. 使用 C51 扩展关键字_at_

使用 C51 扩展关键字_at_可以对 51 系列单片机存储器空间的绝对地址进行访问，其一般格式如下：

[存储器类型] 数据类型说明符 变量名 _at_ 地址常数;

其中,存储器类型为 data、bdata、idata、pdata 等,若省略,则按存储模式规定的默认存储器类型确定变量的存储器区域;数据类型为 C51 支持的数据类型;地址常数用于指定变量的绝对地址,该地址必须位于有效的存储器空间之内,而且使用_at_定义的变量必须为全局变量。

【例4-3】　通过扩展关键字_at_实现绝对地址的访问。

```
#define uchar unsigned char      /*定义符号 uchar 为无符号字符型*/
#define uint unsigned int        /*定义符号 uint 为无符号整型*/
uchar data x1 _at_ 0x40;         /*定义字符变量 x1,地址为 data 区 40H 单元*/
uint xdata x2 _at_ 0x1000;       /*定义整型变量 x2,地址为 xdata 区 1000H 单元*/
void main(void)
{   x1=0xff;        /*在片内 RAM 区的 40H 单元存放数据 FFH*/
    x2=0x1234;      /*在片外 RAM 区的 1000H 和 1001H 单元存放数据 12H 和 34H*/
    ...
    while(1);
}
```

4.4　C51 的运算符及表达式

C51 的运算符十分丰富,共有 34 种运算符,如赋值运算符、算术运算符、关系运算符、逻辑运算符、逗号运算符等。因此,C51 具有很强的数据处理能力。

表达式是由运算符、运算对象(也称操作数)和标点符号组成的,符合 C 语言语法规定的式子。它说明了一个计算过程。表达式的计算过程是根据某些约定、结合性和优先级规则进行的。C 语言规定了运算符的优先级和结合性。

约定:即指类型转换的约定。

例如,

```
float a;         /*定义 a 为单精度型数据*/
a=5/2;           /*a 的结果是 2.000000,而不是 2.500000*/
```

优先级:是指出现不同的运算符时,按优先级由高到低的顺序运算。

结合性:是指出现同等优先级的运算符时的运算顺序。

结合性分为"左结合性"和"右结合性"两种:左结合性是指按自左向右的顺序进行运算;右结合性是指按自右向左的顺序进行运算。

4.4.1　算术运算符和算术表达式

算术运算符有:+(加或取正运算符)、-(减或取负运算符)、*(乘运算符)、/(除运算符)、%(求余数运算符)。

注意运算符"/"和"%"的区别:求余运算符"%"只能作用于整型数据,是求整数除法的余数。

算术运算符的优先级为：先乘除、求余,后加减。

结合性为：自左向右的运算顺序(也称左结合性)。

算术表达式是用算术运算符和括号将运算对象连接起来,符合 C 语言语法规定的式子。例如,(a+b)*c−d/f 是一个算术表达式。

4.4.2　赋值运算符和赋值表达式

赋值运算符"＝"的作用是将一个数据赋值给一个变量。

赋值表达式是由赋值运算符将一个变量和一个表达式连接起来的式子,其作用是为变量赋值。

例如,a＝6+5*x 就是一个赋值表达式。

赋值运算符的结合性：是自右向左的结合顺序。

赋值运算符的优先级：仅高于逗号运算符的优先级。

在使用赋值表达式时应注意以下几点。

(1) 在赋值运算符左边的量(通常称为左值)必须是变量,不能是常量或表达式。

例如,

"int a,b;"则"a＝b;b＝8;"是正确的赋值形式;"6＝a;a+b＝14;"都是不对的。

(2) 赋值运算可连续进行。

例如,"a＝b＝c＝0;"。

(3) 赋值表达式的值等于右边表达式的值,而结果的类型由左边变量的类型决定。

4.4.3　增量运算符和增量表达式

增量运算符有：++(自增运算符)和−−(自减运算符)。它们的作用是使变量的值增 1 或减 1。

增量运算符有两种使用形式：第一种为前增量运算,例如,++x、−−x(表示先进行自增、自减,然后使用 x 的值);第二种为后增量运算,例如,x++、x−−(表示先使用 x 的值,然后进行自增、自减);可见,前增量运算和后增量运算并非完全等价。

增量运算符的优先级：是高于算术运算符的优先级。

增量运算符的结合性：是自右向左的运算顺序,即右结合性。

4.4.4　关系运算符和关系表达式

关系运算符的作用是比较两个运算分量间的大小关系。关系运算符有 6 个：

＞(大于)、＞＝(大于等于)、＜(小于)、＜＝(小于等于),这 4 种优先级相同。

＝＝(等于)、!＝(不等于),这两种优先级相同。

关系运算符的优先级：前 4 个运算符的优先级高于后 2 个运算符的优先级。关系运算符优先级整体低于算术运算符,高于赋值运算符。

例如,

a+b<c+d,　　　等效于 (a+b)<(c+d);

a==b<c;　　　等效于 a==(b<c);

a=b>c;　　　等效于 a=(b>c);

关系运算符的结合性：是自左向右的结合顺序,即左结合性。

例如,

a<b>c;　　　等效于 (a<b)>c;

关系表达式是用关系运算符将两个运算分量连接起来的式子。关系表达式的值是一个逻辑值。它用于判定表达式所指定的关系是否成立,得到的结果是"真"或"假"。

例如,

5==3; 结果是"假"

5>=0; 结果是"真"

C 语言没有表示"真"和"假"的逻辑型数据,因此,借用数值来表示,以数值 0 表示"假",以数值 1 表示"真"。

例如,如果 a=5,b=2,c=1,则 d1=a>b 的值为 1,表示逻辑真。

d2=a>b>c 的值为 0,表示逻辑假。

4.4.5　逻辑运算符和逻辑表达式

C51 的逻辑运算符有 3 个：!(逻辑非)、&&(逻辑与)、||(逻辑或)。它们的作用是对运算分量进行逻辑运算。其中,"!"是单目运算符,只作用于一个运算分量。而"&&"和"||"是双目运算符。

逻辑运算符的优先级："!"的优先级高于"&&"又高于"||"。"!"的优先级高于算术运算符,而"&&"和"||"的优先级低于关系运算符。

例如,

a>b&&x<y; 等效于 (a>b)&&(x<y)

!a||b>c; 等效于 (!a)||(b>c)

逻辑运算符的结合性：运算符"!"的结合性是自右向左,而"&&"和"||"的结合性是自左向右。

逻辑表达式是用逻辑运算符将关系表达式或逻辑分量连接起来的式子。逻辑表达式的值是一个逻辑值。逻辑运算的结果不是"真"就是"假"。因此逻辑运算的结果不是 1 就是 0。

但是,在判断一个运算对象的逻辑值是"真"还是"假"时,则认为数值 0 代表逻辑"假",非 0 代表逻辑"真"。这就意味着,参与逻辑运算的运算对象可以是任何数据类型。

例如,5>3 && 8<4-!0 结果是假。

注意：在逻辑表达式的求解中,并非所有的逻辑运算都被执行。实际上,一旦前面的逻辑值就能确定整个逻辑表达式的值时,就不再执行后面的运算。

例如,如果 x=y=z=1;则++x||++y||++z 的值是 1。执行结果 x、y 和 z 的值

分别是 2,1,1。

这里只执行了＋＋x 运算,就能确定整个逻辑表达式的值为真,因此＋＋y 和＋＋z 就不再执行了。

4.4.6　复合赋值运算符

复合赋值运算符是在赋值运算符"＝"之前加上其他运算符构成。复合赋值运算符有 11 种:＋＝(加法赋值)、－＝(减法赋值)、＊＝(乘法赋值)、/＝(除法赋值)、％＝(取模赋值)、&＝(逻辑与赋值)、|＝(逻辑或赋值)、∧＝(逻辑异或赋值)、～＝(逻辑非赋值)、＞＞＝(右移位赋值)、＜＜＝(左移位赋值)。

例如,

```
a+=3;      等同于 a=a+3;
x/=y+2;   等同于 x=x/(y+2);
```

4.4.7　逗号运算符和逗号表达式

逗号运算符为",",

逗号表达式是用逗号运算符把两个表达式连接起来的式子。

逗号表达式的一般形式是:

表达式 1,表达式 2

它的执行过程是:先计算表达式 1,然后计算表达式 2。整个逗号表达式的值等于表达式 2 的值。

逗号表达式的扩展形式是:

表达式 1,表达式 2,…,表达式 n

它的执行过程是:先计算左边表达式 1,然后按从左到右的顺序依次计算其他表达式,而整个逗号表达式的值等于其中最右边表达式的值。

例如,

```
a=3*5,a*4,a+5      /*表达式的值等于 20*/
```

逗号运算符的优先级:在所有运算符中优先级别最低。

逗号运算符的结合性:是"自左向右"的结合顺序。

4.4.8　条件运算符和条件表达式

条件运算符为:"?:"。条件运算符是 C51 中唯一的三目运算符(即作用于三个运算分量)。

条件表达式是由条件运算符组成的表达式。

其一般形式是:

表达式 1?表达式 2：表达式 3

条件表达式的执行顺序是：先计算表达式 1 的值；若值为非 0（表示逻辑真），则计算表达式 2 的值，并将表达式 2 的值作为整个条件表达式的值；若值为 0（表示逻辑假），则计算表达式 3 的值，并将该表达式 3 的值作为整个条件表达式的值。

例如，

```
max=(a>b)?a:b;
```

表示如果 a＞b 成立，则 a 的值赋给 max；如果 a＞b 不成立，则 b 的值赋给 max。

条件运算符的优先级高于赋值运算符和逗号运算符，但低于其他运算符的优先级。

例如，

```
(a>b)?a:b+1;等效于(a>b)?a:(b+1);
```

条件运算符的结合性是自右向左的运算顺序，即右结合性。

4.4.9　位运算符和位运算

在 C51 中，位运算符有以下 6 个："&"（按位与）、"|"（按位或）、"～"（按位取反）、"∧"（按位异或）、"<<"（左移）、">>"（右移）。其中，"～"（位取反）是单目运算符，其余是双目运算符。

位运算符的运算分量只能是整型或字符型数据，不能是实型数据。它们的作用是按二进制位一位一位地进行运算，相邻位之间不发生联系，即没有"进位"和"借位"的问题。

例如，3&7 的值是 3。10|9 的值是 11。

```
        00000011              00001010
  (&) 00000111            (|) 00001001
        00000011              00001011
```

位运算符的优先级和结合性如下：

"～"（位取反）的优先级高于算术、关系、逻辑和其他位运算符。

"<<"和">>"的优先级低于算术运算符，高于关系运算符。

"&""∧""|"运算符的优先级依次为从高到低。但三者都高于逻辑运算符"&&"和"‖"，而低于关系运算符。

"～"（位取反）的结合性是自右向左，而其余运算符的结合性是自左向右。

4.4.10　指针与地址运算符

指针是 C51 中十分重要的概念，也是 C51 的精华部分。指针实质上就是各种数据在内存单元的地址，变量的指针就是变量的地址，而指针变量是用于存放变量地址的变量，因此指针为数据的访问提供了另一种方式。

指针运算符"＊"：用于访问指针变量所指向的内存单元的内容。

地址运算符"&"：用来取得变量的地址。

4.5　C51 的输入与输出

在 C51 程序中,输入和输出操作是由函数来实现的。在 C51 的标准函数库中提供了一个名为"stdio. h"的 I/O 函数库,其中定义了 C51 中的输入和输出函数。当使用输入和输出函数时,需先用预处理命令 #include <stdio.h> 将该函数库包含到文件中。

与标准 C 语言不同的是,C51 中定义的 I/O 函数都是通过串行接口实现输入和输出的。在使用 I/O 函数之前,应先对 MCS-51 系列单片机的串行接口进行初始化,初始化设置包括串行口工作方式的选择和波特率的设定,波特率由定时器/计数器 1 溢出率决定。例如,设系统时钟为 12MHz,波特率为 9600,定时器/计数器 1 工作于定时方式 2(8位自动重载定时方式),则串口初始化程序如下:

```
SCON=0x52;
TMOD=0X20;
TH1=0xfd;
TR1=1;
```

4.5.1　格式输出函数 printf()

printf()函数的作用是通过串行接口输出若干任意类型的数据,其格式如下:

printf("格式控制",输出参数表)

其中,格式控制是用双引号括起来的字符串,它包括三种信息:格式说明符、普通字符和转义字符。

格式说明符是由"%"和格式字符组成的,如%d、%c 等,其作用是指明输出数据的格式。格式字符的功能如表 4.4 所示。

转义字符就是 4.3 节中介绍的转义字符,其作用是输出特定的控制符。

普通字符按原样输出,用来输出提示信息。

输出参数表是需要输出的一组数据,可以是变量也可以是表达式。

表 4.4　C51 中输出函数 printf() 的格式字符及功能

格式字符	数据类型	输 出 格 式
d	int	带符号十进制数
u	int	无符号十进制数
o	int	无符号八进制数
x	int	无符号十六进制数,用"a～f"表示
X	int	无符号十六进制数,用"A～F"表示
f	float	带符号十进制数浮点数,形式为[－]dddd.dddd
e,E	float	带符号十进制数浮点数,形式为[－]d.ddddE±dd

续表

格式字符	数据类型	输出格式
g,G	float	自动选择 e 或 f 格式中更紧凑的一种输出格式
c	char	单个字符
s	指针	指向一个带结束符的字符串
p	指针	带存储器批示符和偏移量的指针，形式为 M：aaaa 其中，M 可分别为：C(code)，D(data)，I(idata)，P(pdata) 如 M 为 a，则表示的是指针偏移量

4.5.2　格式输入函数 scanf()

scanf()函数的作用是通过串行接口实现数据输入，其格式如下：

scanf(格式控制,地址列表)

其中的格式控制与 printf()函数的情况类似。scanf() 函数的格式字符及功能如表 4.5 所示。

表 4.5　C51 中输入函数 scanf()的格式字符及功能

格式字符	数据类型	输出格式	格式字符	数据类型	输出格式
d	int 指针	带符号十进制数	f,e,E	float 指针	浮点数
u	int 指针	无符号十进制数	c	char 指针	字符
o	int 指针	无符号八进制数	s	string 指针	字符串
x	int 指针	无符号十六进制数			

地址列表是由若干个地址组成，它可以是指针变量、取地址运算符"&"加变量名（变量的地址）或字符串名（表示字符串的首地址）。

4.6　C51 程序基本结构与相关语句

4.6.1　C51 程序的基本结构

C51 语言是结构化程序设计语言。结构化程序设计基本思想：任何复杂问题的求解过程都可以划分为几个相对简单的阶段来完成，每个相对简单的阶段都可以用三种基本结构以及它们的组合来表示。这三种基本结构分别是顺序结构、分支结构（或选择结构）和循环结构。

1. 顺序结构

顺序结构的程序执行流程是按照程序书写的自然顺序由上向下进行的，先执行 A 段程序，再执行 B 段程序，不需要流程控制语句。如图 4.1 是顺序结构的程序框图。

2. 分支结构

分支结构和循环结构的程序执行流程是需要特殊的流程控制语句来设计实现的。在分支结构中,程序的执行过程是根据条件 P 是否满足而决定是执行 A 段程序还是执行 B 段程序。如图 4.2 是分支结构(也称选择结构)的程序框图。

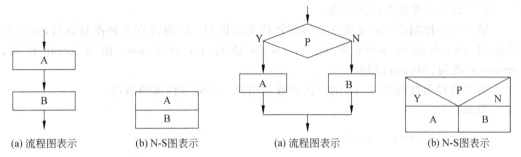

(a) 流程图表示　　　　(b) N-S图表示　　　　(a) 流程图表示　　　　(b) N-S图表示

图 4.1　顺序结构的程序框图　　　　**图 4.2　选择结构的程序框图**

3. 循环结构

循环结构用来描述有规律的重复操作,它可以大大缩短程序的长度。根据构成循环的形式不同,循环结构可以分为当型循环与直到型循环两种基本形式。它们的共同特点是根据某个条件 P 满足与否来决定是否重复执行某些操作。图 4.3 是当型循环结构的程序框图,其执行过程是先判断条件 P 是否满足,当 P 条件满足时,则执行循环体(即 A 段程序),然后再判断条件 P 是否满足,若满足,则再次执行循环体 A 段程序……如此循环执行,直到 P 条件不满足时退出循环。图 4.4 是直到型循环结构的程序框图,它先执行一次循环体 A 段程序,然后判断条件 P 是否满足,若满足则执行 A 段程序,然后再次判断 P 条件是否满足……如此循环执行,直到 P 条件不满足为止。

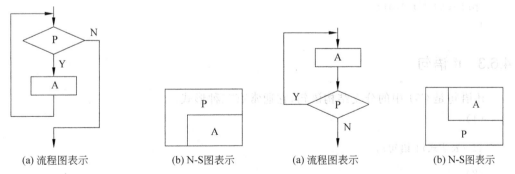

(a) 流程图表示　　　　(b) N-S图表示　　　　(a) 流程图表示　　　　(b) N-S图表示

图 4.3　当型循环结构的程序框图　　　　**图 4.4　直到型循环结构的程序框图**

当型循环和直到型循环的区别:前者的特点是"先判断、后执行",即先判断循环条件,若满足,则执行循环体语句,若循环条件开始就不满足,则循环体一次也不执行;而后者的特点是"先执行、后判断",即先执行一次循环体语句,然后再判断循环条件,若满足则执行循环体语句,若循环条件开始就不满足,则循环体至少被执行一次。需要注意的是图中的 A 段或 B 段程序即可以代表一个简单的单语句,也可以是一个包含多条语句的程序段。

4.6.2　C51 语句

C51 语句是用来向计算机系统发出操作的指令。它的功能就是用来完成一定操作和控制任务的。因此,一个 C51 程序的执行部分就是由若干条 C51 语句组成的。

C51 语句主要分为以下 5 类。

第一类是控制语句:完成一定的控制功能的语句。C 语言有 9 种控制语句,分别为 if 语句、switch 语句、while 语句、do…while 语句、for 语句、goto 语句、break 语句、continue 语句、return 语句。

第二类是函数调用语句:由一次函数调用加一个分号构成的语句。

例如,

```
printf("How do you do.");
```

第三类是表达式语句:由一个表达式加上一个分号构成的语句。最常用的表达式语句是赋值语句。

例如:

```
x=a+b*10;
i++;
```

第四类是空语句:只有一个分号的语句,空语句不执行任何动作。但从语法上看,它起一个语句的作用。

第五类是复合语句:用大括号"{}"把一些语句括起来就构成一个复合语句。

例如,

```
{a=b+c;
 d=a/100;
 printf( "%f ",a);
}
```

4.6.3　if 语句

if 语句是 C51 中的分支结构语句,它通常有三种形式。

(1)

```
if (表达式){语句;}
```

(2)

```
if (表达式){语句1;}
else {语句2;}
```

(3)

```
if (表达式1){语句1;}
```

```
else if (表达式 2){语句 2;}
   else if (表达式 3){语句 3;}
   …
      else if (表达式 n-1){语句 n-1;}
         else {语句 n}
```

例如下面一个 if 语句：

```
if (a>1000) b=4;
   else if (a>100) b=3;
      else if (a>10) b=2;
         else b=1;
```

三种形式的 if 语句中,若条件表达式成立(或者条件表达式的数值是非 0),表示逻辑值为真;若条件不成立(或者条件表达式的数值是 0),表示逻辑值为假。

此外,还有 if 语句的嵌套形式。if 语句的嵌套形式(第 4 种形式)如下：

```
if ( 条件表达式 1)
{ if ( 条件表达式 2)语句 1
  else 语句 2 }
else
{ if ( 条件表达式 3)语句 3
  else 语句 4 }
语句 5
```

4.6.4　switch…case 语句

switch 语句是专门处理多分支结构的选择语句,其形式如下：

```
switch (表达式)
{ case 常量表达式 1: { 语句 1;} break;
  case 常量表达式 2: { 语句 2;} break;
     …
  case 常量表达式 n: { 语句 n;} break;
  default: { 语句 n+1;}
}
```

switch 语句的使用说明如下。

(1) 执行该语句时,先计算 switch 后的表达式的值(ANSI C 标准允许它为任何类型)。当表达式的值与某一个 case 后面的常量表达式的值相等时,就执行该 case 后面的语句。如果没有与之匹配的,就执行 default 后面的语句。

(2) 执行完一个 case 后面的语句后,程序会顺序执行下一个 case 后面的语句,即不再进行条件判断,只要不遇到 break 语句,就一直执行下去,直到 switch 语句结束。

(3) 多个 case 可以共用一组执行语句,即每个 case 语句后面可以有 break,也可以没有。有 break 语句,执行到 break 则退出 switch 结构,若没有,则会顺次执行后面的语句,直到遇到 break 或结束。

(4) 每一个 case 后的常量表达式的值必须互不相同。

注意：在 switch 语句中,使用 break 语句的作用是中止 switch 语句的执行。

4.6.5　while 语句

while 语句是当型循环结构的语句。它的语法形式如下：

```
while (表达式)
{ 语句 }            / * 循环体 * /
```

其执行过程是：先计算表达式的值,如果表达式的逻辑值为真,则执行 while 后面的语句(称为循环体)。否则执行下面的语句。

while 语句使用说明如下。

(1) 循环条件的设置要合理。

(2) 构成 while 无限循环的最简单形式是：

```
while(1){…}
```

(3) 如果循环体包含多个语句,要用花括号把它们括起来,以复合语句的形式出现。否则,循环体的范围只作用到 while 后面第一个分号处。

4.6.6　do…while 语句

do…while 语句是直到型循环结构的语句。其一般形式如下：

```
do
{ 循环体语句 }      / * 循环体 * /
while(表达式);
```

其执行过程是：先执行 do 后面的循环体语句,然后判断表达式的值,如果表达式的逻辑值为真,则重新执行循环体语句,如此反复,直到表达式的逻辑值为假时,循环结束。

do…while 语句使用说明如下。

(1) do…while 语句是先执行循环体"语句",后判别循环终止条件。

(2) 在书写格式上,循环体部分要用花括号括起来,即使只有一条语句也如此。while 语句最后以分号结束。

(3) 采用 while 语句和 do…while 语句处理同一个问题时,若两者的循环体部分是一样的,它们的结果并非总是一样。使用时要认真选择。

例如,分别用 while 语句和 do…while 语句计算 1~100 之间数的累加和的程序段如下：

(1)

```
int s=0,i=1;
while (i<=100)        //累加 1~100 之和在 s 中
{ s=s+i;
  i++;
```

```
}
```

(2)

```
int i=1,s=0;
do                              //累加 1~100 之和在 s 中
{   s=s+i;
    i++;
} while (i<=100);
```

程序执行的结果都是 s＝5050。

4.6.7 for 语句

for 语句是 C51 语言中使用最灵活、功能最强、用得最多的一种循环语句。其一般形式是：

```
for(表达式 1;表达式 2;表达式 3)
{ 语句;}                        /＊循环体＊/
```

for 语句使用说明如下。

(1) 在 for 语句中，一般表达式 1 为初值表达式，用于给循环变量赋初值；表达式 2 为条件表达式，对循环变量进行判断；表达式 3 为循环变量更新表达式，用于对循环变量的值进行更新，使循环变量能不满足条件而退出循环。在 for 语句的一般形式中，表达式 1、表达式 2、表达式 3 可以省略其中一个、两个或者全部，但是其中的分号(;)不能省略。

(2) 表达式 1 和表达式 3 可以是简单表达式，也可以是逗号表达式。

例如，

```
for(i=0,j=100;i<=j;i++,j--)k+=i＊j;
```

(3) 表达式 2 可以是关系表达式或逻辑表达式，也可以是数值表达式或字符表达式，只要其值为非 0(表示逻辑值为真)，就执行循环体。

(4) for 语句可代替 while 语句所完成的循环功能，它等价于下列形式的 while 结构：

```
表达式 1;
while(表达式 2)
{ 语句;
  表达式 3;
}
```

例如，用 for 语句实现计算 1~100 的累加和。

```
for(i=1;i<=100;i++) s=s+i;
```

4.6.8 break 和 continue 语句

break 和 continue 语句通常用于循环结构中，用来跳出循环结构，但是二者又有所不同。

1) break 语句

break 语句的一般形式是:

```
break;
```

它的作用是:从 switch 语句或者循环语句中跳出,提前结束 switch 语句或整个循环。但 break 语句不能用于除此之外的其他语句中。

2) continue 语句

continue 语句的一般形式为:

```
continue;
```

它的作用是:结束本次循环,即跳过循环体中下面尚未执行的语句,然后进行下一轮是否执行循环的判断。

continue 语句与 break 语句的区别是:continue 语句只能结束本次循环,而不是终止整个循环的执行。而 break 语句则是结束整个循环过程,进入循环结构下面语句的执行。

4.6.9　return 语句

return 语句是 C51 中的返回语句,它一般放在函数的最后位置,用于终止函数的执行,并控制程序返回到调用该函数时所处的位置。

return 语句格式有两种:

(1)

```
return;
```

(2)

```
return (表达式);
```

如果 return 语句后面带有表达式,则要计算表达式的值,并将表达式的值作为函数的返回值,这种形式的返回语句在 C51 程序中经常遇到,它不仅把控制权返回给主调函数,而且还把表达式的值返回。若不带表达式,则函数返回时将返回一个不确定的值。

4.7　C51 的函数

一个较大的程序一般应分为若干个模块,每一个模块用来完成一个特定的功能。在 C51 程序中,这些功能模块是由函数完成的,函数就是将一些常用的功能模块编写成子程序,供主函数或别的函数调用。可以说,函数是 C51 程序的基本构件。一个 C51 程序可以由一个主函数和若干个子函数构成。由主函数调用其他函数,其他函数也可以相互间调用,一个函数可以被多个函数调用多次。在 C51 函数库中,提供了丰富的功能函数,以供用户直接调用。用户也可以根据需要,自己定义函数来使用。

下面对函数的使用做几点说明。

(1) C 程序的执行总是从 main 函数开始的,并在 main 函数中结束。main 函数是系统定义的。

（2）所有函数之间是相互独立的，函数间可以相互调用。但不能调用 main 函数。

（3）从使用的角度看，函数有两种：标准函数（库函数）和用户自定义函数。

（4）从函数的形式看，函数分两类：无参函数和有参函数。

4.7.1　函数的定义

对于用户自定义函数，在调用函数之前要先定义函数，函数定义的一般格式如下：

函数类型 函数名(形式参数表列)[reentrant] [interrupt m] [using n]

{

　　　局部变量定义

　　　函数体

}

其中，函数类型说明了函数返回值的类型，即函数中 return 语句后面的表达式返回给主调函数的值的数据类型。如果一个函数没有返回值，函数类型可以不写或定义成 void。

函数名是用户给自定义函数的命名，以便区别于其他函数，其命名规则与变量名的命名一样。

形式参数表用于列举在主调函数与被调函数之间进行数据传递的形式参数。在定义函数时，形式参数的数据类型必须说明，可以在形式参数表列中说明，也可以在函数名后面和函数体前面之间进行说明。如果函数调用时没有参数传递，那么定义时，形式参数表列可以为空。

函数体是大括号内所包含的部分，也是一个函数实现其功能的主体部分。

以上说明是 C51 函数与标准 C 语言函数共性的部分。C51 中的函数定义形式不同于标准 C 语言函数的部分主要有以下三点。

1. reentrant 修饰符

这个修饰符在 C51 中用于把函数定义为可重入函数。所谓可重入函数就是允许被递归调用的函数。函数的递归调用是指在调用一个函数的过程中又直接或间接地调用该函数本身。一般的函数不允许递归调用，只有重入函数才允许递归调用。关于重入函数，有以下几点说明。

（1）用 reentrant 修饰的重入函数被调用时，实参表内不允许使用 bit 类型的参数。函数体内也不允许存在任何关于位变量的操作，更不能返回 bit 类型的值。

（2）编译时，系统为重入函数在内部或外部存储器中建立一个模拟堆栈区，称为重入栈。重入函数的局部变量及参数被放在重入栈中，使重入函数可以实现递归调用。

（3）在参数的传递上，实际参数可以传递给间接调用的重入函数。无重入属性的间接调用函数不能包含调用参数，但是可以使用定义的全局变量来进行参数传递。

2. interrupt m 修饰符

这个修饰符是 C51 中非常重要的一个中断函数修饰符。在 C51 程序设计中，当一个函数在定义时用了 interrupt m 修饰符,说明该函数被定义为中断函数,系统编译时便把该函数转化为中断函数,自动加上程序头段和尾段,并按 MCS-51 单片机系统中断的处理方式,自动把它安排在程序存储器中的相应位置。

在该修饰符中,m 为中断号,它的取值(0～31)与对应的中断情况如下:

0——外部中断 0。

1——定时/计数器 T0 中断。

2——外部中断 1。

3——定时/计数器 T1 中断。

4——串行口中断。

5——定时/计数器 T2 中断。

其他值预留。

中断号 m 与中断服务程序入口地址的关系是:8m+3 即为中断号 m 所对应的中断服务程序入口地址。

在编写 C51 程序的中断函数时要注意如下几点。

(1) 中断函数不能进行参数传递,如果中断函数中包含任何参数声明都将导致编译出错。

(2) 中断函数没有返回值,其函数类型通常为 void 型,如果试图定义一个返回值将得不到正确的结果。

(3) 在任何情况下都不能在程序中直接调用中断函数,否则会产生编译错误。只有在实际中断产生的情况下,系统才会自动执行中断函数。

(4) 如果在中断函数中调用了其他函数,则被调用函数所使用的寄存器必须与中断函数相同,否则会产生不正确的结果。

(5) C51 编译器在对中断函数编译时,会自动在程序开始和结束处加上保护 CPU 现场的相应内容,具体如下:在程序开始处对 ACC、B、DPH、DPL 和 PSW 的值入栈,结束时出栈;中断函数未加 using n 修饰符的,开始时还要将 R0～R1 入栈,结束时出栈;如中断函数加 using n 修饰符,则在开始将 PSW 入栈后还要修改 PSW 中的工作寄存器组选择位。

(6) C51 编译器从绝对地址 8m+3 处产生一个中断向量,其中 m 为中断号,该向量包含一个到中断函数入口地址的绝对跳转。

(7) 中断函数最好写在文件的尾部,并且禁止使用 extern 存储类型说明,以防止其他程序调用。

3. using n 修饰符

这个修饰符用于指定所定义函数内部使用的工作寄存器组,其中 n 表示寄存器组号,取值为 0～3,分别对应 4 组工作寄存器。

在使用 using n 修饰符时,要注意以下两点。

(1) 加入 using n 后,C51 在编译时自动在函数的开始和结束处加入以下指令。

```
{
    PUSH PSW                    ;标志寄存器入栈
```

```
MOV  PSW,#与寄存器组号 n 相关的常量(n×8);
...
POP  PSW                ;标志寄存器出栈
}
```

（2）using n 修饰符不能用于有返回值的函数，因为 C51 函数的返回值是放在寄存器中的，如果寄存器组改变了，返回值就会出错。

4.7.2 函数的调用与声明

1. 函数的调用

函数调用的一般形式如下：

函数名(实参列表);

对于有参数的函数调用，若实参列表包含多个实参，则各个实参之间用逗号隔开。

在调用函数时，函数参数的传递有两种方式：一种是传递参数的值；另一种是传递参数的地址。传递参数的值是指在调用函数时，将实参的值通过复制的方式传递给形参，这样子函数中对形参数值的修改不影响原来实参的数值。传递参数的地址是指在调用函数时，将存放实参数据的起始地址传递给形参，这样就好比在两个函数之间打开了一个通道，那么在子函数中对形参所指向的内存数据的修改，就如同对实参数据的修改一样。

2. 自定义函数的声明

如果调用用户自己定义的函数，而且被调用的用户自定义函数是在主调函数之后定义的，那么应该在主调函数中（或主函数之前）对被调函数作声明。

在 C51 中，函数的声明又称为函数原型，函数原型一般形式如下：

[extern] 函数类型 函数名(形式参数表列);

函数的声明是把函数的名字、函数类型以及形参的类型、个数和顺序通知编译系统，以便调用函数时系统进行对照检查。函数的声明后面要加分号。

如果声明的函数在文件内部，则声明时不用 extern；如果声明的函数不在文件内部，而在另一个文件中，则该函数为外部函数，声明时须带 extern，以指明使用的函数在另一个文件中。

【例 4-4】 函数的使用。

```
#include<reg52.h>            //包含特殊功能寄存器库
#include<stdio.h>            //包含 I/O 函数库
sbit LED=P1^0               //全局变量定义,定义位变量
void delay(unsigned int n);  //延时函数声明
void main(void)              //主函数
{  while(1)                  //循环闪亮
  {  LED=1;                  //LED 灯亮
```

```
        delay(5);              //调用延时函数
        LED=0;                 //LED 灯灭
        delay(5);              //调用延时函数
    }
}
void delay(unsigned int n)     //延时函数的定义
{   unsigned int i,j;
    for(i=0;i<n;i++)
        for(j=0;j<1000;j++);
}
```

【例 4-5】 外部函数的使用。

程序 delay.c：

```
#include<reg52.h>             //包含特殊功能寄存器库
#include<stdio.h>             //包含 I/O 函数库
void delay(unsigned int n)     //延时函数的定义
{   unsigned int i,j;
    for(i=0;i<n;i++)
        for(j=0;j<1000;j++);
}
```

程序 LED-control.c：

```
#include<reg52.h>             //包含特殊功能寄存器库
#include<stdio.h>             //包含 I/O 函数库
sbit LED=P1^0                 //全局变量定义,定义位变量
extern delay(unsigned int n); //外部函数声明
void main(void)               //主函数
{   while(1)                  //循环闪亮
    {   LED=1;                //LED 灯亮
        delay(5);             //调用外部函数延时
        LED=0;                //LED 灯灭
        delay(5);             //调用外部函数延时
    }
}
```

本例中,源程序 LED-control.c 里调用了一个在另一个源程序 delay.c 中定义的函数 delay(),该函数对于源程序 LED-control.c 是外部函数,在调用之前需要对它进行声明,并在声明前面加上 extern,指明该函数是另一个程序文件中的函数。

4.7.3 函数的嵌套调用和递归调用

1. 函数的嵌套调用

C51 的函数定义是相互平行的、相互独立的,就是说在一个函数定义内,不能包含对

另一个函数的定义,即 C 不能嵌套定义函数。但 C51 可以嵌套调用函数,即在调用一个函数的过程中又调用另一个函数。

C51 编译器通常依靠堆栈来进行参数传递,堆栈设在片内 RAM 中,而片内 RAM 的空间有限,因而嵌套的深度比较有限,一般在几层以内。如果层数过多,就会导致堆栈空间不够而出错。

【例 4-6】 函数的嵌套调用。

```
#include<reg52.h>              //包含特殊功能寄存器库
#include<stdio.h>              //包含 I/O 函数库
sbit LED=P1^0                  //全局变量定义,定义位变量
void delay(unsigned int n)     //延时函数声明
{ unsigned int i,j;
   for(i=0;i<n;i++)
   for(j=0;j<1000;j++);
}
void LED1(void)                //控制 LED 灯函数声明
{ LED=1;                       //LED 灯亮
   delay(5);                   //调用延时函数
   LED=0;                      //LED 灯灭
   delay(5);                   //调用延时函数
}
void main(void)                //主函数
{ while(1)                     //循环闪亮
   { LED1();                   //调用控制 LED 灯函数
   }
}
```

本例中,在主函数里调用了函数 LED1,而在函数 LED1 里又调用了函数 delay,使用了函数的两层嵌套调用。

2. 函数的递归调用

在调用一个函数过程中又出现了直接或间接调用该函数本身,这种调用形式称为函数的递归调用,而这个函数就称为递归函数。在函数的递归调用中要避免出现无终止的自身调用,应通过条件控制结束递归调用,使得递归的次数有限。

【例 4-7】 使用递归函数求数 n 的阶乘。

一个整数 n 的阶乘等于该数本身乘以数 $n-1$ 的阶乘,即 $n!=n\times(n-1)!$,用 $n-1$ 的阶乘来表示 n 的阶乘就是一种递归表示方法。在程序设计中通过函数递归调用来实现。

C51 程序如下:

```
#include <reg52.h>            //包含特殊功能寄存器库
#include <stdio.h>            //包含 I/O 函数库
int fac(int n) reentrant      //定义可重入函数
```

```
{ int result;
    if (n==0)
        result=1;
    else
        result=n*fac(n-1);
    return(result);
}
main()
{ int fac_result;
    fac_result=fac(10);
}
```

本例中,在函数 fac(n)中调用了函数 fac(n−1),而函数 fac(n−1)中又会调用函数 fac(n−2),以此类推,直到 n 等于 0 为止。

4.8　C51 的构造数据类型

除了前面介绍的基本数据类型之外,C51 中还提供了指针类型和由基本数据类型构造的组合数据类型。

4.8.1　数组

按序排列的相同类型数据元素的集合称为数组。构成一个数组的各元素必须是同一类型的变量,数组中各个元素的相对位置是确定的,可以用数组名和下标来唯一确定。数组在使用前必须先定义,定义一个数组之后,就确定了它所能包含的同类型数据元素的个数(即数组大小)。根据数组下标的个数不同,数组可分为一维数组、二维数组和多维数组。根据数据元素的类型不同,数组可分为整型数组、字符型数组、指针数组等。

1. 一维数组

一维数组的定义形式如下:

数据类型说明符 数组名[整型常量表达式]={ 初值 1,初值 2…};

其中,数据类型说明符说明了数组中各个元素的数据类型。

数组名是整个数组的标识符,它的命名方法与变量的命名方法相同。

整型常量表达式用方括号括起来,用于说明该数组的长度,即该数组元素的个数。整型常量表达式中可以包含常量和符号常量,不能包含变量。

初值部分用大括号括起来,用于给数组元素赋初值,这部分在数组定义时属于可选项。

例如,

unsigned int a[3]={1,2,3};

2. 二维数组

在 C51 中,数组的元素还可以是数组,这样就构成了多维数组。所以,二维数组可以看成是特殊的一维数组,它的每个元素又是一个一维数组。

二维数组的一般定义形式是:

数据类型说明符　数组名[整型常量表达式] [整型常量表达式];

例如,

```
int a[3][4];
```

其中,a 为二维数组名,3 是二维数组的第一个下标(或行标),4 是二维数组的第二个下标(或列标)。

可以把 a 看作是一个一维数组,它有 3 个元素: a[0]、a[1]、a[2]。这 3 个元素本身又是一个包含 4 个元素的一维数组,a[0][0]、a[0][1]、a[0][2]、a[0][3]、a[1][0]、a[1][1]、a[1][2]、a[1][3] 和 a[2][0]、a[2][1]、a[2][2]、a[2][3]。

对于多维数组的定义方式类似二维数组:

数据类型说明符　数组名[整型常量表达式] [整型常量表达式]…[整型常量表达式];

例如,

```
float a[3][4][5];
```

是定义一个三维数组。

3. 字符数组

用来存放字符数据的数组称为字符数组。在 C51 中没有专门的字符串类型变量,所以一般用字符数组来存储字符串。字符数组中的每一个元素用来存放一个字符。字符数组的一般定义形式是:

char　数组名[整型常量表达式];

例如,

```
char c[10];
```

4. 字符串处理函数

由于 C51 中没有字符串变量,因此,对字符串的处理常常通过字符数组来进行。在 C51 的函数库中提供了一些字符串处理和字符串输入输出的函数(参见附录 B),这些函数被封装在 C51 的库函数 string.h 和 stdio.h 中,使用时,要用预处理命令 #include 将有关的头文件包含进来。

4.8.2　指针

指针就是各种数据在内存单元的地址,指针是 C51 中的一个重要概念,正确地使用指针类型数据,可以有效地表示复杂的数据结构;可以动态地分配存储器,直接处理内存地址。

在汇编语言中,对内存单元数据的访问是通过指明内存单元的地址进行的。访问有直接寻址和间接寻址两种方式。直接寻址是通过在指令中直接给出数据所在单元的地址而访问的。例如:MOV A,20H。在该指令中直接给出要访问的内存单元地址 20H,执行该指令时就把地址为 20H 的片内 RAM 单元的数据送给累加器 A;间接寻址是指令中没有直接给出要访问的数据所在的内存单元地址,该地址是存放在寄存器中或其他的内存单元中,指令中指明了存放该地址的寄存器或内存单元,通过它们来访问相应的数据。例如:MOV A,@R1。在该指令中通过寄存器 R1 间接给出要访问的内存单元地址,即要访问的内存单元的地址存放在 R1 寄存器中,执行该指令时先到 R1 寄存器中取出要访问的内存单元的地址,然后按此地址到片内 RAM 中取出该地址单元的数据送给累加器 A。

在 C51 中,数据通常是以变量的形式进行存放和访问的,但实质上是通过地址方式进行访问的。当 C51 程序中定义了一个变量之后,编译器在编译时就在内存中给这个变量分配一定的字节单元进行存储(如对整型变量 int 分配 2 个字节单元等),于是,该变量与所分配的字节单元的首地址就建立了对应关系,变量名就相当于变量中的数据在内存单元的地址。对于变量值的访问也有两种访问方式:直接访问方式和间接访问方式。对于直接访问方式:例如:printf("%d",a),执行时,根据变量名 a 直接找到它所对应的内存单元的地址,然后从此地址开始的两个字节单元中取出变量值并输出。对于间接访问方式:例如要存取变量 a 中的值时,可以先将变量 a 的地址放在另一个变量 b 中,访问时先找到变量 b,从变量 b 中取出变量 a 的地址,然后根据这个地址从内存单元中取出变量 a 的值,这个过程就是间接访问。在这里,从变量 b 中取出的不是所要访问的数据,而是访问的数据(变量 a 的值)的地址,因此,变量 b 就是一个存放另一个变量 a 的地址的变量,变量 b 就是指针变量。

关于指针要注意两个基本概念:变量的指针和指向变量的指针变量。变量的指针就是变量的地址。例如变量 a,如果它所对应的内存单元地址为 1000H,那么变量 a 的指针就是 1000H。指针变量是指一个专门用来存放另一个变量地址的变量,它的值是指针。例如上面的变量 b 中存放的是变量 a 的地址,变量 b 中的值是变量 a 的指针,变量 b 就是一个指向变量 a 的指针变量。

在 C51 中,不仅有指向一般数据类型变量的指针,还有指向各种组合类型变量的指针,大家可以参考相关书籍学习它的使用。

1. 指针变量的定义

指针变量定义的一般形式为:

数据类型说明符 [存储器类型] *指针变量名;

其中,数据类型说明符指明了该指针变量所指向的变量的类型。

存储器类型是可选项,它是 C51 编译器的一种扩展。若带有此选项,指针被定义为基于存储器类型的指针;若无此选项,则被定义为一般指针,这两种指针的区别在于它们所占的存储字节不同。一般指针在内存中占用 3 个字节,第一个字节存放该指针存储器类型的编码,第二和第三个字节分别存放该指针的高位和低位地址偏移量。

例如,下面两个一般指针变量的定义。

```
char * p1;        /*定义一个指向字符变量的指针变量 p1*/
int * p2;         /*定义一个指向整型变量的指针变量 p2*/
```

下面两个带有存储器类型的指针变量的定义。

```
char data * p3;   /*定义一个指向字符变量的指针变量 p3,该指针访问的数据在片内数据
                     存储器中,该指针在内存中占一个字节*/
int xdata * p4;   /*定义一个指向整型变量的指针变量 p4,该指针访问的数据在片外数据
                     存储器中,该指针在内存中占两个字节*/
```

2. 指针变量的引用

定义好指针变量之后,就可以使用指针变量进行数据的间接访问了。

在指针变量使用时,经常用到两个运算符: & 和 *。"&"是取地址运算符,通过取地址运算符可以把一个变量的地址送给指针变量,使指针变量指向该变量。"*"是指针运算符,通过指针运算符可以实现对指针变量所指向的变量的值的访问。

例如,

```
int a=5,b,* p;
p=&a;             /*将变量 a 的地址赋值给 p,使 p 指向变量 a*/
b= * p;           /*将 p 所指向的内存单元即变量 a 的值赋值给变量 b*/
```

注意:在程序中使用指针变量之前,必须给它们赋初值,使它们指向相应的变量,也就是使指针变量与某个同类型的变量之间建立"指向"关系。

4.8.3 结构体

在 C51 中,结构体是一种组合数据类型,它是将若干个不同类型的变量结合在一起而形成的一种数据的集合体。整个集合体使用一个单独的结构变量名,组成该集合体的各个变量称为结构元素或结构体成员。

1. 结构体类型与结构体变量的定义

结构体类型的定义形式如下:

struct 结构体名
{ 结构体成员表列 };

结构体变量的定义有两种方法。一种是先定义结构体类型,再定义结构体变量。

struct 结构体名
{ 结构体成员表列 };
struct 结构体名 结构体变量名 1,结构体变量名 2,…;

其中,struct 是结构体的标识符。"struct 结构体名"是结构体的类型名,它是用户自己指定的一种结构体类型。这是因为结构体类型可以定义出许多种。大括号内是结构体的成员,这些成员可以是简单的数据类型,也可以是复杂的数据类型,而且可以是不同的数据类型。

例如,

```
struct date                    /*定义结构体类型*/
{
int year,month,day;
};
struct date birthday;          /*定义结构体变量*/
```

另一种是定义结构体类型的同时定义结构体变量。

struct 结构体名
{ 结构体成员表列
} 结构体变量名 1,结构体变量名 2,…;

例如,

```
struct date
{
int year,month,day;
} birthday;
```

2. 结构体变量的引用

定义了一个结构体变量之后,可以引用这个变量,引用时应遵循的规则是:不能将一个结构体变量作为整体进行引用,只能对结构体变量中的成员分别进行引用。引用结构体成员的方式为:

结构体变量名 . 成员名

其中,"."是成员运算符,它的优先级最高。如果一个结构体中还包含另一个结构体,就再加一个"."运算符,向最底层的成员进行访问。只能对最底层的成员进行赋值、存取及运算。

例如,在定义 struct student 结构体类型中包含了另一个结构体变量 birthday,

```
struct date
{
int year,month,day;
};
struct student
{ char name[20];
long int num;
float score;
```

```
struct date birthday;        /*结构体变量*/
} student1;
```

引用成员 day 的方法为：

```
student1.birthday.day=5;
```

3. 结构体指针

结构体指针就是一个指向结构体变量的指针，这和整型指针、字符指针是一样的。指针是指向某数据在内存中的地址，一个结构体变量的指针就是该结构体变量在内存中的起始地址。通过指针变量就可以访问结构体的成员了。

例如，下面定义一个结构体变量 stu_1，然后定义一个结构体指针 p 指向它。

```
struct student
{long int num;
char name[10];
float score;
}stu_1;
struct student * p=stu_1;
```

在 C51 中，引用结构体成员的形式有三种：

（1）利用结构体变量引用其成员：

结构变量名. 成员名

例如，

```
stu_1.name;
```

（2）利用结构体指针变量和成员运算符"."引用其成员：

（*指针变量名）. 成员名

例如，

```
(*p).name;
```

（3）利用结构体指针变量和指向运算符"->"引用其成员：

指针变量名->成员名

例如，

```
p->name;
```

4.8.4 共用体

在 C51 语言中，还提供了一种构造数据类型称为共用体（也称联合体），它能让几种不同类型的变量存放到同一段内存单元中。C51 中称这种使几种不同类型的变量共占同一段内存空间的数据结构为"共用体"类型的结构。这种数据结构采用了所谓的"覆盖技术",可使不同的变量分时使用同一内存空间,提高了内存的利用效率。

1. 共用体类型与共用体变量的定义

共用体类型的定义形式如下:

union 共用体名
{ 成员表列;
}

共用体变量的定义有两种方法。一种是先定义共用体类型,再定义共用体变量。

union 联合类型名
{ 成员表列 };
union 联合类型名 变量列表;

例如:

```
union data
{   int i;
    float f;
    char c;
}
union data a,b;
```

另一种是定义共用体类型的同时定义共用体变量。

union 联合类型名
{ 成员表列 } 变量列表;

例如:

```
union data
{ int i;
  float f;
  char c;
}data a,b;
```

共用体变量的定义与结构体变量的定义形式很相似,但它们有不同的含义:结构体变量的每个成员分别占有自己的内存单元,结构体变量所占内存空间的长度是各成员所占内存长度之和。而共用体变量的各个成员都占用同一段内存空间,因此共用体变量所占内存空间的长度是其成员中最长的那个成员的长度。

2. 共用体变量的引用

定义好一个共用体变量之后,就可以引用它了。引用共用体变量时需要注意以下几点。

（1）不能整体引用共用体变量，只能引用共用体变量中的成员。引用共用体成员的方式为：

共用体变量名.成员名

例如：

```
a.i=100;
a.c='A';
a.f=3.14;
```

（2）可以定义共用体类型的指针变量 px，并使它指向一个同类型的共用体变量 x。

例如：

```
union data1
{int i;
float f;
char a;
}x, * px;
px=&x;
```

（3）可以通过共用体指针变量引用其成员。

例如：

```
px->i=100;
```

或者

```
( * px).i=100;
```

4.8.5　枚举类型

枚举是指将变量的值一一列举出来，变量的值只限于列举出来的值的范围内。如果一个变量只有几种可能的值，就可以定义该变量为枚举类型变量了。

定义一个枚举类型的一般形式为：

enum 类型名 { 枚举元素表列 }；

例如，定义一个表示星期的枚举类型 weekday，然后再定义两个该枚举类型的变量 workday 和 weekend。

```
enum weekday{sun,mon,tue,wed,thu,fir,sat};
enum weekday workday,weekend;
```

其中 sun，mon，…，sat 等称为枚举元素或枚举常量，它们是由用户定义的标识符。

另外，也可以在定义枚举类型的同时，定义该枚举类型的变量。

```
enum 枚举名 {枚举值表列}枚举变量列表；
```

例如,定义一个取值为星期几的枚举变量 d1。

```
enum week {Sun,Mon,Tue,Wed,Thu,Fri,Sat} d1;
```

定义好枚举类型及其变量之后,就可以使用枚举类型数据了。在使用枚举类型数据时需要注意以下几点。

(1) 在 C51 编译中,对枚举元素按整常量处理。它们不是变量,不能在定义之外对它们赋值。

例如,sun=0;mon=1;是错误的。

(2) 枚举元素作为常量,在 C51 编译时按其定义的顺序自动使它们的值为 0,1,2 等。

例如,在上面定义中,sun 的值为 0,mon 的值为 1,…,sat 的值为 6。

也可以在定义时,由程序员改变枚举元素的值。

例如,

```
enum weekday{sun=7,mon=1,tue,wed,thu,fir,sat}workday;
```

这里注意,从 mon 以后,各元素的值顺序加 1。

(3) 可以对枚举变量赋值,取值范围限定在枚举表列中的各元素。

例如,

```
workday=mon;                   /* workday 的值为 1*/
printf("%d",workday);          /* 输出值 1*/
```

4.9　C51 程序的编辑和编译

以 Keil μVision 3 集成开发环境为例,C51 程序的编辑、编译和调试过程如下。

(1) 新建一个工程文件。

(2) 新建一个 C51 程序文件。

(3) 将 C51 程序文件添加到工程文件中。

(4) 程序编译。

(5) 程序运行及调试。

习　　题

1. C51 中特有的数据类型有哪些?

2. C51 的存储类型有几种? 它们分别表示的存储器区域是什么?

3. C51 中 bit 位与 sbit 位有什么区别?

4. 在 C51 中,通过绝对地址访问存储器的方式有哪几种?

5. C51 编译器支持哪三种存储模式? 各有什么不同?

6. 在 C51 中,函数的定义形式如何? 中断函数与一般函数有什么不同?

7. C51 中如何把函数定义为可重入函数? 可重入函数的功能如何?

8. C51 中函数定义时的 using n 修饰符的作用是什么?

9. 在 C51 中定义的 I/O 函数是通过什么方式实现输入和输出的?

10. 在 C51 中包含特殊功能寄存器定义的库函数是什么?

11. 在 C51 中使用预定义宏实现绝对地址访问时,要将哪个头文件包含到程序中?

12. break 与 continue 语句的区别是什么?

13. 按指定存储器类型和数据类型,写出下列变量的定义形式。

(1) 在 data 定义字符变量 var1。

(2) 在 idata 定义整型变量 var2。

(3) 在 xdata 定义无符号字符数组 var[3]。

(4) 在 xdata 定义一个指向无符号字符的指针 p。

(5) 定义可寻址位变量 flag。

(6) 定义特殊功能寄存器变量 p1。

(7) 定义特殊功能寄存器变量 TCON。

(8) 定义 16 位特殊功能寄存器变量 T0。

14. 用 3 种循环结构编写 C51 程序,实现 1~100 的平方和的计算。

15. 用指针方法实现 10 个无符号字符数据按由大到小排序并输出。

第 5 章

MCS-51 单片机内部资源及编程

MCS-51 系列单片机的内部资源主要有并行 I/O 口、定时器/计数器、串行接口以及中断系统，MCS-51 系列单片机的大部分功能就是通过对这些资源的利用来实现的。

5.1 并行输入输出接口

MCS-51 系列单片机有 4 个 8 位的并行输入输出接口 P0、P1、P2 和 P3。这 4 个接口既可以并行输入输出 8 位数据，也可以按位方式独立地使用每一位作为输入输出接口。其中，P0 口是一个 8 位漏极开路的双向 I/O 接口，在用作通用 I/O 接口时，P0 口必须外接上拉电阻；此外在连接外存储器使用时，P0 口被用作低 8 位地址及数据总线接口。P1、P2 和 P3 是带内部上拉电阻的 8 位双向 I/O 接口，都具有直接驱动负载能力。此外 P2 口在连接外存储器使用时，被用作高 8 位地址总线接口；而 P3 口除用作通用 I/O 接口使用外，还用于实现特殊功能。这里先介绍它们用作通用 I/O 口的编程。

【例 5-1】 利用 MCS-51 单片机的 P0 口接 2 个发光二极管，P1 口接 2 个开关，编程实现，当 P1.X 连接的开关动作时，对应的 P0.X 连接的发光二极管亮或灭。

设计思路：先把 P1 口的内容读出，然后把读取的 P1 口的开关状态通过 P0 口输出，即可控制发光二极管的亮或灭。电路原理图如图 5.1 所示。

汇编程序如下：

```
        ORG    0000H
        LJMP   STAR
        ORG    0100H
STAR:   MOV    P0,#0FFH
LOOP:   MOV    A,P1
        MOV    P0,A
        SJMP   LOOP
        END
```

C51 语言程序如下：

```
#include <reg52.h>
sbit S1 =P1^0;
```

```
sbit S2 = P1^1;
sbit LED1 = P0^0;
sbit LED2 = P0^1;
void main()
{
    while(1)
    { LED1 = S1; LED2 = S2;
    }
}
```

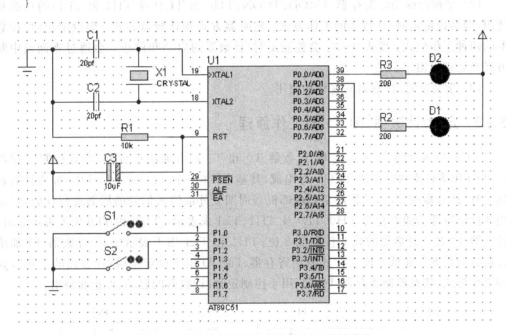

图 5.1 利用并行接口开关控制 LED 灯的应用

5.2 定时/计数器接口

5.2.1 定时/计数器的主要特性

MCS-51 系列单片机中,51 子系列有两个 16 位的可编程定时/计数器 T0 和 T1,52子系列有三个 16 位的可编程定时/计数器 T0、T1 和 T2。它们既可以编程为定时器使用,通过对内部机器周期计数来实现定时功能;也可以编程为计数器使用,通过对外部输入端脉冲信号周期进行计数来实现计数功能。用来计数的特殊功能寄存器是 TH0 和TL0(或 TH1 和 TL1)。每个定时/计数器用作定时器方式还是计数器方式,要通过对特殊功能寄存器 TMOD 的编程来选择。

每个定时/计数器都有多种工作模式,其中 T0 有四种工作模式;T1 和 T2 有三种工作模式。其工作模式的设定是通过对特殊功能寄存器 TMOD 的编程来选择的。

每一个定时/计数器有启动、停止和溢出三种工作状态,启动和停止状态是通过对特殊功能寄存器 TCON 的编程来控制的;溢出状态是当定时计数时间到时产生溢出,由硬件自动将特殊功能寄存器 TCON 的溢出标志位置位。溢出状态可以通过查询或中断方式来处理。

定时/计数器是 MCS-51 系列单片机的重要功能模块之一,在工业控制、检测、智能仪器等产品中使用非常广泛。这部分内容的学习目标是:

(1) 理解定时/计数器 T0 和 T1 的工作原理。

(2) 掌握特殊功能寄存器 TMOD、TCON、TH0 和 TL0(或 TH1 和 TL1)的功能和使用,即会设定定时/计数器的工作方式:定时器方式和计数器方式。会设定定时/计数器的四种工作模式:模式 0~3。会控制定时/计数器的启动和停止。会通过查询或中断方式来处理溢出。

(3) 学会定时/计数器的编程和使用。

5.2.2　定时/计数器 T0、T1 的工作原理

MCS-51 系列单片机的定时/计数器 T0 和 T1 是由加法计数器、方式控制寄存器 TMOD 和状态控制寄存器 TCON 等组成,其基本结构如图 5.2 所示。其中,加法计数器是定时/计数器的核心,其作用是对内部机器周期或外部输入信号的周期进行计数,它是用 8 位的特殊功能寄存器 TH0、TL0 及 TH1、TL1 来表示,TH0 和 TL0 用于表示定时/计数器 T0 加法计数器的高 8 位和低 8 位;TH1 和 TL1 用于表示定时/计数器 T1 加法计数器的高 8 位和低 8 位。方式控制寄存器 TMOD 用于设定定时/计数器的工作方式和工作模式;状态控制寄存器 TCON 用于控制定时/计数器的启动、停止和溢出。

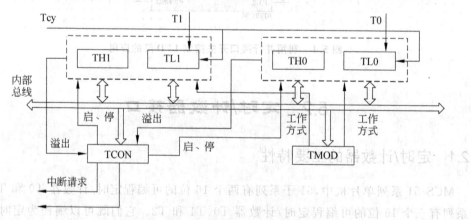

图 5.2　定时/计数器 T0 和 T1 的结构框图

定时/计数器有两种工作方式:定时器方式和计数器方式。

当用作定时器时,加法计数器在每个机器周期 TCY 内都做加 1 计数,即为内部机器周期计数,由于一个机器周期包含 12 个振荡周期,因此其计数的速率是振荡频率的 1/12。当计数值满,产生溢出(即加法计数器最高位产生进位)时,便自动将 TCON 的溢出标志位置"1"(如果预先设置了允许定时器中断,则同时还向 CPU 请求中断)。此时,从

加法计数器计数开始到产生溢出所经历的计数时间就是定时器的定时时间。

例如,定时/计数器 T0 的加法计数器的初值是 X,其最大计数值(即满值)是 M,当用作定时器时,加法计数器从计数开始到溢出所经历的计数值 N 为:

$$计数值 N = 最大计数值 M - 初值 X$$

$$定时时间 = 计数值 N \times 机器周期 = 计数值 N \times 振荡周期 f_{osc}/12$$

这里需要注意的是,在不同的工作模式下,加法计数器的使用位数不同,因此其最大计数值(满值)是不一样。

当用作计数器时,加法计数器对单片机引脚输入端 T0(P3.4)或 T1(P3.5)上的外部脉冲输入信号进行计数(即检测到一个 1→0 的跳变时使加法计数器加 1),由于识别一个从 1 至 0 的跳变至少要用到两个机器周期(即一个机器周期检测到 1,下一个机器周期检测到 0),因此计数的最高速率是振荡频率的 1/24。当计数值满,产生溢出(即加法计数器最高位产生进位)时,便自动将 TCON 的溢出标志位置 1(如果预先设置了允许定时器中断,则同时还向 CPU 请求中断)。此时,从加法计数器计数开始到产生溢出所经历的时间就是计数器的计数时间。

这里需要注意的是,在使用计数器方式时,为了能准确对每一个外部输入脉冲信号进行计数,外部输入脉冲信号的频率应小于振荡频率的 1/24。

5.2.3　定时/计数器的特殊功能寄存器

与定时/计数器使用相关的特殊功能寄存器有:方式控制寄存器 TMOD、状态控制寄存器 TCON、定时/计数器 T0(或 T1)的加法计数器高 8 位 TH0(或 TH1)和低 8 位 TL0(或 TL1)。

1. 定时/计数器的方式控制寄存器 TMOD

方式控制寄存器 TMOD 用于设定定时/计数器的工作方式和工作模式,其格式如图 5.3 所示,它在内存中的字节地址为 89H。

TMOD (89H)	D7	D6	D5	D4	D3	D2	D1	D0
	GATE	C/T	M1	M0	GATE	C/T	M1	M0
	定时器T1				定时器T0			

图 5.3　定时/计数器的方式控制寄存器 TMOD

其中:

GATE:门控位,用于控制定时/计数器的计数启动是否受外部中断请求信号(即引脚 INTX 输入电平)的影响,若 GATE=1,则定时/计数器 T0(或 T1)的计数启动还受外部中断请求信号,即引脚 INT0(或 INT1)输入电平的控制,只有当外部中断请求信号,即引脚 INT0(或 INT1)为高电平且 TR0(或 TR1)置位时,才开始启动定时/计数器 T0(或 T1)计数;若 GATE=0,则定时/计数器的启动与外部中断请求信号无关。

C/T:定时器或计数器方式选择位,当 C/T=1 时工作于计数器方式;当 C/T=0 时工作于定时器方式。

M1、M0：工作模式选择位，用于对 T0 的四种工作模式和 T1 的三种工作模式进行选择，其组合状态与选择情况如表 5.1 所示。

表 5.1　定时/计数器的四种工作模式

M1	M0	工作模式	说　明
0	0	0	13 位定时/计数器
0	1	1	16 位定时/计数器
1	0	2	8 位自动重置定时/计数器
1	1	3	两个 8 位定时/计数器(只有 T0 有此模式)

2. 定时/计数器的状态控制寄存器 TCON

状态控制寄存器 TCON 用于控制定时/计数器的启动、停止和溢出，其格式如图 5.4 所示，它在内存中的字节地址为 88H。

TCON	D7	D6	D5	D4	D3	D2	D1	D0
(88H)	TF1	TR1	TF0	TR0	IE1	IT1	IE0	IT0

图 5.4　定时/计数器的状态控制寄存器 TCON

其中：

TF1：定时/计数器 T1 的溢出标志位，当定时/计数器 T1 计满(最高位产生溢出)时，由硬件自动置 TF1 为 1。例如，若 T1 中断允许则触发 T1 中断，进入中断处理后由硬件自动清 TF1 为 0。否则，可由软件编程清 TF1 为 0。

TR1：定时/计数器 T1 的启动控制位，可由软件置位或清零。当 TR1＝1 时，启动 T1 开始计数；TR1＝0 时停止 T1 计数。

TF0：定时/计数器 T0 的溢出标志位，当定时/计数器 T0 计满(最高位产生溢出)时，由硬件自动置 TF0 为 1。例如，若 T0 中断允许则触发 T0 中断，进入中断处理后由硬件自动清 TF0 为 0。否则，可由软件编程清 TF0 为 0。

TR0：定时/计数器 T0 的启动控制位，可由软件置位或清零，当 TR0＝1 时，启动 T0 开始计数；TR0＝0 时停止 T0 计数。

IE1、IT1、IE0 和 IT0 用于控制外部中断，将在后面的中断系统中介绍。

5.2.4　定时/计数器的工作模式

MCS-51 系列单片机的定时/计数器 T0 有四种工作模式，定时/计数器 T1 有三种工作模式。

1. 模式 0

当 M1、M0＝00 时，定时/计数器工作于模式 0，用于计数的 16 位加法计数器只用其中 13 位,即高 8 位的 TH0(或 TH1)和低 8 位 TL0(或 TL1)中的低 5 位,模式 0 的结构如图 5.5 所示。因此在模式 0 下,计数器 T0(或 T1)的最大计数值(即满值)为 $2^{13}=8192$。

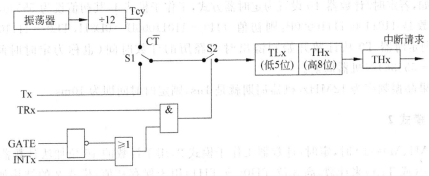

图 5.5　定时/计数器 T0/T1 工作于模式 0 的结构

计数时,从加法计数器的初值开始计数,当 TL0(或 TL1)的低 5 位计满时向 TH0(或 TH1)进位,当 TH0(或 TH1)也计满时,则定时/计数器溢出,并使 TF0(或 TF1)自动置位。如果事先定时/计数器中断被允许,则此时会向 CPU 提出中断请求。否则,可以通过软件查询 TF0(或 TF1)的状态来判断是否溢出。

当定时/计数器的计数溢出时,除了置位溢出标志位之外,其计数过程仍然继续(即从溢出后的 0 值开始继续计数),只要没有清 TR0(或 TR1)为 0 停止其计数,则计数过程会循环进行下去。

例如,若定时/计数器 T0 设置为定时器方式,工作于模式 0,其初值设为 7192,转换成二进制数是 1110000011000B,则初值 TH0=11100000B=0E0H,TL0=00011000B=18H,则定时器 T0 从计数开始到溢出时所经历的计数时间(也称为定时时间)等于 (8192-7192)×机器周期。

如果晶振频率为 12MHz,机器周期就是 $1\mu s$,则定时时间即为 1ms。

在定时/计数器的实际使用中,往往是根据所需要的定时时间,来选择工作模式和计算初值,从而来设置 TMOD、TH0(或 TH1)和 TL0(或 TL1)的值。

2. 模式 1

当 M1、M0=01 时,定时/计数器工作于模式 1,模式 1 的结构与模式 0 的结构相同,工作原理也相同。不同之处在于用于计数的是 16 位加法计数器,即高 8 位的 TH0(或 TH1)和低 8 位的 TL0(或 TL1),因而模式 1 下计数器 T0(或 T1)的最大计数值(即满值)为 $2^{16}=65536$。

计数时,从加法计数器的初值开始计数,当 TL0(或 TL1)的低 8 位计满时向 TH0(或 TH1)进位,当 TH0(或 TH1)也计满时,则定时/计数器溢出,并使 TF0(或 TF1)自动置位。如果事先定时/计数器中断被允许,则此时会向 CPU 提出中断请求。否则,可以通过软件查询 TF0(或 TF1)的状态来判断是否溢出。

当定时/计数器的计数溢出时,除了置位溢出标志位之外,其计数过程仍然继续(即从溢出后的 0 值开始继续计数),只要没有清 TR0(或 TR1)为 0 停止其计数,则计数过程会循环进行下去。如果下一次计数仍然想从初值开始,则需要通过软件编程重新装入初值。

例如,若定时/计数器 T0 设置为定时器方式,工作于模式 1,其初值设为 55536,转换成二进制数是 1101100011110000B,则初值 TH0=11011000B=0D8H,TL0=11110000B=0F0H,则定时器 T0 从计数开始到溢出时所经历的计数时间(也称为定时时间)等于(65536-55536)×机器周期。

如果晶振频率为 12MHz,机器周期就是 1μs,则定时时间即为 10ms。

3. 模式 2

当 M1、M0=10 时,定时/计数器工作于模式 2,用于计数的 16 位加法计数器只用低 8 位 TL0(或 TL1)来计数,高 8 位 TH0(或 TH1)用于保存初值,模式 2 的结构如图 5.6 所示。因此,在模式 2 下计数器 T0(或 T1)的最大计数值(即满值)为 $2^8=256$。

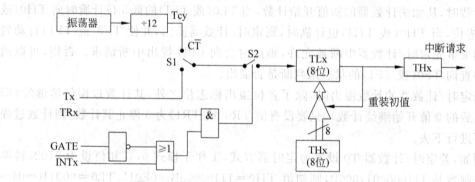

图 5.6　定时/计数器 T0/T1 工作于模式 2 的结构

计数时,先将 TH0(或 TH1)中保存的初值自动装入 TL0(或 TL1)中,然后 TL0(或 TL1)从初值开始计数,当 TL0(或 TL1)计满时则定时/计数器溢出,此时使 TF0(或 TF1)自动置位,同时还使 TH0(或 TH1)的初值自动装入 TL0(或 TL1)重新开始计数。这种工作模式省去了软件编程重装初值的过程。

例如,若定时/计数器 T0 设置为定时器方式,工作于模式 2,其初值设为 156,转换成二进制数是 10011100B,则初值 TH0=10011100B=09CH,TL0=09CH,则定时器 T0 从计数开始到溢出时所经历的计数时间(也称为定时时间)等于(256-156)×机器周期。

如果晶振频率为 12MHz,机器周期就是 1μs,则定时时间即为 0.1ms。

4. 模式 3

当 M1、M0=11 时,定时/计数器 T0 工作于模式 3,模式 3 的结构如图 5.7 所示。在模式 3 下,定时/计数器 T0 被分为两个部分:TL0 和 TH0,其中,TL0 可作为定时/计数器使用,占用 T0 的全部控制位:GATE、C/T、TR0 和 TF0;而 TH0 固定只能作定时器使用,对机器周期进行计数,这时它占用定时/计数器 T1 的 TR1 位、TF1 位和 T1 的中断资源。因此这时的定时/计数器 T1 不能作为定时/计数器来使用,即定时/计数器 T1 没有模式 3 工作模式。

在模式 3 下计数器 T0 的最大计数值(即满值)为 $2^8=256$。

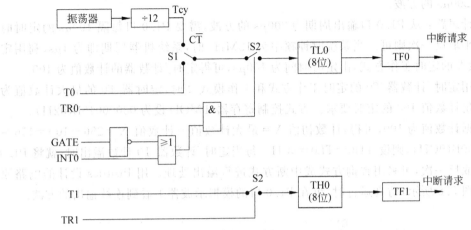

图 5.7　定时/计数器 T0/T1 工作于模式 3 的结构

5.2.5　定时/计数器的初始化编程及应用

1. 定时/计数器的初始化编程

定时/计数器的初始化编程是指选择定时/计数器的工作方式和工作模式,设定计数初值,启动定时/计数器开始工作的操作。在使用 MCS-51 系列单片机的定时/计数器功能之前,必须先进行初始化编程。初始化编程的过程如下。

(1) 根据设计要求选择使用定时/计数器 T0 还是 T1。

(2) 选择定时计数器的工作方式:若对系统内部机器周期计数,则选择定时方式;若对外部输入端脉冲信号周期进行计数,则选择计数器方式。通过方式控制寄存器 TMOD 中的 C/T 位来设定。

(3) 根据要求计算定时/计数器的计数值,由计数值大小来选择定时/计数器的工作模式 0~3,通过方式控制寄存器 TMOD 中的 M0,M1 位来设定。

(4) 根据计数值和满值,求得计数初值,并写入初值寄存器 T0(即 TH0 和 TL0)或T1(即 TH1 和 TL1)。

(5) 根据需要可以开放定时/计数器中断(中断系统章节中详细介绍)。

(6) 设置定时/计数器控制寄存器 TCON 的值来清除溢出标志和启动定时/计数器开始工作。

经过初始化编程后,定时/计数器开始工作,可以采用查询处理方式或中断方式来等待定时/计数器产生溢出,并进行相应处理。

2. 定时/计数器的应用

在实际应用中,定时/计数器通常用作定时器,用来产生周期性的波形或定时输出所需要的控制信号。

【例 5-2】 设系统时钟频率为 12MHz,用定时/计数器 T0 编程实现从 P1.0 口输出周期为 200μs 的方波。

设计思路:从 P1.0 口输出周期为 200μs 的方波,需要 P1.0 口每隔 100μs 的定时时间将电平取反一次则可。当系统时钟频率为 12MHz 时,系统机器周期即为 1μs,利用定时/计数器的定时工作方式,由定时时间为 100μs,可得定时/计数器的计数值为 100。

选用定时/计数器 T0 的定时工作方式和工作模式 2 时,定时器 T0 的最大计数值为 256,满足计数值 100 的定时要求。方式控制寄存器 TMOD 设为 00000010B(02H)。

根据计数值为 100,可得,计数初值 $X=$ 最大计数值$-$计数值 $N=256-100=156=$ 10011100B(9CH),则设 TH0=TL0=9CH。每当定时/计数器 T0 计数溢出时,就将 P1.0 口电平取反一次,可采用查询方式或中断方式进行溢出处理。用 Protues 设计的电路原理图如图 5.8 所示,仿真运行时,可在 P1.0 口的模拟示波器上看到连续输出的方波。

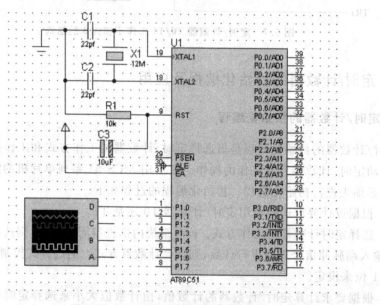

图 5.8　利用定时/计数器输出方波信号

1) 采用查询方式处理

查询处理方式是通过指令查询定时/计数器的溢出标志位来判断计数是否溢出,如果溢出标志位置位,说明定时时间已到,则执行处理子程序,并将溢出标志位清零;否则循环等待。

查询方式的汇编程序如下:

```
        ORG   0000H
        LJMP  MAIN
        ORG   0100H      ;主程序
MAIN:   MOV   TMOD,#02H  ;选定时/计数器 T0 定时方式,工作模式 2
        MOV   TH0,#9CH   ;定时/计数器 T0 初值 156
```

```
            MOV     TL0,#9CH
            SETB    TR0                     ;启动定时/计数器 T0 开始计数
    LOOP:   JBC     TF0,NEXT                ;查询定时/计数器 T0 溢出标志
            SJMP    LOOP
    NEXT:   CPL     P1.0                    ;溢出时,电平取反,输出方波,溢出标志位清零
            SJMP    LOOP
            SJMP    $
            END
```

查询方式的 C51 程序如下:

```c
#include <reg51.h>              //包含特殊功能寄存器库
sbit P1_0=P1^0;
void main()
{   TMOD=0x02;
    TH0=0x9C; TL0=0x9C;
    TR0=1;
    for(;;)
    {   if (TF0)                //查询定时/计数器溢出标志
    {   TF0=0;P1_0=!P1_0; }     //溢出时,电平取反,输出方波,溢出标志位清零
    }
}
```

2) 采用中断方式处理

中断处理方式是通过允许定时/计数器溢出中断的方式来判断计数是否溢出,如果定时/计数器发出溢出中断请求,说明定时时间已到,则 CPU 响应中断,由硬件自动清零溢出标志位,并转移到中断服务处理程序执行;否则等待中断。

中断处理方式的汇编程序如下:

```
            ORG     0000H
            LJMP    MAIN
            ORG     000BH                   ;定时/计数器 T0 溢出中断服务程序入口
            CPL     P1.0                    ;电平取反,输出方波
            RETI
            ORG     0100H                   ;主程序
    MAIN:   MOV     TMOD,#02H               ;选定时/计数器 T0 定时方式,工作模式 2
            MOV     TH0,#9CH                ;定时/计数器 T0 初值 156
            MOV     TL0,#9CH
            SETB    EA                      ;开放所有中断
            SETB    ET0                     ;允许定时/计数器 T0 溢出中断
            SETB    TR0                     ;启动定时/计数器 T0 开始计数
            SJMP    $                       ;等待中断
            END
```

中断处理方式的 C51 程序如下:

```
#include <reg51.h>                //包含特殊功能寄存器库
sbit P1_0=P1^0;
void main()
{   TMOD=0x02;
TH0=0x9C; TL0=0x9C;
EA=1; ET0=1;
TR0=1;
while(1);                        //等待中断
}
void time0_int(void) interrupt 1  //定时/计数器 T0 溢出中断服务程序
{
    P1_0=!P1_0;                   //电平取反,输出方波
}
```

如果根据定时时间所计算出的计数值大于 65536,则需要将此定时时间由多次计数溢出的时间来构成的办法实现。可以采用在一个定时/计数器的基础上再配合软件计数的方式来处理,也可以使用两个定时/计数器的方式共同处理。

【例 5-3】 设系统时钟频率为 12MHz,在 P2.7 端口接有一个 LED 发光二极管,编程实现使 LED 灯周期性地亮 1s 灭 1s。

设计思路:使 P2.7 端口周期性地控制一个 LED 灯亮 1s 和灭 1s,就需要 P2.7 口每隔 1s 的定时时间电平取反一次则可。当系统时钟频率为 12MHz 时,系统机器周期即为 $1\mu s$,利用定时/计数器的定时工作方式,对应 1s 定时时间的计数值为 1000000。选用定时/计数器 T0 的定时工作方式和计数值最大的工作模式 1 时,定时器 T0 的最大计数值为 65536,无法直接满足计数值 1000000 的定时要求。因此,采用 1s 定时时间由多次计数溢出时间来组成的办法实现。

(1) 采用一个定时/计数器 T0 再配合寄存器来记录 T0 溢出次数的办法:首先,利用定时/计数器 T0 的定时工作方式和工作模式 1,产生计数值为 50000,定时时间为 $50000\times1\mu s$=50ms 的定时,20 次的 50ms 定时时间之和即可满足 1s 的定时要求。然后,在定时/计数器 T0 溢出时每隔 20 次才使 P2.7 口电平取反一次即可。定时/计数器 T0 溢出的次数采用寄存器来计数。

定时/计数器 T0 选定时工作方式和工作模式 1 的方式控制寄存器 TMOD 设为 00000001B(01H)。根据计数值 50000,可得定时器 T0 的计数初值 X=最大计数值-计数值 N = 65536 - 50000 = 15536 = 111100,10110000B(3CB0H),则设 TH0 = 3CH, TL0=0B0H。每次定时/计数器 T0 溢出时使寄存器 R2 增 1(即 R2 每 50ms 增 1),如果累计 20 次,则使 P2.7 口电平取反,然后 R2 寄存器清零。

中断处理方式的汇编程序如下:

```
ORG   0000H
LJMP  MAIN
ORG   000BH
LJMP  INTT0                      ;定时/计数器 T0 溢出中断服务程序入口
```

```
            ORG    0100H
   MAIN:  MOV    TMOD,#01H        ;选定时/计数器 T0 定时方式,工作模式 1
          MOV    TH0,#3CH         ;初值 15536
          MOV    TL0,#0B0H
          MOV    R2,#00H
          SETB   EA               ;开放所有中断
          SETB   ET0              ;允许定时/计数器 T0 溢出中断
          SETB   TR0              ;启动定时/计数器 T0 开始计数
          SJMP   $                ;等待中断
   INTT0: MOV    TH0,#3CH         ;定时/计数器 T0 溢出中断服务程序
          MOV    TL0,#0B0H
          INC    R2               ;定时/计数器 T0 溢出次数增 1
          CJNE   R2,#20,NEXT      ;溢出次数有 20 次否
          CPL    P2.7             ;输出口 P2.7 电平取反
          MOV    R2,#00H          ;溢出次数清零
   NEXT:  RETI
          END
```

中断处理方式的 C51 程序如下:

```
#include <reg51.h>              //包含特殊功能寄存器库
sbit P2_7=P2^7;
char i;
void main()
{   TMOD=0x01;                  //定时/计数器 T0 选定时方式,工作模式 1
    TH0=0x3C;TL0=0xB0;          //初值 15536
    EA=1;ET0=1;                 //开放所有中断,允许定时/计数器 T0 溢出中断
    i=0;
    TR0=1;                      //启动定时/计数器 T0 开始计数
    while(1);                   //等待中断
}
void time0_int(void) interrupt 1   //定时/计数器 T0 溢出中断服务程序
{
THO=0x3C;TL0=0xB0;             //重置初值 15536
i++;                          //溢出次数增 1
if (i==20) {P2_7=!P2_7; i=0;}  //溢出 20 次时,输出口 P2.7 电平取反,溢出次数清零
}
```

(2) 采用两个定时/计数器共同处理(即用定时/计数器 T1 来记录 T0 溢出次数)的办法:首先选用定时/计数器 T0 的定时工作方式和工作模式 1,计数初值 TH0=3CH,TL0=0B0H,定时/计数器 T0 将产生周期为 100ms(即每隔计数值 50000,定时时间 50ms 使输出电平取反一次)的方波信号。将此方波信号送入外部引脚 P3.5(即定时/计数器 T1 口)。然后,选用定时/计数器 T1 的计数工作方式来计数引脚 P3.5 外部输入的方波周期的个数(这里需要注意:定时/计数器 T1 是计数 T0 产生的送入 P3.5 引脚的方

波周期的个数,T1每100ms计数值增1,因此定时/计数器T1需要计数值为10)。选择定时/计数器T1工作模式2,方式控制寄存器TMOD设为01100001B(61H);根据计数值N为10,可得定时/计数器T1计数初值$X=256-10=246=11110110B$(F6H),则设TH1=TL1=0F6H。当定时/计数器T1计数值满10次时,定时/计数器T1溢出,此时将P2.7口电平取反,从而实现持续时间为$((2\times50000)\times10)\times1\mu s=1s$(周期为2s)的高低电平变化。

用Protues设计的电路原理图如图5.9所示,仿真运行时,可在P2.7和P3.5口上连接的模拟示波器上看到连续输出的周期为2s和100ms的方波,如图5.10所示。

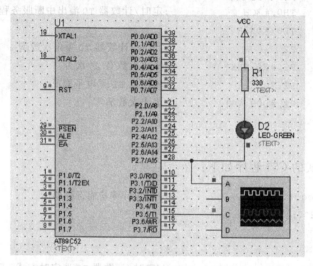

图5.9　利用定时/计数器T0和T1控制LED灯

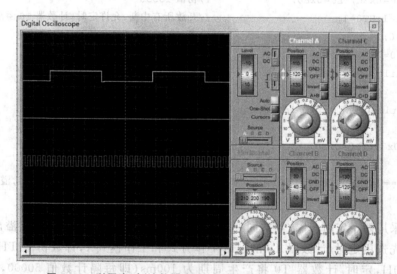

图5.10　利用定时/计数器T0和T1控制LED灯的输出波形

定时/计数器T0和T1都采用中断处理方式的汇编程序如下:

```
        ORG     0000H
        LJMP    MAIN
        ORG     000BH           ;定时/计数器 T0 溢出中断服务程序入口
        MOV     TH0,#3CH        ;重装定时/计数器 T0 初值 15536
        MOV     TL0,#0B0H
        CPL     P3.5            ;P3.5 引脚电平取反
        RETI
        ORG     001BH           ;定时/计数器 T1 溢出中断服务程序入口
        CPL     P2.7            ;P2.7 口电平取反
        RETI
        ORG     0100H
MAIN:   MOV     TMOD,#61H       ;选定时/计数器 T0 定时方式工作模式 1,T1 计数方式;
                                ;工作模式 2
        MOV     TH0,#3CH        ;定时/计数器 T0 初值 15536
        MOV     TL0,#0B0H
        MOV     TH1,#0F6H       ;定时/计数器 T1 初值 10
        MOV     TL1,#0F6H
        SETB    EA              ;开放所有中断
        SETB    ET0             ;允许定时/计数器 T0 溢出中断
        SETB    ET1             ;允许定时/计数器 T1 溢出中断
        SETB    TR0             ;启动定时/计数器 T0 开始计数
        SETB    TR1             ;启动定时/计数器 T1 开始计数
        SJMP    $               ;等待中断
        END
```

定时/计数器 T0 和 T1 都采用中断处理方式的 C51 程序如下：

```
#include <reg51.h>                //包含特殊功能寄存器库
sbit LED=P2^7;
sbit P3_5=P3^5;
void main()
{   TMOD=0x61;                    //设定时/计数器 T0 和 T1 的工作方式、工作模式
    TH0=0x3C;TL0=0xB0;            //定时/计数器 T0 初值 15536
    TH1=0xf6; TL1=0xF6;           //定时/计数器 T1 初值 10
    EA=1;                         //开放中断
    ET0=1;ET1=1;                  //允许定时/计数器 T0 和 T1 溢出中断
    TR0=1;TR1=1;                  //启动定时/计数器 T0 和 T1 开始计数
    while(1);                     //等待中断
}
void time0_int(void)interrupt 1  //定时/计数器 T0 溢出中断服务程序
{
    TH0=0x3C;TL0=0xB0;           //重置定时/计数器 T0 初值 15536
    P3_5=!P3_5;                  //P3.5 引脚电平取反
}
void time1_int(void)interrupt 3 //定时/计数器 T1 溢出中断服务程序
```

```
{
    LED=!LED;                          //P2.7口电平取反
}
```

5.3　串行接口

5.3.1　串行口的主要特性

1. 串行通信的基本概念

计算机与外界的通信有两种基本方式：并行通信和串行通信。串行通信是指数据在一根数据线上一位接一位地按顺序传送的通信方式，其突出优点是只需一根传输线，可大大降低硬件成本，适合远距离通信；其缺点是传输速度较低。

根据信息传送的方向，串行通信可以分为单工、半双工和全双工三种形式。只能单向接收数据或只能单向发送数据的称为单工通信；既可接收数据又可发送数据，但不能同时进行接收与发送的称为半双工通信；能同时双向地进行接收和发送数据的称为全双工通信。

按信息传送的格式，串行通信又可分为异步通信和同步通信两种方式。串行异步通信方式的特点是数据在线路上传送时，一帧信息是以一个字符(或字节)为单位。一帧信息包括：一个低电平的起始位、数据位(5～8位，低位在前，高位在后)、校验位(可选)和高电平的停止位(1位、1位半或2位)，异步通信数据格式如图5.11所示。线路上没传送数据时，线路处于空闲状态，空闲状态约定为高电平。

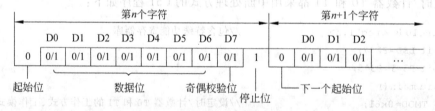

图5.11　异步通信数据的格式

串行同步通信方式的特点是数据在线路上传送时，一帧信息是以字符块(包含多个字符)为单位，一次传送多个字符，传送时前面加上一个或两个同步字符，后面加上校验字符。

二者的区别是：异步通信方式一次只传送一个字符，字符之间可以有间隔，因此传送速度较慢，但对发送时钟和接收时钟的要求相对不高，线路简单；而同步通信方式，一次可传送多个字符，传送速度较快，但对发送时钟和接收时钟要求较高，往往需要同一个时钟源加以控制，控制线路复杂。所以串行异步通信方式在实际中应用较为广泛。

波特率是串行通信中的一个重要概念，它用于表示串行通信的速率。通信时，发送方和接收方的波特率必须保持一致才可以进行正常通信。

波特率是指串行通信中，单位时间内所传送的二进制位数，单位为bps。在串行异步通信中,传输速度往往又可用每秒传送多少个字符来表示。比如某串行异步通信每秒传送 200 个字符,每个字符包含 1 位起始位、8 个数据位、1 个校验位和 1 个停止位,则其波特率为 2200bps。常用的波特率系列有 110/300/600/1200/2400/4800/9600 和 19200 波特。

2. 串行口的主要特性

MCS-51 系列单片机具有一个全双工的串行异步通信接口,可以同时发送和接收数据。

串行口发送和接收数据都是通过对专用的串行通道寄存器 SBUF 的读写来进行的,写入 SBUF 就是要发送数据;读出 SBUF 就是接收数据。发送和接收数据可通过查询或中断方式进行处理。

MCS-51 单片机的串行口有 4 种工作方式:方式 0、方式 1、方式 2 和方式 3。可以实现单机通信,也可以实现多机通信。

用来控制串行口的特殊功能寄存器是串行口控制寄存器 SCON 和电源控制寄存器 PCON。此外,还与定时/计数器 T1 的方式寄存器 TMOD 和状态寄存器 TCON 有关。

串行口是 MCS-51 系列单片机的重要功能模块,在数据通信中使用非常广泛。这部分内容的学习目标是:

(1) 掌握串行口的工作原理和 4 种工作方式的含义。

(2) 熟悉 3 个特殊功能寄存器 SCON、PCON、SBUF 的功能和使用。会选择和使用串行口的 4 种工作方式;会计算和设定串行口的波特率;会控制串行口接收和发送数据。

(3) 学会串行口的编程和使用。

5.3.2　MCS-51 系列单片机串行口的工作原理

MCS-51 系列单片机的串行口主要由发送数据寄存器、发送控制器、输出控制门、接收数据寄存器、接收控制器、输入移位寄存器、波特率发生器和串行口控制寄存器等组成,结构如图 5.12 所示。

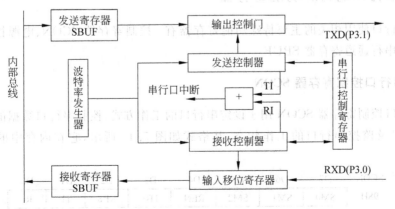

图 5.12　MCS-51 系列单片机串行口的结构图

　　串行通道寄存器 SBUF 是一个可以直接寻址的串行口专用寄存器。实际上 SBUF 寄存器包含两个在物理上独立的寄存器,一个是发送数据寄存器 SBUF,另一个是接收数据寄存器 SBUF,可同时发送和接收数据,但它们都共同使用同一个寻址地址 99H。CPU 可以通过对 SBUF 的读写指令来区别是对接收寄存器的操作还是对发送寄存器的操作,CPU 在读 SBUF 时会指到接收寄存器 SBUF,在写 SBUF 时会指到发送寄存器 SBUF,从而控制外部两条独立的收发信号线 RXD(P3.0)和 TXD(P3.1)同时接收和发送数据,实现全双工通信。

　　串行口的接收寄存器是双缓冲寄存器,这样可以避免接收中断没有及时地被响应,数据没有被取走,下一帧数据却已到来,而造成的数据重叠问题。

　　发送数据时,当执行一条向 SBUF 寄存器写入数据的指令时,就启动一次发送过程。在发送时钟的控制下,先发送一个低电平的起始位,接着把发送数据寄存器 SBUF 中的内容按低位在前、高位在后的顺序一位一位地发送出去(如果是 9 位异步通信方式,接着把放在串行口控制寄存器 SCON 中 TB8 位的第 9 个数据位发送出去),最后发送一个高电平的停止位。一个字符发送完毕,串行口控制寄存器 SCON 中的发送中断标志位 TI 位自动置位,通知 CPU 发送数据完毕。

　　接收数据时,当串行口控制寄存器 SCON 中的允许接收位 REN 置 1 时,接收控制器就开始工作,一旦在接收数据端 RXD 采样到一个从 1 到 0 的负跳变时,接收控制器就开始接收数据。为了抑制干扰和排除虚假的起始位,接收控制器在 1 个数据位的传送时间内三次采样,如果两次采样为低电平,则认为接收的数据位是 0;如果两次采样为高电平,则认为接收的数据位是 1。如果接收到的起始位不是 0,则起始位无效,此时复位接收电路,并转向寻找另一个从 1 到 0 的负跳变;如果起始位是 0,则开始接收各位数据,接收的前 8 位数据依次移入输入移位寄存器,接收的第 9 位置入串行口控制寄存器 SCON 中的 RB8 位。如果满足接收条件,此时输入移位寄存器中的数据被装入接收数据寄存器 SBUF 中,同时串行口控制寄存器 SCON 中的接收中断标志位 RI 位自动置位,通知 CPU 接收数据完毕。

5.3.3　串行口的特殊功能寄存器

　　与串行口使用相关的主要特殊功能寄存器有:控制寄存器 SCON、电源控制寄存器 PCON 和串行通道寄存器 SBUF。

1. 串行口控制寄存器 SCON

　　串行口控制寄存器 SCON 用于设定串行口的工作方式、控制串行口数据的接收和发送过程,以及监控串行口的工作状态,其格式如图 5.13 所示,它在内存中的字节地址为 98H。

SCON	D7	D6	D5	D4	D3	D2	D1	D0
98H	SM0	SM1	SM2	REN	TB8	RB8	TI	RI

图 5.13　串行口的控制寄存器 SCON

其中：

SM0、SM1：串行口工作方式选择位，用于选择 4 种工作方式，工作方式的选择情况如表 5.2 所示。

表 5.2　串行口的工作方式选择情况

SM0	SM1	方式	功　　能	波特率
0	0	方式 0	移位寄存器方式	$f_{osc}/12$
0	1	方式 1	8 位异步通信方式	可变
1	0	方式 2	9 位异步通信方式	$f_{osc}/32$ 或 $f_{osc}/64$
1	1	方式 3	9 位异步通信方式	可变

SM2：多机通信控制位。该位常用于方式 2 和方式 3 的多机通信中。在多机通信中，发送机和接收机工作在方式 2 或方式 3 下，且用软件置位 SM2＝1。接收机的串行口工作处于方式 2 或 3 下时，当 SM2＝1，只有当接收到第 9 位数据（RB8）为 1 时，才把输入移位寄存器接收到的前 8 位数据送入 SBUF，且置位接收中断标志位 RI＝1，接收有效；否则，若接收到第 9 位数据（RB8）为 0 时，则输入移位寄存器接收到的前 8 位数据不能送入 SBUF，数据被丢弃，也不会置位 RI，接收无效。当 SM2＝0，接收机不管接收到的第 9 位数据（RB8）是 0 还是 1，都将输入移位寄存器接收到的前 8 位数据送入 SBUF，并置位接收中断标志位 RI＝1，接收有效。

工作处于方式 1 时，若接收机设置 SM2＝1，则当接收到的停止位为 1（即有效的停止位）时，才将输入移位寄存器接收的前 8 位数据装入接收寄存器 SBUF，并置 RI＝1，接收才有效。否则，接收无效，数据会丢弃。

工作处于方式 0 时，必须设置 SM2＝0。

REN：允许接收控制位。当 REN＝1，允许接收数据，当 REN＝0，禁止接收。

TB8：发送数据的第 9 位。在方式 2 和方式 3 中，TB8 中为发送数据的第 9 位，可按需要由软件置位或清零，它也可用来做奇偶校验位。在方式 1 和方式 0 中，不使用此位。

在多机通信中，发送机工作在方式 2 或方式 3 下，TB8 位常常用来表示发送的是数据还是接收机的地址，TB8＝0 表示是数据；TB8＝1 表示是地址。

RB8：接收数据的第 9 位。在方式 2 和方式 3 中，RB8 位用于存放接收数据的第 9 位。在方式 1 中，当 SM2＝0 时，RB8 位存放接收到的停止位。在方式 0 中，不使用此位。

TI：发送中断标志位。在一个字符数据发送完后由硬件自动置位，标志着一个数据发送完毕，同时向 CPU 申请中断。若要继续发送数据，必须用软件先将 TI 清零。

RI：接收中断标志位。当接收到一个有效数据后由硬件自动置位，标志着一个数据接收完毕，同时向 CPU 申请中断，通知 CPU 来读取接收的数据。若要继续接收数据，必须用软件先将 RI 清零。

注意：SCON 的值在整机复位时自动清零。当执行一条改变 SCON 内容的指令时，改变的值将在下一条指令的第一个机器周期的 S1P1 状态期间锁存并有效，然而，如果此时已经开始进行一次串行发送,那么 TB8 中送出的仍然是原来的值,而不是新的值。

2. 电源控制寄存器 PCON

电源控制寄存器 PCON 用于对串行口的波特率进行控制以及电源控制方面,这个特殊功能寄存器的格式如图 5.14 所示,它在内存中的字节地址为 87H。

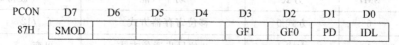

PCON	D7	D6	D5	D4	D3	D2	D1	D0
87H	SMOD				GF1	GF0	PD	IDL

图 5.14 电源控制寄存器 PCON

其中:

SMOD:波特率加倍位,当波特率加倍位 SMOD 设置为 1 时,则使串行口方式 1、方式 2 和方式 3 的波特率加倍。即使方式 1 和方式 3 的波特率=定时/计数器 T1 溢出率/16;方式 2 的波特率=$f_{osc}/32$。而当 SMOD=0 时,方式 1 和方式 3 的波特率=定时/计数器 T1 溢出率/32;方式 2 的波特率=$f_{osc}/64$。

GF0 和 GF1:两个通用标志位。

PD 和 IDL:CHMOS 器件的低功耗控制位。PD 是掉电方式位,当 PD=1 时,进入掉电方式。IDL 是待机方式位,当 IDL=1 时,进入待机方式。

3. 串行通道寄存器 SBUF

串行通道寄存器 SBUF 是串行口接收和发送数据时使用的数据缓存寄存器,它在内存中的字节地址为 99H。串行口发送和接收数据都是通过对专用的串行通道寄存器 SBUF 的读写来进行的,写入 SBUF 就是要发送数据;读出 SBUF 就是接收数据。

此外,与串行口使用相关的特殊功能寄存器还有前面介绍的与波特率设定有关的寄存器 TMOD、TH1、TL1 和 TCON 中的 TR1 位,以及与串行口中断有关的中断寄存器 IE 和 PS。

5.3.4 串行口的工作方式

MCS-51 系列单片机的串行口有 4 种工作方式。

1. 方式 0

方式 0 为移位寄存器方式。通常用来外接移位寄存器,用作扩展 I/O 接口的使用场合。当串行口工作于方式 0 时,波特率固定为振荡频率的 1/12(即 $f_{osc}/12$),串行数据都通过接口 RXD 输入和输出,接口 TXD 用于输出移位时钟。方式 0 时,接口 RXD 可接收和发送 8 位数据,其中低位数据在前,高位数据在后。

(1) 串行口方式 0 时,发送数据的过程如下。

① 先用软件设置好串行口的工作方式,并将发送中断标志位 TI 清零。

② 在 TI=0 条件下,当 CPU 执行一条向 SBUF 写数据的指令时,启动发送过程。

③ 经过一个机器周期,写入发送数据寄存器中的数据按低位在前、高位在后的次序

从 RXD 端依次发送出去,移位时钟从 TXD 端送出。8 位数据发送完毕后,由硬件自动使发送中断标志位 TI 置位,并向 CPU 申请串行中断。此时可以通过中断方式或查询 TI 是否为 1 来判断发送是否结束。

用汇编指令表示如下:

```
MOV  SCON,＃00H
CLR  TI
MOV  SBUF,A
JNB  TI,$
```

(2) 串行口方式 0 时,接收数据的过程如下。

① 先用软件设置好串行口的工作方式,并将接收中断标志位 RI 清零。

② 在 RI＝0 条件下,将 REN 位(即 SCON.4)置 1,启动一次接收过程。串行数据通过 RXD 端接收,移位脉冲通过 TXD 端输出。在移位脉冲的控制下,RXD 端的串行数据依次移入移位寄存器。

③ 当 8 位数据全部移入移位寄存器后,接收控制器发出"装载 SBUF"信号,将 8 位数据送入接收数据缓冲器 SBUF 中,同时,由硬件自动使接收中断标志位 RI 置位,并向 CPU 申请中断。此时可通过中断方式或查询 RI 是否为 1 来判断接收结束否。如果接收结束,则读取数据。

④ 清除标志位 RI,准备接收下一个数据。

用汇编指令表示如下:

```
MOV  SCON,＃00H
CLR  RI
SETB REN
JNB  RI,$
MOV  A,SBUF
CLR  RI
```

2. 方式 1

方式 1 为 8 位异步通信方式。接口 TXD 为发送数据端,接口 RXD 为接收数据端。当串行口工作于方式 1 时,一帧数据包括 10 位:1 位起始位,8 位数据位(低位在前)和 1 位停止位。波特率可变,并由定时器 T1 的溢出率和电源控制寄存器 PCON 中的波特率加倍位 SMOD 的值决定。即:

$$波特率 = 2^{SMOD} \times (定时器 T1 的溢出率)/32$$

$$定时器 T1 的溢出率 = f_{osc}/(12 \times (最大计数值 - 初值))$$

(1) 串行口方式 1 时,发送数据的过程如下。

① 先用软件设置好串行口的工作方式和波特率,启动定时器 T1 开始计数,并将发送中断标志位 TI 清零。

② 在 TI＝0 条件下,当 CPU 执行一条向 SBUF 写数据的指令时,启动发送过程。

③ 数据由 TXD 端发出,发送时钟由定时器 T1 送出的溢出信号经过 16 分频或 32

分频后得到,在发送时钟的作用下,先通过 TXD 端送出一个低电平的起始位,然后是 8 位数据(低位在前),最后是一个高电平的停止位。当一帧数据发送完毕后,由硬件自动使发送中断标志位 TI 置位,并向 CPU 申请串行中断。此时可以通过中断方式或查询 TI 是否为 1 来判断发送是否结束。

用汇编指令表示如下:

```
MOV    SCON, #40H    ;选择串行口工作方式
MOV    TMOD, #xx     ;选择定时器 T1 工作模式
MOV    TH1, #xx      ;设计数初值
MOV    TL1, #xx      ;设计数初值
MOV    PCON, #00H    ;波特率加倍否
SETB   TR1           ;启动定时器 T1 开始计数
CLR    TI
MOV    SBUF, A
JNB    TI, $
```

(2) 串行口方式 1 时,接收数据的过程如下。

① 先用软件设置好串行口的工作方式和波特率,启动定时器 T1 开始计数,并将接收中断标志位 RI 清零。

② 在 RI＝0 条件下,将 REN 位(即 SCON.4)置 1,启动一次接收过程。串行数据通过 RXD 端接收,并以所选波特率的 16 倍速率对 RXD 端的电平进行采样,当采样到从 1 到 0 的负跳变(起始位)时,启动接收器开始接收数据。在接收移位脉冲的控制下依次把所接收的数据移入移位寄存器,当 8 位数据及停止位全部移入后,根据 SM2 的如下状态,分别进行响应操作。

如果 SM2＝0,则接收的 8 位数据被装入接收数据寄存器 SBUF,停止位装入 RB8,并置 RI＝1,同时向 CPU 申请中断。

如果 SM2＝1,当接收到的停止位为 1 时,才将接收的 8 位数据装入接收数据寄存器 SBUF,并置 RI＝1,同时向 CPU 申请中断。

如果 SM2＝1,且接收到的停止位为 0 时,所接收的数据不装入接收数据寄存器 SBUF,数据将会丢弃。

如果在 RI＝1 条件下,将 REN 位(即 SCON.4)置 1,也会启动一次接收过程,但数据移位寄存器所接收的数据在任何情况下都不装入接收数据寄存器 SBUF,即数据丢失。

③ 当 8 位数据全部移入移位寄存器后,接收控制器发出"装载 SBUF"信号,将 8 位数据送入接收数据缓冲器 SBUF 中,同时,由硬件自动使接收中断标志位 RI 置位,并向 CPU 申请中断。此时可通过中断方式或查询 RI 是否为 1 来判断接收结束否。如果接收结束,则读取数据。

④ 清除标志位 RI,准备接收下一个数据。

用汇编指令表示如下:

```
MOV     SCON, #40H        ;选择串行口工作方式
MOV     TMOD, #xx         ;选择定时器 T1 工作模式
MOV     TH1, #xx          ;设计数初值
MOV     TL1, #xx          ;设计数初值
MOV     PCON, #00H        ;波特率加倍否
SETB    TR1               ;启动定时器 T1 开始计数
CLR     RI
SETB    REN
JNB     RI, $
MOV     A, SBUF
CLR     RI
```

3. 方式 2 和方式 3

方式 2 和方式 3 为 9 位异步通信方式，接口 TXD 为发送数据端，接口 RXD 为接收数据端。当串行口工作于方式 2 和方式 3 时，一帧数据包括 11 位：1 个低电平的起始位，8 位数据位（低位在前），可编程的第 9 个数据位和 1 个高电平的停止位。其中，发送的第 9 位数据放于串行口控制寄存器 SCON 的 TB8 中，接收的第 9 位数据放于 SCON 的 RB8 中。可编程的第 9 个数据位的值可指定为 0 或 1，也可以指定为奇偶校验位。方式 2 和方式 3 为多机通信提供了专用的工作方式。

方式 2 和方式 3 的波特率不一样。方式 2 的波特率只有两种：$f_{osc}/32$（当 SMOD＝1 时）或 $f_{osc}/64$（当 SMOD＝0 时）；方式 3 的波特率可变，由定时器 T1 的溢出率和电源控制寄存器 PCON 中的 SMOD 位决定（与方式 1 相同）。即：

$$波特率＝2^{SMOD} \times (T1 \text{ 的溢出率})/32$$

1）发送过程

方式 2 和方式 3 发送的数据为 9 位，其中发送的第 9 位在 TB8 中，在启动发送之前，必须把要发送的第 9 位数据装入 SCON 寄存器中的 TB8 中。准备好 TB8 和清除 TI 后，就可以通过向 SBUF 中写入发送的数据来启动发送过程，发送时前 8 位数据从发送数据寄存器 SBUF 中取得，发送的第 9 位从 TB8 中取得。一帧信息发送完毕，硬件自动置 TI 为 1，并向 CPU 申请串口中断。

2）接收过程

方式 2 和方式 3 的接收过程与方式 1 类似，当设置 REN＝1 时启动接收过程，所不同的是接收的第 9 位数据是发送过来的 TB8 位，而不是停止位。当全部数据位接收完后，如果此时 RI＝0、SM2＝0，则接收的 8 位数据被装入接收数据寄存器 SBUF，第 9 个数据位存放到 SCON 中的 RB8 中，并置 RI＝1，同时向 CPU 申请串口中断。如果 RI＝0、SM2＝1，当接收到的第 9 个数据位为 1 时，则接收的 8 位数据被装入接收数据寄存器 SBUF，第 9 个数据位存放到 RB8 中，并置 RI＝1，同时向 CPU 申请中断。否则，若接收到的第 9 个数据位为 0，则接收无效。

5.3.5　串行口的初始化编程及应用

1. 串行口的初始化编程

串行口的初始化编程是指设定串行口的工作方式和波特率、清除标志位、启动发送或接收数据开始的操作。在使用 MCS-51 系列单片机的串行口之前,必须先进行初始化编程,以便为发送和接收数据做好准备。初始化编程的过程如下:

1) 设定串行口的工作方式

串行口的工作方式由串口控制寄存器 SCON 来设定。首先根据使用情况选择工作方式:如果作为扩展 I/O 使用,选择工作方式 0;如果单机通信使用,通常选择工作方式 1;如果多机通信使用,通常选择工作方式 2 或方式 3;然后根据工作方式确定 SCON 中 SM0、SM1、SM2 的值。

2) 设置波特率

对于方式 0,不需要设波特率。波特率固定为振荡频率的 $1/12$(即 $f_{osc}/12$)。

对于方式 2,波特率仅与 PCON 中 SMOD 位的值有关。当设置 SMOD=1 时,波特率是 $f_{osc}/32$;当设置 SMOD=0 时,波特率是 $f_{osc}/64$。

对于方式 1 和方式 3,波特率与 PCON 中 SMOD 位的值和定时器 T1 的溢出率有关,其关系为

$$波特率 = 2^{SMOD} \times (T1 \text{ 的溢出率})/32$$

而 T1 的溢出率是由定时/计数器 T1 的工作模式的选择和加法计数器初值的设定来确定的,即

$$T1 \text{ 的溢出率} = f_{osc}/(12 \times (\text{最大计数值} - \text{初值}))$$

所以

$$初值 = 最大计数值 - f_{osc} \times 2^{SMOD}/(12 \times 波特率 \times 32)$$

例如,选择定时/计数器 T1 的工作模式 2 时,为 8 位自动重装模式,计数器最大计数值是 256,此时

$$初值 = 256 - f_{osc} \times 2^{SMOD}/(12 \times 波特率 \times 32)$$

在使用时,要先根据需要的波特率值来选择定时/计数器 T1 的工作模式(由 SCON 来设定)和 PCON 中 SMOD 位的值,再根据上式计算的初值来设置定时/计数器 T1 的初值,从而设定工作方式 1 和方式 3 的波特率。用 51 汇编指令描述的过程如下:

```
MOV    SCON, #xx      ;选择串口工作方式 1 或方式 3
MOV    TMOD, #xx      ;选择定时/计数器 T1 工作模式
MOV    TH1, #xx       ;设初值
MOV    TL1, #xx       ;设初值
MOV    PCON, #00H     ;波特率加倍位 SMOD 的设置
```

在实际应用中,根据通常使用的晶振频率,常用的波特率值与定时/计数器 T1 的工作模式和初值的设置关系如表 5.3 所示。

表 5.3　串行口通常使用的波特率

| 串行口（方式 1 或方式 3） | | | 定时器 T1（GATE、C/T、M1、M0＝0010） | | |
波特率	晶振频率 f_{osc}	SMOD	C/T	模式 2	初值
62.5K	12MHz	1	0	2	FFH
19.2K	11.059MHz	1	0	2	FDH
9.6K	11.059MHz	0	0	2	FDH
4.8K	11.059MHz	0	0	2	FAH
2.4K	11.059MHz	0	0	2	F4H
1.2K	11.059MHz	0	0	2	E8H
110	6MHz	0	0	2	72H

例如上表中，当晶振频率 f_{osc}＝6MHz，波特率选择 110 时，选择定时器 T1 工作模式 2，波特率加倍位 SMOD＝0 不加倍，则计算 T1 的初值为：

$$T1 \text{ 的初值}＝256－f_{osc}\times 2^{SMOD}/(12\times \text{波特率}\times 32)$$
$$＝256－6M\times 2^{0}/(12\times 110\times 32)$$
$$＝256－142＝114＝72H$$

3) 清除标志位、启动发送或接收数据操作

发送数据时，将发送中断标志位清零，即 TI＝0。若是工作方式 2 和方式 3，还应将发送数据的第 9 位写入 TB8 中。若是工作方式 1 和方式 3，还要使定时/计数器的状态控制寄存器 TCON 中的 TR1＝1，启动定时器 T1 开始计数。

接收数据时，将接收中断标志位清零，即 RI＝0，允许接收控制位 REN＝1。若是工作方式 2 和方式 3，接收到的第 9 位数据在 RB8 中。若是工作方式 1 和方式 3，还要使定时/计数器的状态控制寄存器 TCON 中的 TR1＝1，启动定时器 T1 开始计数。

2. 串行口的应用

在实际应用中，MCS-51 系列单片机的串行口通常用于三种情况：利用串行口方式 0 的功能来扩展系统并行 I/O 口；利用串行口方式 1 的功能实现点对点的双机通信；利用串行口方式 2 或方式 3 的功能实现一点对多点的多机通信。

1) 利用串行口方式 0 的功能扩展系统并行 I/O 口

MCS-51 系列单片机的串行口工作在方式 0 时，可以外接一个**串入并出**的移位寄存器，实现扩展系统的并行输出口；也可以外接一个**并入串出**的移位寄存器，实现扩展系统的并行输入口。

【例 5-4】用 8051 单片机的串行口外接串入并出的芯片 74164 扩展并行输出口，控制一组发光二极管，使发光二极管从下至上延时轮流显示。

74164 是串行输入、并行输出的 8 位移位寄存器芯片，带有两个串行数据输入端 A 和 B，一个复位清除端 MR，一个时钟输入端 CLK，以及 8 个并行数据输出端 Q0～Q7。串行数据通过两个数据输入端 A 或 B 输入，两个数据输入端的逻辑与作为有效的串行输

入。使用时，可以将其中一端连接串行输入，另一端用作高电平使能端来控制数据的输入，或者将另一端外接高电平；也可以将两端一起连接串行输入。复位清除端 MR 为低电平时，所有输入端无效而输出端为低电平。时钟脉冲输入端 CLK 用于连接时钟控制信号，并在时钟脉冲上升沿到来时将串行数据依次移位输入，并通过 8 位并行数据输出端输出。

设计时，8051 单片机的串行口工作于方式 0，8051 单片机的 TXD 端接 74164 的时钟输入端 CLK，RXD 端接 74164 的数据输入端 B（A 接高电平），74164 的 8 位并行输出端接 8 个发光二极管。用 Proteus 设计的电路原理图如图 5.15 所示。

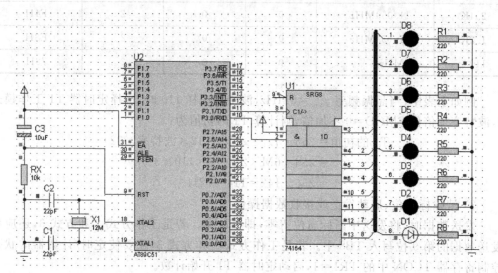

图 5.15　利用 8051 单片机串行口的方式 0 扩展并行输出口

编程时，串行口采用查询方式，显示的延时通过调用延时子程序来实现。

汇编程序如下：

```
        ORG    0000H
        LJMP   MAIN
        ORG    0100H
MAIN:   MOV    SCON,#00H      ;串行口方式 0
        MOV    A,#01H
START:  MOV    SBUF,A         ;发送数据
LOOP:   JNB    TI,LOOP        ;发送结束否
        ACALL  DELAY          ;延时灯亮
        CLR    TI             ;发送中断标志位清零
        RL     A              ;改变灯亮的位置
        SJMP   START          ;循环亮灯
DELAY:  MOV    R7,#100        ;延时子程序
LOOP2:  MOV    R6,#0FFH
LOOP1:  DJNZ   R6,LOOP1
        DJNZ   R7,LOOP2
```

```
        RET
        END
```

C51 程序如下：

```
#include <reg52.h>        //包含特殊功能寄存器库
#include <intrins.h>      //包含函数_crol_(uchar unsigned var,uchar unsigned n)
#define uint unsigned int
#define uchar unsigned char
void Delay(uint x)        //延时函数
{ uchar i;
  while(x--)
  { for(i=0;i<120;i++); }
}
void main()
{
    uchar c =0x80;
    SCON =0x00;           //串行口方式 0
    TI =1;
    while(1)
    { c =_crol_(c,1);     //将变量 C 循环左移 1 位,改变灯亮的位置
      SBUF =c;            //发送数据
      while(TI==0);       //发送结束否
      TI =0;              //发送中断标志位清零
      Delay(800);        //延时灯亮
    }
}
```

【例 5-5】 用 8051 单片机的串行口外接并入串出的芯片 74165 扩展并行输入口,输入一组 8 位拨码开关的状态信息,并将这组开关的状态信息通过的 8 位发光二极管 LED 显示出来。

74165 是并行输入、串行输出的 8 位移位寄存器芯片,带有 8 位并行数据输入端 D0～D7,一个串行数据输入端 SI(扩展多个 74165 的首尾连接端),一个串行数据输出端 SO 和互补输出端 QH,一个移位控制/置入控制端 SH/LD,以及时钟输入端 CLK 和时钟禁止端 CLK INH。并行数据通过数据输入端 D0～D7 输入,首先将 SH/LD 端置 0,并行口的 8 位数据将被置入内部寄存器,然后将 SH/LD 端置 1,并行输入被禁止,串行移位操作开始。当 CLK INK 为低电平时允许时钟输入,此时 CLK 端输入时钟脉冲的上升沿有效时将数据通过串行数据输出端 QH 输出或互补输出端反向输出。

设计时,8051 单片机的串行口工作于方式 0,8051 单片机的 RXD 端接 74165 的串行输出端 SO,TXD 端接 74165 的时钟输入端 CLR,74165 的时钟禁止端 CLK INH 接地,移位/置入控制端 SH/LD 接 P1.0 口,8 位并行输入的开关状态通过 P0 口接 8 个 LED 发光二极管显示。用 Proteus 设计的电路原理图如图 5.16 所示。

编程时,串行口采用查询方式,显示的延时通过调用延时子程序来实现。

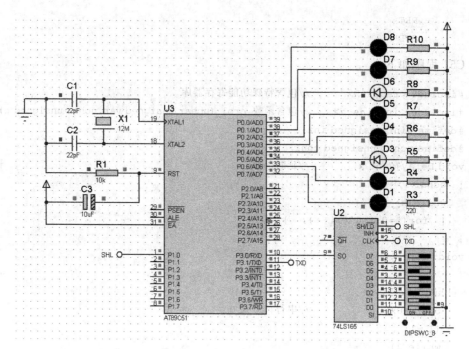

图 5.16 利用 8051 单片机串行口的方式 0 扩展并行输入口

汇编程序如下：

```
        ORG     0000H
        LJMP    MAIN
        ORG     0100H
MAIN:   MOV     SCON,#10H       ;串行口方式 0 启动接收
START:  NOP
        CLR     P1.0            ;74165 打开并行输入
        MOV     R6,#0FFH
WAIT:   DJNZ    R6,WAIT
        SETB    P1.0            ;74165 打开串行输出
LOOP:   JNB     RI,LOOP         ;接收完否
        CLR     RI              ;清除标志位
        MOV     A,SBUF          ;接收数据
        MOV     P0,A
        ACALL   DELAY
        AJMP    START
DELAY:  MOV     R7,#100         ;延时子程序
LOOP2:  MOV     R6,#0FFH
LOOP1:  DJNZ    R6,LOOP1
        DJNZ    R7,LOOP2
        RET
        END
```

C51 程序如下:

```
#include <reg52.h>              //包含特殊功能寄存器库
#define uint unsigned int
#define uchar unsigned char
sbit SHL = P1^0;
void Delay(uint x)              //延时函数
{   uchar i;
    while(x--)
    {   for(i=0;i<120;i++);}
}
void main()
{   SCON = 0x10;               //串行口方式 0 启动接收
    while(1)
    {   SHL = 0;               //74165 打开并行输入
        SHL = 1;               //74165 打开串行输出
        while(RI==0);          //接收完否
        RI = 0;                //清除标志位
        P0 = SBUF;             //接收数据
        Delay(20);             //延时
    }
}
```

2) 利用方式 1 实现点对点的双机通信

如果甲、乙两台 51 单片机应用系统之间距离很近,要实现它们之间的**点对点双机通信**,硬件上只需将甲机的数据发送端 TXD 与乙机的数据接收端 RXD 相连,将甲机的数据接收端 RXD 与乙机的数据发送端 TXD 相连,地线与地线相连即可,如图 5.17 所示。软件编程上,需要甲、乙两机串行口的工作方式和波特率相同。

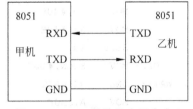

图 5.17　8051 单片机串口方式 1
的双机通信

【例 5-6】　用汇编语言编程通过串行通信实现将甲机的片内 RAM 中 30H～3FH 单元的内容传送到乙机的片内 RAM 的 40H～4FH 单元中。

设计思路:设甲、乙两机选择串口方式 1(8 位异步通信方式),最高位用作奇偶校验,波特率为 2400bps,甲机发送,乙机接收,因此甲机的串口控制字 SCON=40H,乙机的串口控制字 SCON=50H。

串口方式 1 的波特率由定时器 T1 的溢出率和电源控制寄存器 PCON 中的 SMOD 位决定,则须设置定时器 T1 的初值。设 SMOD=0,甲、乙两机的振荡频率为 12MHz,波特率为 2400bps。定时器 T1 选择定时器方式模式 2(即 TMOD=20H),则 T1 初值为:

$$初值 = 最大计数值 - f_{osc} \times 2^{SMOD}/(12 \times 波特率 \times 32)$$
$$= 256 - 12000000/(12 \times 2400 \times 32)$$
$$\approx 243 = F3H$$

所以,设 TH1=TL1=0F3H。

甲机发送汇编程序段如下:

```
STAR:   MOV   TMOD,#20H    ;定时/计数器 T1 定时方式,工作模式 2
        MOV   TL1,#0F3H    ;初值
        MOV   TH1,#0F3H
        MOV   PCON,#00H    ;SMOD=0
        MOV   SCON,#40H    ;串口方式 1
        MOV   R0,#30H      ;起始地址
        MOV   R7,#10H
        SETB  TR1          ;启动 T1 开始计数
LOOP1:  MOV   A,@R0
        MOV   C,P
        MOV   A.7,C        ;偶校验位放置最高位
        MOV   SBUF,A       ;发送数据
        JNB   TI,$         ;发送结束否
        CLR   TI
        INC   R0           ;下一个数据
        DJNZ  R7,LOOP1
        RET
```

乙机接收汇编程序段如下:

```
STAR:   MOV   TMOD,#20H    ;定时/计数器 T1 定时方式,工作模式 2
        MOV   TL1,#0F3H    ;初值
        MOV   TH1,#0F3H
        MOV   PCON,#00H    ;SMOD=0
        MOV   R0,#40H      ;起始地址
        MOV   R7,#10H
        SETB  TR1          ;启动 T1 开始计数
LOOP2:  MOV   SCON,#50H    ;串口方式 1,允许接收数据
WAIT:   JNB   RI,WAIT      ;等待接收
        MOV   A,SBUF       ;接收数据
        MOV   C,P
        JC    ERROR        ;偶校验出错则转移
        ANL   A,#7FH
        MOV   @R0,A        ;正确则保存数据
        INC   R0           ;下一个
        DJNZ  R7,LOOP2
        RET
ERROR:  AJMP  STAR
```

【例 5-7】 利用 8051 单片机的串行口通信编程实现:甲机按键控制乙机的 LED 灯,乙机按键控制甲机的 LED 灯。

设计思路:用 Proteus 设计的电路原理图如图 5.18 所示。甲机按键一次,乙机 P1.0

口灯亮;按键第二次,乙机 P1.3 口灯亮;按键第三次,乙机 P1.0 和 P1.3 口灯都亮;按键第四次,乙机 P1.0 和 P1.3 口灯都灭;上述过程一直循环进行。乙机按键控制甲机 LED 灯亮的方式与甲机的方式相同。

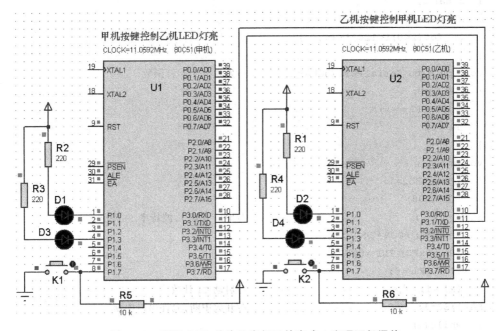

图 5.18 利用 8051 单片机串行口的方式 1 实现双机通信

实现 8051 单片机的双机通信,需要甲、乙两机均选择串口工作方式 1(8 位异步通信方式),波特率均设为 9600bps,甲机发送时乙机接收,乙机发送时甲机接收,因此甲乙两机的串口控制字 SCON=50H,即发送数据的同时允许串口中断接收数据,发送数据用查询方式,接收数据用中断处理方式。

串行口方式 1 的波特率由定时器 T1 的溢出率和电源控制寄存器 PCON 中的 SMOD 位决定。设波特率加倍位 SMOD=0,甲乙两机的振荡频率均为 11.0592MHz,当波特率为 9600bps 时,定时器 T1 选择定时工作方式、工作模式 2(即 TMOD=20H),则定时器 T1 的初值应设为:

$$初值 = 256 - f_{osc} \times 2^{SMOD}/(12 \times 波特率 \times 32)$$
$$= 256 - 11059200/(12 \times 9600 \times 32)$$
$$\approx 253 = 0FDH$$

所以,设 TH1=TL1=0FDH。

甲机按键控制乙机 LED 灯的 C51 程序如下:

```
#include<reg52.h>                //包含特殊功能寄存器库
#define uint unsigned int
#define uchar unsigned char
sbit LED1 = P1^0;
sbit LED2 = P1^3;
```

```
sbit K1 =P1^7;
uchar Operation_NO =0;
    void Delay(uint x)                    //延时函数
    {  uchar i;
       while(x--)
       {   for(i=0;i<120;i++);  }
    }
    void putc_to_SerialPort(uchar c)      //发送一个字符函数
    {   SBUF =c;
        while(TI ==0);
        TI =0;
    }
    void main()
    {   LED1=LED2=1;
        P0 =0x00;
SCON =0x50;                               //串口方式1,波特率9600bps
TMOD =0x20; PCON =0x00;
        TH1 =0xFD; TL1 =0xFD;
        TI =0;RI =0;
        TR1 =1;                           //启动 T1 计数
EA=1;ES=1;                                //开放中断,允许串口中断
        while(1)
        {  Delay(100);
           if(K1 ==0)                     //开关闭合否
           {  while(K1==0);
              Operation_NO=Operation_NO+1;
              if(Operation_NO ==4)
              {  Operation_NO=0;}
           switch(Operation_NO)          //开关闭合,循环发送字符 X、A、B、C
              {  case 0:putc_to_SerialPort('X'); break;      //发送字符 X
                 case 1:putc_to_SerialPort('A'); break;      //发送字符 A
                 case 2:putc_to_SerialPort('B'); break;      //发送字符 B
                 case 3:putc_to_SerialPort('C'); break;      //发送字符 C
              }
           }
        }
    }
    void Serial_INT()interrupt 4          //串行口接收数据中断服务程序
    {   if(RI)
        {  RI =0;
           switch(SBUF)
           {  case 'X': LED1=1;LED2=1;break;  //接收字符 X,两个 LED 灯灭
              case 'A': LED1=0;LED2=1;break;  //接收字符 A,上面 LED 灯亮,下面 LED 灯灭
              case 'B': LED1=1;LED2=0;break;  //接收字符 B,上面 LED 灯灭,下面 LED 灯亮
```

```
        case 'C': LED1=0;LED2=0;              //接收字符 A,两个 LED 灯亮
    }
  }
}
```

乙机按键控制甲机 LED 灯的 C51 程序如下:

```
#include <reg52.h>                    //包含特殊功能寄存器库
#define uint unsigned int
#define uchar unsigned char
sbit LED1 =P1^0;
sbit LED2 =P1^3;
sbit K1 =P1^7;
uchar Operation_NO =0;
void Delay(uint x)                    //延时函数
{  uchar i;
   while(x--)
   {  for(i=0;i<120;i++);  }
}
void putc_to_SerialPort(uchar c)      //发送一个字符函数
{  SBUF =c;
   while(TI ==0);
   TI =0;
}
void main()
{  LED1=LED2=1;
   SCON =0x50;                        //串口方式 1,波特率 9600bps
   TMOD =0x20; PCON =0x00;
   TH1 =0xfd;TL1 =0xfd;
   TI =0; RI =0;
   TR1 =1;                            //启动 T1 计数
EA=1;ES=1;                            //开放中断,允许串口中断
   while(1)
   {  Delay(100);
      if(K1 ==0)                      //开关闭合否
      {  while(K1==0);
      Operation_NO=Operation_NO+1;
      if(Operation_NO ==4)
      {  Operation_NO=0;}
      switch(Operation_NO)           //开关闭合,循环发送字符 X、A、B、C
      {  case 0:putc_to_SerialPort('X'); break;   //发送字符 X
         case 1:putc_to_SerialPort('A'); break;   //发送字符 A
         case 2:putc_to_SerialPort('B'); break;   //发送字符 B
         case 3:putc_to_SerialPort('C'); break;   //发送字符 C
      }
```

```
        }                      //AN1接收到'B'字符,单个LED灯亮
    }
}
void Serial_INT()interrupt 4              //串行口接收数据中断服务程序
{   if(RI)
    {   RI = 0;
        switch(SBUF)
        {   case 'X': LED1=1;LED2=1;break;   //接收字符 X,两个 LED 灯灭
            case 'A': LED1=0;LED2=1;break;   //接收字符 A,上面 LED 灯亮,下面 LED 等灭
            case 'B': LED1=1;LED2=0;break;   //接收字符 B,上面 LED 灯灭,下面 LED 等亮
            case 'C': LED1=0;LED2=0;         //接收字符 A,两个 LED 灯亮
        }
    }
}
```

当甲乙两台 51 单片机应用系统之间距离有几米远时,要通过串口通信线缆实现它们之间的点对点双机通信,就需要将 51 单片机的串行口接收端和发送端的 TTL/CMOS 电平转换为 RS232 电平进行通信,以保障通信的可靠性。常用的 TTL/CMOS 与 RS232 之间电平转换芯片有 MAX232、SP232、TRS232、TRS3232、TI SN75188、ADM3202 等。

3) 多机通信

利用 MCS-51 系列单片机串行口的方式 2 和方式 3,能够实现一台主机与多台从机之间的多机通信,主机和从机之间能够相互发送和接收信息,但从机与从机之间不能相互通信。

MCS-51 系列单片机串行口的方式 2 和方式 3 是 9 位异步通信方式,发送数据时,第 9 位数据位由 TB8 给出;接收数据时,第 9 位数据放于 RB8 中。接收数据是否有效要受 SM2 位的影响,当 SM2=0 时,无论接收的第九位即 RB8 位是 0 还是 1,接收都有效,接收标志位 RI 都置 1;当 SM2=1 时,只有接收的第九位即 RB8 位等于 1 时,接收才有效,接收标志位 RI 才置 1。利用这个特性便可以实现 8051 单片机的多机通信。

多机通信情况下,主机与从机的串行口都设置为方式 2 或都设置为方式 3,都置 SM2=1,并为每台从机分配一个唯一的地址码。主机与某台从机之间进行通信时,主机首先发送从机的地址码信息(地址信息的第九位即 TB8 设为 1),所有从机接收到 9 位的地址码信息后,分别与自己的地址码相比较,如果不同,则继续边工作边等待接收;如果相同,则该从机被点名,于是发送自己的地址码信息给主机(第九位 TB8 仍设为 1),同时清 SM2=0。主机接收到从机返回的地址码信息后,表明从机在线,然后主机可以向从机发送命令或数据信息(命令和数据信息的第九位 TB8 都设为 0);主机也可以清 SM2=0 来接收从机回传的数据信息(第九位 TB8 为 0)。此时,其他在线的未被点名的从机由于 SM2 仍为 1,所以命令信息和数据信息都接收无效,不影响它们的正常工作。多机通信时主机与从机的通信流程如图 5.19 和图 5.20 所示。

多机通信中,通常主机与从机之间或从机与从机之间距离较远,为了提高数据传输的速率和数据传输的可靠性,需要借助 RS422 或 RS485 等总线接口进行通信。

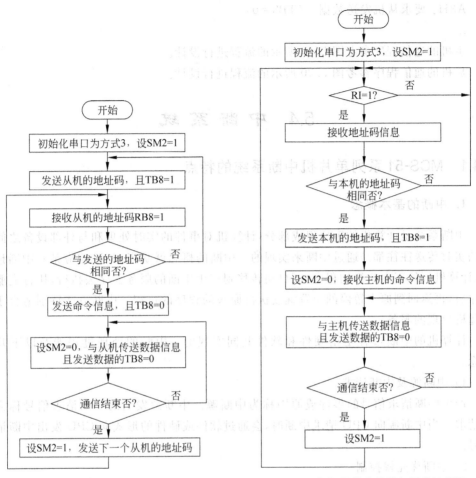

图 5.19　多机通信中的主机通信流程图　　　图 5.20　多机通信中的从机通信流程图

【例 5-8】　要求设计一个一台主机和 128 台从机之间的多机通信系统。

① 硬件设计

将每个单片机串行口的发送和接收端与 RS485 通信芯片（如 75176 芯片）输入端的接收和发送端相连，每台单片机设备中的 RS485 通信芯片输出端的接收和发送端都与485 总线（即一条双绞线电缆）相连。

② 软件设计

通信协议的设计：为了处理方便，所有单片机系统采用相同的协议，主机与所有从机的串行口都设为方式 3，且设 SM2＝1，波特率为 9600bps，PCON 中的 SMOD 位都取 0，晶振频率选择 f_{osc} 为 11.0592MHz，定时/计数器 T1 选定时方式和模式 2，方式控制字 TMOD 为 20H，初值为 TH1＝TL1＝FDH。每台从机有自己唯一的地址码，从01H～80H。

另外还制定如下几条简单的通信协议，主机发送的控制命令如下：

A1H：设置从机的地址码信息。（TB8＝0）

A2H：要求从机发送地址码信息。

A3H：要求从机发送数据。（TB8＝0）

…

主机的通信程序参考图 5.19 所示的流程进行设计。

从机的通信程序参考图 5.20 所示的流程进行设计。

5.4　中　断　系　统

5.4.1　MCS-51 系列单片机中断系统的特点

1. 中断的基本概念

中断系统是计算机的重要组成部分,计算机对事件的实时处理和与外部设备之间信息的实时传送往往都是通过中断来实现的。中断的概念就是当 CPU 响应某一中断请求时,计算机暂停正在执行的程序,而自动转移到产生中断的服务程序去执行,执行完服务程序后,再返回到原来暂停的位置继续执行原来的程序的过程。中断方式特别适合于处理随机出现的服务。

计算机的中断过程是由硬件和软件共同实现的。中断的处理过程涉及以下几个概念。

1) 中断源及中断请求

产生中断请求信号的事件或原因称为中断源。中断源发出的中断请求信号称为中断请求。当中断源向 CPU 请求中断时,会通过软件或硬件的形式向 CPU 发出中断请求信号。

2) 中断优先权控制

当中断系统有多个中断源时,有时会出现多个中断源同时请求中断的情况,而 CPU 在某个时刻只能对一个中断源的中断请求进行响应,这样就需要 CPU 能优先响应重要的中断事件。因此,在使用中断系统之前,需要对多个中断源的轻重缓急程度进行排序,并根据中断源的轻重缓急程度的不同设定其优先等级的控制称为中断优先权控制。这样,当中断系统中有多个中断源提出中断请求时,重要和紧急的中断源由于其优先级高而优先被 CPU 响应,优先级低的后被响应。

3) 中断允许与中断屏蔽

当中断源发出中断请求时,CPU 不一定会立即响应中断而进入中断处理过程。CPU 是否会立即响应中断要受多个因素的控制,主要因素有中断允许和中断屏蔽的控制,此外还与中断优先级控制有关。只有当设置为允许中断的中断源提出中断请求,并且没有优先级更高的其他中断源同时请求中断时,CPU 才会响应该中断。

4) 中断响应与中断返回

当 CPU 检测到中断源的中断请求并且该中断源又满足中断响应的条件时,CPU 就会进入中断处理的过程称为中断响应。

MCS-51 系列单片机中断响应的条件是：中断源有中断请求,而且中断是允许的。

CPU 响应中断的时机是：①无同级中断或高级中断正在处理。②现行指令执行到最后一个机器周期且已结束。③若现行指令为 RETI 或访问特殊功能寄存器 IE、IP 的指令时，执行完该指令且紧随其后的另一条指令也已执行完毕。

中断的响应时间是指从 CPU 检测到中断请求信号到转入中断服务程序入口所需要的机器周期。MCS-51 系列单片机响应中断的最短时间为 3 个机器周期。

当 CPU 响应中断时，首先内部硬件自动执行对当前的断点地址入栈保存，并清除内部硬件可清除的中断请求标志位（如 IE0、IE1、TF0、TF1），然后把中断服务程序的入口地址送给程序计数器 PC，从而转移到中断服务程序中去执行中断程序。在中断服务程序中通常要执行保护现场数据、中断服务与处理以及恢复现场的操作，最后是执行一条中断返回指令结束中断，并将先前入栈的断点地址送给程序计数器 PC，于是中断返回。

2. MCS-51 系列单片机的中断系统特点

MCS-51 系列单片机的 51 子系列有 5 个中断源（52 子系列有 6 个中断源），包括两个外部中断 $\overline{INT0}$ 和 $\overline{INT1}$、两个定时/计数器 T0 和 T1 的溢出中断、一个串行口中断。每个中断源是否允许中断和以什么方式中断受三个特殊功能寄存器——中断允许寄存器 IE、中断优先级控制寄存器 IP 和定时器控制寄存器 TCON 中相应控制位的控制。

MCS-51 系列单片机有两个中断优先等级（高优先级和低优先级），优先级高的中断源可以中断优先级低的中断服务程序，而同级和优先级较低的中断源不可以中断正在执行的中断服务程序。每个中断源可以通过中断优先级控制寄存器 IP 中的相应控制位设定为两个优先级中的一个。

优先级相同的中断源，其优先权次序不同，五个中断源优先权由高到低的次序是：外部中断 $\overline{INT0}$、定时/计数器 T0 溢出中断、外部中断 $\overline{INT1}$、定时/计数器 T1 溢出中断和串行口中断。当多个优先级相同的中断源同时申请中断时，优先权高的中断源优先被 CPU 响应。但当多个优先级相同的中断源先后发出中断请求时，优先权高的中断源不能中断优先权低的中断服务程序。

这部分内容的学习目标是：

（1）掌握 MCS-51 系列单片机中断系统的工作原理。

（2）掌握 5 个中断源的中断方式、中断优先级和中断优先权的控制方式。

（3）熟悉与中断系统有关的三个特殊功能寄存器 IE、IP、TCON 的功能，包括：会选择中断源的中断方式，会控制中断源的允许与禁止，会设定中断源的优先等级，了解中断源的优先权次序；会编写中断服务程序。

（4）学会使用中断系统。

5.4.2　MCS-51 系列单片机的中断源

MCS-51 系列单片机有 5 个中断源：两个外部中断，两个定时/计数器溢出中断和一个串行口中断。

1. 外部中断INT0和INT1

INT0：外部中断 0，它是来自引脚 P3.2 的外部中断请求。

INT1：外部中断 1，它是来自引脚 P3.3 的外部中断请求。

外部中断 0 和外部中断 1 有两种触发方式：低电平触发和边沿触发(从高到低的电平跳变触发)。外部中断的这两种触发方式由定时/计数器控制寄存器 TCON 的低 4 位来控制和管理，其格式如图 5.21 所示，它在内存中的字节地址为 88H。

TCON	D7	D6	D5	D4	D3	D2	D1	D0
(88H)	TF1	TR1	TF0	TR0	IE1	IT1	IE0	IT0

图 5.21　特殊功能寄存器 TCON

其中：

IT0：外部中断 0 的触发方式控制位。当设 IT0＝0 时，则选择外部中断 0 为低电平触发方式；当设 IT0＝1 时，则选择外部中断 0 为边沿触发方式。

IT1：外部中断 1 的触发方式控制位。当设 IT1＝0 时，则选择外部中断 1 为低电平触发方式；当设 IT1＝1 时，则选择外部中断 1 为边沿触发方式。

IE0：外部中断 0 的中断请求标志位。在电平触发方式，当 CPU 检测到 P3.2 引脚为高电平时，则清 IE0＝0；当 CPU 检测到 P3.2 引脚为低电平时，则置 IE0＝1，表示外部中断 0 向 CPU 请求中断。在边沿触发方式，当 CPU 检测到 P3.2 引脚为由高到低的电平跳变时，则置 IE0＝1，表示外部中断 0 向 CPU 请求中断。当 IE0＝1 时，若外部中断 0 是允许中断的，则此时 CPU 响应中断，进而转移到外部中断 0 的中断服务程序去处理中断。

IE1：外部中断 1 的中断请求标志位。在电平触发方式，当 CPU 检测到 P3.3 引脚为高电平时，则清 IE1＝0；当 CPU 检测到 P3.3 引脚为低电平时，则置 IE1＝1，表示外部中断 1 向 CPU 请求中断。在边沿触发方式，当 CPU 检测到 P3.3 引脚为由高到低的电平跳变时，则置 IE1＝1，表示外部中断 1 向 CPU 请求中断。当 IE1＝1 时，若外部中断 1 是允许中断的，则此时 CPU 响应中断，进而转移到外部中断 1 的中断服务程序去处理中断。

外部中断的发生过程如下所示。

CPU 在每个机器周期都采样 P3.2(或 P3.3)引脚。在边沿触发方式时，若 CPU 第一个机器周期采样到 P3.2(或 P3.3)引脚为高电平，第二个机器周期采样到 P3.2(或 P3.3)引脚为低电平时，则将 IE0(或 IE1)置 1，并向 CPU 请求中断，若此时外部中断 0(或 1)是允许中断的，则 CPU 响应中断，进而转移到外部中断 0(或 1)的中断服务程序去处理中断。CPU 响应中断后能够由硬件自动将 IE0(或 IE1)清零。

在电平触发方式时，CPU 在每个机器周期的 S5P2 采样 P3.2(或 P3.3)，若 P3.2(或 P3.3)引脚为高电平，则清 IE0(或 IE1)＝0；若 P3.2(或 P3.3)引脚为低电平，则置 IE0(IE1)＝1，向 CPU 请求中断，若此时外部中断 0(或 1)是允许中断的，则 CPU 响应中断，进而转移到外部中断 0(或 1)的中断服务程序去处理中断。CPU 响应中断后，只要 P3.2(或 P3.3)引脚仍为低电平，IE0(或 IE1)就一直置 1，直到 P3.2(或 P3.3)引脚为高电平时,才将 IE0(或 IE1)清零。这样会出现一种不希望的情况:一次中断请求,多次中断响应。即当中断服务程序返回时,CPU 检测到 P3.2(或 P3.3)引脚仍为低电平,则由于 IE0 (或 IE1)=1,所以 CPU 又会响应中断。为了避免这种情况发生,就需要在中断服务程序返回前,采取软硬件结合的方法来使 P3.2(或 P3.3)引脚为高电平,从而使 IE0(IE1)清零,以撤销中断请求标志。

2. 定时/计数器 T0 和 T1 溢出中断

当定时/计数器 T0(或 T1)溢出时,由硬件自动将定时/计数器溢出标志位 TF0(或 TF1)置为 1,并向 CPU 发送中断请求。若定时/计数器 T0(或 T1)的溢出是允许中断的,则此时 CPU 响应中断,进而转移到定时/计数器 T0(或 T1)溢出中断的中断服务程序去处理中断。当 CPU 响应中断后,将由硬件自动清 TF0(或 TF1)为 0。

3. 串行口中断

MCS-51 系列单片机的串行口中断源有两个中断标志位:串行口发送中断标志位 TI 和串行口接收中断标志位 RI。串行口完成每一帧信息的接收或发送时,都激发串行口中断请求标志 RI=1 或 TI=1,并向 CPU 请求串行口中断。若串行口中断是允许中断的,则此时 CPU 响应中断,进而转移到串行口中断的中断服务程序去处理中断。那么,到底是发送中断标志 TI 还是接收中断标志 RI 所引发的串口中断,只有在中断服务程序中通过指令查询中断标志位 TI 和 RI 的状态来判断。CPU 响应串行口中断后,不能由硬件自动将两个中断标志位 TI 和 RI 清零,必须由软件对 TI 和 RI 清零。

5.4.3　MCS-51 系列单片机的中断控制寄存器

与中断系统使用相关的特殊功能寄存器,除了定时/计数器控制寄存器 TCON 之外,还有:中断允许控制寄存器 IE 和中断优先级控制寄存器 IP。

1. 中断允许控制寄存器 IE

中断允许控制寄存器 IE 是 MCS-51 系列单片机中用来控制 5 个中断源的允许和禁止的特殊功能寄存器,其格式如图 5.22 所示,它在内存中的字节地址为 A8H。

IE	D7	D6	D5	D4	D3	D2	D1	D0
A8H	EA		ET2	ES	ET1	EX1	ET0	EX0

图 5.22　中断允许控制寄存器 IE

其中:

EA:中断允许总控位。若 EA=0,表示禁止所有中断,而不论每个中断源各自的中断允许位是否允许中断;若 EA=1,表示开放所有中断,但是,每个中断源是否允许中断还受各自中断允许位的控制。

ES:串行口中断允许位。若 ES=0,则禁止串行口中断;若 ES=1,则允许串行口中断。

ET0:定时器/计数器 T0 的溢出中断允许位。若 ET10=0,则禁止定时/计数器 T0

溢出中断;若 ET0=1,则允许定时/计数器 T0 溢出中断。

ET1:定时/计数器 T1 的溢出中断允许位。若 ET1=0,则禁止定时/计数器 T1 溢出中断;若 ET1=1,则允许定时/计数器 T1 溢出中断。

ET2:定时/计数器 T2 的溢出中断允许位(仅用于 52 子系列)。若 ET2=0,则禁止定时/计数器 T1 溢出中断;若 ET2=1,则允许定时/计数器 T1 溢出中断。

EX0:外部中断 $\overline{INT0}$ 的中断允许位。若 EX0=0,则禁止外部中断 0;若 EX0=1,则允许外部中断 0。

EX1:外部中断 $\overline{INT1}$ 的中断允许位。若 EX1=0,则禁止外部中断 1;若 EX1=1,则允许外部中断 1。

2. 中断优先级控制寄存器 IP

中断优先级寄存器 IP 是用来管理 5 个中断源的高/低优先级的特殊功能寄存器。其格式如图 5.23 所示,它在内存中的字节地址为 B8H。

IP	D7	D6	D5	D4	D3	D2	D1	D0
B8H			PT2	PS	PT1	PX1	PT0	PX0

图 5.23 中断优先级控制寄存器 IP

其中:

PS:串行口的中断优先级控制位。若 PS=1,则设串行口中断为高优先级;若 PS=0,则设串行口中断为低优先级。

PT2:定时/计数器 T2(仅用于 52 子系列)的中断优先级控制位。

PT1:定时/计数器 T1 的中断优先级控制位。

PX1:外部中断 INT1 的中断优先级控制位。

PT0:定时器/计数器 T0 的中断优先级控制位。

PX0:外部中断 INT0 的中断优先级控制位。

上述各中断优先级控制位若被置 1,则对应的中断源被设为高优先级;若被清零,则对应的中断源被设为低优先级。

MCS-51 系列单片机的 5 个中断源,若设置为同等优先级时,系统默认的优先权次序如表 5.4 所示。

表 5.4 MCS-51 系列单片机同级中断源的优先权次序

中　断　源	中断入口地址	优先权次序
外部中断 0	0003H	最低
定时/计数器 T0 中断	000BH	⋮
外部中断 1	0013H	⋮
定时/计数器 T1 中断	001BH	
串行口中断	0023H	最低

通过中断优先级控制寄存器 IP 可以改变中断源的优先响应次序。例如,若设 IP＝10H,则串行口的中断优先级为高,其他中断源的中断优先级为低,当多个中断源同时请求中断时,串行口的中断请求优先得到响应,其他中断源的中断请求按系统默认的优先次序。

当中断系统通过中断优先级控制寄存器 IP 设置为二级中断时,可以实现二级中断的嵌套。此时,MCS-51 系列单片机的中断系统遵循以下规定。

① 正在进行的中断服务程序不能被新的同等优先级或低优先级的中断请求所中断,一直到该中断服务程序执行结束,返回到了主程序,且执行了主程序中的一条指令后,CPU 才能响应新的中断请求。

② 正在进行的低优先级中断服务程序能被高优先级中断源的中断请求所中断,当高优先级的中断服务程序执行结束后,再返回到被中断的低优先级的中断服务程序继续执行,直到该中断服务程序执行结束,最后返回到主程序,实现两级中断嵌套。

③ 当 CPU 同时接收到几个中断源的中断请求时,首先响应优先级最高的中断请求,若优先级相同,则首先响应优先权最高的中断请求。

5.4.4　中断系统的应用

中断功能常常应用于工业控制领域中,用于检测水塔水位,或检测处理槽中温度、压力、pH 值等。当检测值超过限制值时,通过中断方式立即反映给控制系统,以便实时做出处理。例如,利用 51 系列单片机的中断系统功能,检测处理槽中的 pH 值,当检测到 pH 值小于 7 时,就向 51 单片机的外部中断 0(P3.2)口请求中断,CPU 响应中断后使某 I/O 引脚输出高电平,经驱动,使加碱管道电磁阀接通 5s,以调整 pH 值。

【例 5-9】　利用 8051 单片机的中断系统功能设计一个两位数的按键计数器。

设计思路:利用 8051 单片机的定时/计数器溢出中断和外部中断实现按键计数和清零功能,将 8051 单片机的外部中断 0(P3.2)口和定时/计数器 T0(P3.4)口分别连接计数清零键和计数键,计数键每按键一次,计数值增 1;计数清零键按键一次将计数值清零;计数值分别通过与 8051 单片机 P2 口和 P0 口连接的数码管显示出来。用 Proteus 设计的电路原理图如图 5.24 所示。

编程时,外部中断 0 设为边沿触发中断方式,当计数清零键按键时,P3.2 口由高到低的电平跳变触发外部中断 0 中断,在外部中断 0 中断服务程序中将计数值清零并显示。定时/计数器 T0 选用计数工作方式和工作模式 2(溢出值为 256),即方式控制寄存器 TMOD＝06H,设 T0 计数初值 TH0＝TL0＝255,当计数键按键一次,P3.4 口就产生一个周期的脉冲信号,使 T0 计数溢出,从而引发一次定时/计数器 T0 溢出中断,在定时/计数器 T0 溢出中断服务程序中将按键计数值增 1 并显示。

按键计数器的 C51 程序如下:

```
#include <reg52.h>
#define uchar unsigned char
#define uint unsigned int
uchar DSY_CODE[]={ 0x3f,0x06,0x5b,0x4f,0x66,0x6d,0x7d,0x07,0x7f,0x6f };
```

```
uchar Count =0;                          //计数初值为 0
void main()
{   P0 =0x00;P2 =0x00;                   //显示计数初值 0
    TMOD =0x06;                          //定时/计数器 T0 选计数方式,工作模式 2
    TH0 =255;TL0 =255;                   //计数初值
    EA =1;ET0 =1;                        //允许中断,允许 T0 中断
    EX0 =1;                              //允许外部中断 0 中断
    IP =0x02;                            //定时/计数器 T0 为高优先级
    IT0 =1;                              //外部中断 0 为边沿触发中断方式
    TR0 =1;                              //启动 T0 计数
    while(1)
    {   P0 =DSY_CODE[Count/10];          //输出十位数值
        P2 =DSY_CODE[Count%10];          //输出个位数值
    }
}
void Clear_Counter()interrupt 0         //外部中断 0 中断服务程序
{   Count =0;                           //计数值清零
}
void Key_Counter()interrupt 1           //定时/计数器 T0 中断服务程序
{   Count =(Count+1)%100;               //计数值增 1
```

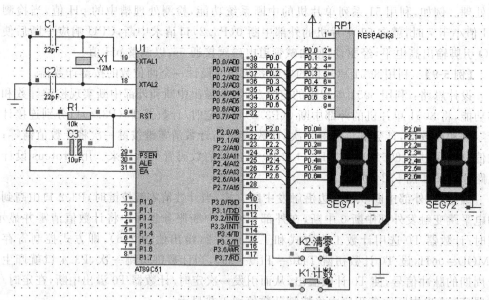

图 5.24　中断系统应用电路

【例 5-10】　利用 51 单片机的定时/计数器中断防止系统死机。

单片机应用系统通常容易受电、磁、噪声等各种外部环境的干扰,再由于系统本身有可能存在的稳定性和容错性不足的问题,往往会使单片机应用系统运行过程中程序跑飞

而出现死机的现象。为解决这一问题,目前常用设置软件陷阱拦截和采用看门狗技术等方式使程序恢复正常运行。看门狗技术的实质是利用一个定时器来监控主程序的运行,定时器的定时时间大于主程序循环时的最大循环运行时间,当程序出现死循环时,定时时间就会溢出,从而迫使单片机复位来恢复正常运行。常用的 51 单片机如 AT89C51 的内部未设置看门狗定时器,若使用看门狗技术,可以通过软件编程或外接看门狗电路的硬件手段来实现。

1) 软件编程方式

利用 51 单片机中的一个定时/计数器来对程序的运行进行监控。方法是:先估算一下系统主程序执行一次循环所需要的最大时间 t1,然后设置定时/计数器的定时时间为t2,并使 t2 大于 t1。在主程序的循环部分包含有对定时/计数器初值的设置,在主程序循环运行的过程中,每循环一次则对定时时间刷新一次,正常运行情况下,由于定时时间 t2比 t1 大,所以定时时间还未到,主程序已完成一次循环,定时器被重新初始化,即定时/计数器不可能出现溢出中断;但是,当系统受干扰而死机时,主程序跑飞,不能在规定时间里对定时/计数器初值进行刷新,因此经过时间 t2 后,定时/计数器溢出产生中断,然后转移到中断服务程序。在定时/计数器溢出中断服务程序中编写使主程序复位的指令,就会使单片机恢复正常运行,从而达到防止死机的目的。

例如,采用定时/计数器 T0 对程序的运行进行监控。设定时/计数器 T0 选择定时方式、模式 2。方式控制字 TMOD 为 02H,初值为 XXH,汇编程序如下:

主程序段:

```
MAIN:   MOV    TMOD,#20H
        MOV    TL0,#XXH
        MOV    TH0,#XXH
        SETB   ET0              ;允许 T0 中断
        SETB   PT0              ;设 T0 中断优先级为高
        SETB   EA               ;开放所有中断
        SETB   TR0              ;启动 T0 开始计数
        ...
        功能程序段
        ...
        LJMP   MAIN
```

中断服务子程序:

```
        ORG    000BH
        AJMP   INTT0
INTT0:  POP    ACC
        POP    ACC
        MOV    A,#MAINADRL
        PUSH   ACC
        MOV    A,#MAINADRH
        PUSH   ACC
```

```
RETI
```

2) 外接看门狗电路的硬件方式

在工业控制领域应用中,有些严重的干扰有时会破坏中断控制和主程序的运行,使定时/计数器的监控失去作用,采用上述软件编程方式也无能为力。若采用外接看门狗电路的硬件方式,可以使程序死机时由硬件强行将单片机复位,因此这种方式在工业控制中得到广泛应用。常用的看门狗监控电路芯片有 MAX705、MAX813、X25045、DS13232 等。

例如,采用看门狗电路 X25045 与 89C51 单片机组成的监控电路硬件连接如图 5.25 所示。X25045 芯片内包含一个看门狗定时器,可通过软件预置系统的监控时间。在看门狗定时器预置的时间内若没有总线活动,则 X25045 将从 RESET 输出一个高电平信号,经过微分电路 C2 和 R3 输出一个正脉冲,使 CPU 复位。在此电路中,CPU 的复位信号共有 3 个:上电复位(由 C1 和 R2 组成)、人工复位(由 S、C1 和 R2 组成)和看门狗复位(由 X25045、C2 和 R3 组成),通过或门后接到 51 单片机的复位端。C2 和 R3 的时间常数不必太大,有数百微秒即可,因为这时 CPU 的振荡器已经在工作。

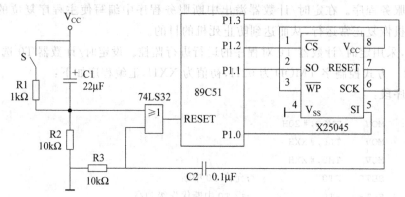

图 5.25　系统防死机外接 X25045 看门狗电路

看门狗电路的定时时间长短可由具体应用程序的循环周期决定,通常比系统正常工作时的最大循环周期时间略长。编程时,可在软件的合适地方加一条喂狗指令,使看门狗的定时时间永远达不到预置时间,系统就不会复位而正常工作。当系统跑飞,用软件陷阱等其他方法无法捕捉回程序时,则看门狗定时时间很快增长到预置时间,迫使系统复位,从而防止系统死机。

习 题

一、选择题

1. 在 MCS-51 单片机系统中,若晶振频率是 8MHz,一个机器周期等于(　　)μs。
   A. 1.5　　　　　　B. 3　　　　　　C. 1　　　　　　D. 0.5

2. 若 8051 单片机的振荡频率为 6MHz,设定时器工作在方式 1 需要定时 1ms,则定时器初值应为(　　　)。

  A. 500　　　　　　　B. 1000　　　　　　C. $2^{16}-500$　　　D. $2^{16}-1000$

  3. 定时器 1 工作在计数方式时,其外加的计数脉冲信号应连接到(　　　)引脚。

  A. P3.2　　　　　　B. P3.3　　　　　　C. P3.4　　　　　D. P3.5

  4. MCS-51 单片机定时器工作方式 0 是指的(　　　)工作方式。

  A. 8 位　　　　　　B. 8 位自动重装　C. 13 位　　　　D. 16 位

  5. 控制串行口工作方式的寄存器是(　　　)。

  A. TCON　　　　　B. PCON　　　　　C. SCON　　　　D. TMOD

  6. 在串行通信中,8051 单片机中发送和接收数据的寄存器是(　　　)。

  A. TMOD　　　　　B. SBUF　　　　　C. SCON　　　　D. DPTR

  7. 波特的单位是(　　　)。

  A. 字符/秒　　　　B. 位/秒　　　　　C. 帧/秒　　　　D. 字节/秒

  8. 用 MCS-51 单片机的串行口扩展并行 I/O 口时,串行接口工作方式选择(　　　)。

  A. 方式 0　　　　　B. 方式 1　　　　　C. 方式 2　　　　D. 方式 3

  9. 当外部中断请求的信号方式为脉冲方式时,要求中断请求信号的高电平状态和低电平状态都应至少维持(　　　)。

  A. 1 个机器周期　　　　　　　　　　　B. 2 个机器周期

  C. 4 个机器周期　　　　　　　　　　　D. 10 个晶振周期

  10. MCS-51 单片机在同一优先级的中断源同时申请中断时,CPU 首先响应(　　　)。

  A. 外部中断 0　　　　　　　　　　　　B. 外部中断 1

  C. 定时器 0 中断　　　　　　　　　　　D. 定时器 1 中断

  11. MCS-51 单片机的外部中断 1 的中断请求标志是(　　　)。

  A. ET1　　　　　　B. TF1　　　　　　C. IT1　　　　　D. IE1

  12. 要使 MCS-51 单片机能响应定时器 T1 中断和串行口中断,它的中断允许寄存器 IE 的内容应是(　　　)。

  A. 98H　　　　　　B. 84H　　　　　　C. 42H　　　　　D. 22H

二、问答题

  1. 准双向 I/O 接口的含义是什么? 在 MCS-51 单片机的四个并口中,哪些是"准双向 I/O 接口"?

  2. 80C51 单片机内部有几个定时/计数器? 它们由哪些功能寄存器组成? 怎样实现定时功能和计数功能?

  3. 定时/计数器 T0 有几种工作方式? 各自的特点是什么?

  4. 定时/计数器的四种工作方式各自的计数范围是多少? 如果要计 100 个计数单位,不同的方式初值应为多少?

  5. 设振荡频率为 12MHz,如果用定时/计数器 T0 产生周期为 100ms 的方波,可以选择哪几种方式? 其初值分别设为多少?

  6. 同步通信和异步通信的特点是什么?

7. 单工、半双工和全双工有什么区别？

8. 波特率的概念是什么？

9. 串行口数据寄存器 SBUF 有什么特点？

10. MCS-51 单片机串行口有几种工作方式？各自的特点是什么？

11. 说明 SM2 在方式 2 和方式 3 对数据接收有何影响。

12. 怎样来实现利用串行口扩展并行输入输出口？

13. 什么是中断、中断允许和中断屏蔽？

14. 8051 有几个中断源？中断请求如何提出？

15. 8051 的中断源中，哪些中断请求信号在中断响应时可以自动清除？哪些不能自动清除？应如何处理？

16. 8051 的中断优先级有几级？在使用中断嵌套时各级有何规定？

17. 简述单片机 8051 中断的自然优先级顺序，如何提高某一中断源的优先级别。

三、编程题

1. 设 8051 的 P1 中各位接发光二极管，分别用汇编语言和 C 语言编程实现逐个轮流点亮二极管，延时 1s 后，再逐个熄灭，并循环显示。

2. 8051 系统中，已知振荡频率为 12MHz，用定时/计数器 T0，实现从 P1.0 产生周期为 4ms 的方波。要求分别用汇编语言和 C 语言进行编程。

3. 8051 系统中，已知振荡频率为 12MHz，用定时/计数器 T1，实现用 P1.1 口控制发光二极管亮 2s 灭 2s。要求分别用汇编语言和 C 语言进行编程。

4. 8051 系统中，已知振荡频率为 12MHz，用定时/计数器 T1，实现用 P1.2 产生高电平宽度为 20ms，低电平宽度为 40ms 的矩形波。要求分别用汇编语言和 C 语言进行编程。

5. 分别用汇编语言和 C51 编程设计一个 8051 双机通信系统，将 A 机的片内 RAM 中 30H~3FH 的数据块通过串行口传送到 B 机的片内 RAM 的 40H~4FH 中，并画出电路示意图。

第6章

MCS-51 单片机的外部接口技术

单片机的基本外部接口技术包括人机接口(键盘输入、LED/LCD 显示输出等)、外部数据存储器/程序存储器(RAM/ROM)扩展、并行口扩展、模拟信号输入接口(A/D 转换接口)、模拟信号输出接口(D/A 转换接口)、开关量输入输出接口、通信接口等,是单片机应用系统设计的重要组成部分。

6.1 人 机 接 口

人机接口指的是人与计算机系统之间信息沟通的表达手段。计算机运行的结果通过各种输出设备(显示器、打印机、绘图仪等)使人的眼睛可以看到,这些设备称为计算机的输出接口;人对计算机的控制命令通过键盘等设备输入给计算机,这些设备称为计算机的输入接口。

6.1.1 数码管显示接口

8 段 LED 数码显示器的结构如图 6.1(a)所示,它由 8 个发光二极管(即 8 段 LED)组成,其中 7 个长条形的发光二极管排列成"日"字形,另一个圆点形的发光二极管在显

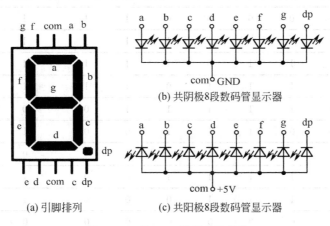

图 6.1　8 段 LED 数码管的结构

示器的右下角作为显示小数点用。8 个发光二极管通过不同的组合可用来显示 0~9 的数字,包括 A~F 在内的部分英文字母和小数点".".等字样。

LED 数码显示器有两种形式:一种为共阴极型,如图 6.1(b)所示,8 个发光二极管的阴极连在一起形成公共端(COM),工作时公共端接低电平,阳极为段选口,当段选口为高电平时,该段二极管导通发光;另一种为共阳极型,如图 6.1(c)所示,8 个发光二极管的阳极连在一起形成公共端(COM),工作时公共端接高电平,阴极为段选口,当段选口为低电平时,该段二极管导通发光。

数码管的显示方法有静态显示和动态显示两种。

1. 静态显示

数码管工作在静态显示方式时,各位数码管的共阴极(共阳极)的公共端 COM 连接在一起接地(电源),每位段选口与一个 8 位并行口的某一位相连,只要在该位的段选口上保持段选码电平,该位就能保持相应的显示字符。数码管的显示字符所对应的字形码如表 6.1 和表 6.2 所示,其中 a 引脚对应连接并行口的 D0 端,dp 引脚对应连接并行口的 D7 端。

表 6.1 共阴极数码管的字形码表

显示字符	dp	g	f	e	d	c	b	a(数码管端口)	十六进制
	D7	D6	D5	D4	D3	D2	D1	D0(并行口)	字形码
0	0	0	1	1	1	1	1	1	0x3f
1	0	0	0	0	0	1	1	0	0x06
2	0	1	0	1	1	0	1	1	0x5b
3	0	1	0	0	1	1	1	1	0x4f
4	0	1	1	0	0	1	1	0	0x66
5	0	1	1	0	1	1	0	1	0x6d
6	0	1	1	1	1	1	0	1	0x7d
7	0	0	0	0	0	1	1	1	0x07
8	0	1	1	1	1	1	1	1	0x7f
9	0	1	1	0	1	1	1	1	0x6f
A	0	1	1	1	0	1	1	1	0x77
B	0	1	1	1	1	1	0	0	0x7c
C	0	0	1	1	1	0	0	1	0x39
D	0	1	0	1	1	1	1	0	0x5e
E	0	1	1	1	1	0	0	1	0x79
F	0	1	1	1	0	0	0	1	0x71
灭	0	0	0	0	0	0	0	0	0x00

表 6.2　共阳极数码管字形码表

显示字符	dp	g	f	e	d	c	b	a(数码管端口)	十六进制
	D7	D6	D5	D4	D3	D2	D1	D0(并行口)	字形码
0	1	1	0	0	0	0	0	0	0xc0
1	1	1	1	1	1	0	0	1	0xf9
2	1	0	1	0	0	1	0	0	0xa4
3	1	0	1	1	0	0	0	0	0xb0
4	1	0	0	1	1	0	0	1	0x99
5	1	0	0	1	0	0	1	0	0x92
6	1	0	0	0	0	0	1	0	0x82
7	1	1	1	1	1	0	0	0	0xf8
8	1	0	0	0	0	0	0	0	0x80
9	1	0	0	1	0	0	0	0	0x90
A	1	0	0	0	1	0	0	0	0x88
B	1	0	0	0	0	0	1	1	0x83
C	1	1	0	0	0	1	1	0	0xc6
D	1	0	1	0	0	0	0	1	0xa1
E	1	0	0	0	0	1	1	0	0x86
F	1	0	0	0	1	1	1	0	0x8e
灭	1	1	1	1	1	1	1	1	0xff

【例 6-1】　两位数码管为共阴极型,分别与 P0 口和 P2 口相连,公共端接地,编程实现两位数码管分别循环显示 0~9。单片机系统如图 6.2 所示。

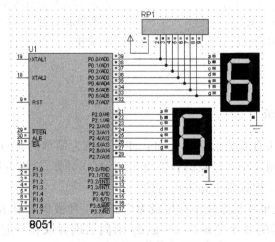

图 6.2　两位数码管静态显示电路

【答案与解析】

① P0 口作为 I/O 使用,需要接上拉电阻,用电阻排 RP1 实现,以提供数码管显示的电流驱动,形成共阴极数码管显示逻辑:当 P0 口线输出 0 时,电流由 RP1 公共端经 RP1 电阻流入单片机 P0 引脚,数码管不显示;当 P0 口线输出 1 时,电流由 RP1 公共端经 RP1 电阻流入数码管各段,数码管点亮。P2 口连接另一位数码管,两位数码管采用静态显示方式显示数字。

② 该数码管与单片机引脚的对应关系为 a 接 D0,…,g 接 D6,符合表 6.1 的对应关系,所以根据表 6.1 的字形码表来定义数码管的字形码数组 DSY_CODE[]。

③ 设计延时函数是为了循环显示之间有一定的时间间隔。

C51 程序如下:

```c
#include <reg52.h>
#include <intrins.h>
#define uchar unsigned char
#define uint unsigned int
uchar code DSY_CODE[]=
{   // "0" "1" "2" "3" "4" "5" "6" "7" "8" "9" 的共阴极字形码表
    0x3f,0x06,0x5b,0x4f,0x66,0x6d,0x7d,0x07,0x7f,0x6f};
void DelayMS(uint x)                  //延时函数
{   uchar t;
    while(x--)
    for(t=120;t>0;t--);
}
void main()
{   uchar i=0;
    P0=0x00;
    while(1)
    {   P0=DSY_CODE[i];               //P0 口连接的数码管显示数字
        P2=DSY_CODE[i];               //P2 口连接的数码管显示数字
        i=(i+1)%10;                   //数值加 1,逢 10 归 0
        DelayMS(800);                 //延时
    }
}
```

2. 动态扫描显示

静态 LED 显示法有着显示亮度大和软件设计较为简单的优点,但硬件上占用单片机引脚较多,例如控制 4 个 8 段数码管需要 32 个 I/O 引脚,这将占用 51 单片机 P0～P3 全部并行口资源,在工程设计上是不可行的。

动态扫描显示是单片机系统中应用最为广泛的一种数码管显示方式,其接口电路是把各位数码管显示器的 8 个笔画段 a～g、dp 的同名端并联在一起,而每一位的公共端 COM 则各自独立地受 I/O 口线控制。

动态扫描显示采用分时的方法,轮流控制各位数码管的 COM 端,使各位数码管轮流点亮。在轮流点亮扫描过程中,每位数码管的点亮时间是极为短暂的,但由于人的视觉暂留现象及发光二极管的余晖效应,尽管实际上各位数码管显示器并非同时点亮,但只要扫描的速度足够快,使人看到的印象就是一组稳定的显示数据,不会有闪烁感。这种方式不但能提高数码管的发光效率,而且由于各位数码管的字段线是并联使用的,从而大大简化了硬件线路,节省了单片机的引脚资源。例如,控制 4 位 8 段数码管,仅需要12 个 I/O 引脚(如图 6.3 所示)。

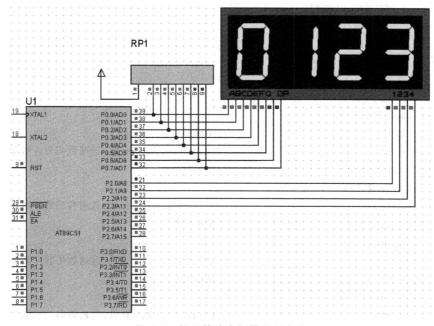

图 6.3 数码管动态扫描显示电路

【**例 6-2**】 单片机与 4 位共阴极数码管的动态扫描电路如图 6.3 所示,编程实现 4 个数码管从左至右同时显示 0123。

【**答案与解析**】

① 该电路中的 4 位数码管为一体式动态扫描专用数码管,其引脚特性为:每位数码管的公共端单独引出,作为“位选”引脚分别与 P2.0、P2.1、P2.2 和 P2.3 相连。4 位数码管的所有段引脚连在一起为公共总线形式,作为“段选”引脚与 P0 口相连。

② 实现动态扫描的关键因素是延时时间的控制,完整扫描一次 4 个数码管的周期要小于等于 40ms,这样才能达到人眼视觉暂留的频率(即大于等于 24Hz)要求。

C51 程序如下:

```
#include <reg51.h>
#include <intrins.h>
#define  uint unsigned int
#define  uchar unsigned char
//共阴极数码管字形码表    "0"  "1"  "2"  "3"  "4"  "5"  "6"  "7"  "8"  "9"
```

```
uchar code table[]={0x3f,0x06,0x5b,0x4f,0x66,0x6d,0x7d,0x07,0x7f,0x6f};
void delay_ms(uchar n)                //延时 n 个 ms,0<n<256
{   uchar i,j;
    for(j=n;j>0;j--)
    {   for(i=100;i>0;i--)            //延时 1ms
        {_nop_();                     //fosc=12mhz 时,延时 1us
        _nop_();_nop_();
        _nop_();_nop_();
        _nop_();_nop_();
        _nop_();_nop_();
        _nop_();
        }
    }
}
void  main(void)
{   while(1)                          //循环显示
    {P2=0xfe;                         //11111110,p2.0 有效,选通数码管左数第 1 位
    P0=table[0];                      //显示"0"
    delay_ms(10);
    P2=0xfd;                          //11111101,p2.1 有效,选通数码管左数第 2 位
    P0=table[1];                      //显示"1"
    delay_ms(10);
    P2=0xfb;                          //11111011,p2.2 有效,选通数码管左数第 3 位
    P0=table[2];                      //显示"2"
    delay_ms(10);
    P2=0xf7;                          //11110111,p2.3 有效,选通数码管左数第 4 位
    P0=table[3];                      //显示"3"
    delay_ms(10);
    }
}
```

这个例子展示了动态扫描显示的原理,但由于单片机引脚输出电流有限,在逻辑正确的情况下也可能不足以驱动数码管显示,所以在实际的设计中往往要加入驱动芯片,如图 6.4 所示。在该电路中 74HC245 提供段 a～dp 的驱动,74LS145 提供位 COM1～COM8 的驱动,同时具有 3-8 译码器的功能。

6.1.2　字符点阵式 LCD 显示接口

LCD 液晶显示器是一种被动式的显示器,与 LED 不同,液晶本身并不发光,而是利用液晶在电压作用下能改变光线通过方向的特性,达到显示白底黑字或黑底白字的目的。液晶显示器具有体积小、功耗低、抗干扰能力强等优点,特别适用于小型手持式设备。字符点阵式液晶显示器和图形点阵式液晶显示器是主要的两种 LCD 类型。

字符点阵式液晶显示模块是专门用于显示字母、数字、符号等的点阵型液晶显示模

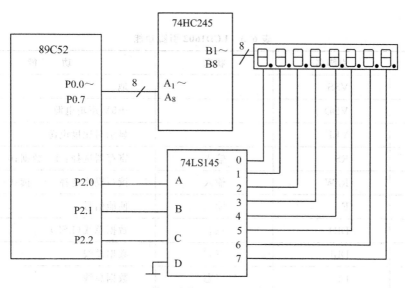

图 6.4　带驱动的数码管动态显示电路

块,它主要由 LCD 显示屏、控制器、驱动器和少量阻容元件及结构件等装配在 PCB 板上构成,其内部结构如图 6.5 所示。字符点阵式液晶显示模块目前已经规范化,无论显示屏规格如何变化,其电特性和接口形式都是统一的,因此只要设计出一种型号的接口电路,在指令设置上稍加改动即可形成各种规格的字符型液晶显示模块。本节介绍某款 LCD1602 字符点阵式液晶显示器的功能及应用。

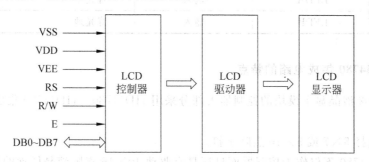

图 6.5　字符点阵式 LCD 的内部结构

1. LCD 模块引脚

LCD1602 采用 16 脚接口,如表 6.3 所示。其中,第 3 脚 VEE 为液晶显示器对比度调整端,接正电源时对比度最弱,接地时对比度最高,对比度过高时会产生“鬼影”,使用时可以通过一个 $10k\Omega$ 的电位器调整对比度。第 4 脚 RS 为寄存器选择端,高电平时选择数据寄存器;低电平时选择指令寄存器。第 5 脚 R/W 为读/写选择端,高电平时进行读操作;低电平时进行写操作。当 RS 和 R/W 共同为低电平时可以写入指令或者显示地址;当 RS 为低电平、R/W 为高电平时可以读忙信号;当 RS 为高电平、R/W 为低电平时可以写入数据。第 6 脚 E 端为使能端,当 E 端由高电平跳变成低电平时,液晶模块执行命令。

表 6.3　LCD1602 引脚功能

引脚号	引脚名	状态	功　　能
1	VSS		地
2	VDD		＋5V 逻辑电源
3	VEE		显示对比度电源
4	RS	输入	寄存器选择：1—数据；0—指令
5	R/W	输入	读写操作选择：1—读；0—写
6	E	输入	使能信号
7	DB0	三态	数据总线(LSB)
8	DB1	三态	数据总线
9	DB2	三态	数据总线
10	DB3	三态	数据总线
11	DB4	三态	数据总线
12	DB5	三态	数据总线
13	DB6	三态	数据总线
14	DB7	三态	数据总线(MSB)
15	LEDA	输入	背光＋5V
16	LEDB	输入	背光地

2. HD44780 集成电路的特点

LCD1602 液晶显示模块的控制器大部分采用 HD44780。HD44780 集成电路的功能特点如下：

① 可选择 5×7 或 5×10 点阵字符。

② HD44780 不仅作为控制器而且还具有驱动 40×16 点阵液晶像素的能力。

③ HD44780 内藏显示缓冲区 DDRAM、字符发生存储器 CGROM 及用户自定义的字符发生器 CGRAM。

④ HD44780 有 80 个字节的显示缓冲区 DDRAM，分两行，地址分别为 00H～27H 和 40H～67H，显示地址与实际显示位置的关系如图 6.6 所示。

HD44780 内藏的字符发生存储器 CGROM 已经存储了 160 个不同的点阵字符图形，如图 6.7 所示，这些字符有阿拉伯数字、大写和小写的英文字母、常用的符号和日文片假名等，每一个字符都有一个固定的代码。英文字母的代码与其 ASCII 码相同，例如要显示数字 8 时，只需要将其 ASCII 码 38H 存入 DDRAM 指定位置，显示模块将在相应的位置把数字 8 的点阵字符图形显示出来。

字符码 0x00～0x0F 为用户自定义的字符图形 RAM(对于 5×8 点阵的字符，可以存

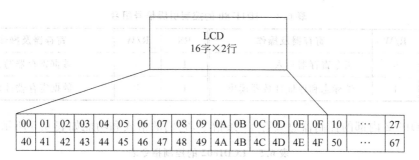

图 6.6　DDRAM 地址与显示屏上显示位置的对应关系

图 6.7　点阵字符图形与对应的字符码

放 8 组;5×10 点阵的字符,可以存放 4 组),0x20~0x7F 为标准的 ASCII 码,0xA0~0xFF 为日文字符和希腊文字符,其余字符码(0x10~0x1F 及 0x80~0x9F)没有定义。

3. 指令格式与指令功能

LCD 控制器 HD44780 内有多个寄存器,通过 RS 和 R/W 引脚共同决定选择哪一个寄存器操作,如表 6.4 所示。

表 6.4　HD44780 的控制引脚信号组合

RS	R/W	寄存器及操作	RS	R/W	寄存器及操作
0	0	指令寄存器写入	1	0	数据寄存器写入
0	1	忙标志和地址计数器读出	1	1	数据寄存器读出

LCD1602 内部的控制器总共有 11 条指令,它们的格式和功能如表 6.5 所示。

表 6.5　LCD1602 的控制指令表

序号	指　　令	RS	R/W	D7	D6	D5	D4	D3	D2	D1	D0
1	清屏	0	0	0	0	0	0	0	0	0	1
2	光标复位	0	0	0	0	0	0	0	0	1	*
3	光标和显示模式设置	0	0	0	0	0	0	0	1	I/D	S
4	显示开/关控制	0	0	0	0	0	0	1	D	C	B
5	光标或显示移位设置	0	0	0	0	0	1	S/C	R/L	*	*
6	功能设置	0	0	0	0	1	DL	N	F	*	*
7	字符存储器地址设置	0	0	0	1	字符发生存储器地址				
8	数据存储器地址设置	0	0	1	显示数据存储器地址					
9	读忙标志或光标地址	0	1	BF	计数器地址						
10	写数据	1	0	要写的数据内容							
11	读数据	1	1	读出的数据内容							

指令 1:清屏指令,指令码 01H。

功能:清除屏幕,将显示缓冲区 DDRAM 的内容全部写入空格(ASCII20H);光标复位到 00H 位置,回到显示器的左上角;地址计数器 AC 清零。

指令 2:光标复位,指令码 02H 或 03H。

功能:光标复位到 00H 位置,回到显示器的左上角;地址计数器 AC 清零;显示缓冲区 DDRAM 的内容不变。

指令 3:光标和显示模式设置。

功能:设定当写入一个字节后,光标的移动方向以及屏幕上的内容是否移动;I/D 设置光标移动方向,当 I/D=1 时,光标向右移动;I/D=0 时,光标向左移动。S 设置屏幕上的内容是否移动,当 S=1 时,内容移动;S=0 时,内容不移动。

指令 4:显示开关控制。

功能:D 控制显示的开与关,当 D=1 时,开显示,D=0 时,关显示;C 控制光标的开与关,当 C=1 时,显示光标,C=0 时,不显示光标;B 控制光标是否闪烁,当 B=1 时闪烁,B=0 时不闪烁。

指令 5:光标或显示移位设置。

功能:S/C 移动光标或整个显示字幕移位;当 S/C=1 时,整个显示字幕移位,当

S/C＝0 时,移动光标;R/L 控制光标移位,当 R/L＝1 时,光标右移,R/L＝0 时,光标左移。

指令 6:功能设置。

功能:DL 设置数据位数,当 DL＝1 时,数据位为 4 位,DL＝0 时,数据位为 8 位;N 设置显示行数,当 N＝1 时,双行显示,N＝0 时,单行显示;F 设置字形大小,当 F＝1 时,5×10 点阵,F＝0 时,为 5×7 点阵。

指令 7:字符存储器 CGRAM 地址设置。

功能:设置用户自定义区 CGRAM 的地址,对用户自定义 CGRAM 访问时,要先设定 CGRAM 的地址,地址范畴 0～63。

指令 8:数据存储器 DDRAM 地址设置。

功能:设置当前显示缓冲区的数据存储器 DDRAM 的地址,对 DDRAM 访问时,要先设定 DDRAM 的地址,地址范畴 0～127。

指令 9:读忙标志或光标地址及地址计数器 AC 命令。

功能:读忙标志或光标地址计数器 AC。当 BF＝1 时,表示忙,这时显示器不能接收命令和数据;BF＝0 时表示不忙。低 7 位为读出的光标的地址。

指令 10:写数据。

功能:向 DDRAM 或 CGRAM 当前位置中写入数据。对 DDRAM 或 CGRAM 写入数据之前,须设定 DDRAM 或 CGRAM 的地址。

指令 11:读数据。

功能:从 DDRAM 或 CGRAM 当前位置读数据。对 DDRAM 或 CGRAM 读数据之前,须设定 DDRAM 或 CGRAM 的地址。

4. LCD 显示器的初始化

LCD 使用之前须进行初始化,初始化可通过复位完成,也可在复位后完成,初始化的过程通常包括如下四步:

① 清屏;

② 功能设置;

③ 开/关显示设置;

④ 输入方式设置。

【**例 6-3**】　LCD1602 显示器与 51 单片机连接如图 6.8 所示。按下"显示"按钮,LCD第一行显示"This is",第二行显示"Lcd 1602";按下"清屏"按钮,LCD 清屏。编写程序实现这一功能。

【**答案与解析**】

① LCD 的电源引脚 VDD 接＋5V、地引脚 VSS 接地、对比度调节引脚 VEE 接地(此时对比度最大)、寄存器选择引脚 RS 接单片机 P3.5、读写控制引脚接地(定义为写操作)、使能端引脚 E 接单片机的 P3.4、数据线引脚 D0～D7 接单片机的 P2 口、该模块无背光功能,背光引脚为空(电路上没显示)。

② 根据使能端引脚 E 和寄存器选择引脚 RS 的功能描述(见表 6.3),编写 LCD 的写

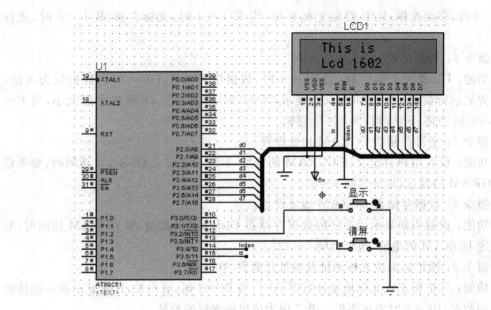

图 6.8　LCD1602 与 51 单片机的接口电路

指令和写数据的函数。

③ 根据指令表编写对 LCD 的各种操作的程序代码。

C51 程序如下：

```
#include<reg51.h>
#define uchar unsigned char
#define uint unsigned int
#define DATA P0                        //LCD1602 的数据线
uchar code table[]=" This is ";
uchar code table1[]=" Lcd 1602 ";
sbit lcden=P2^2;
sbit lcdrw=P2^1;
sbit lcdrs=P2^0;
uchar num;
void delay(uint z)                     //延时函数
{ uint x,y;
    for(x=z;x>0;x--)
        for(y=110;y>0;y--);
}
void write_com(uchar com)              //写命令
{   lcdrs=0;
    DATA=com;
    delay(5);
    lcden=1;
    delay(5);
```

```
        lcden=0;
    }
    void write_data(uchar date)          //写数据
    {   lcdrs=1;
        DATA=date;
        delay(5);
        lcden=1;
        delay(5);
        lcden=0;
    }
    void init()                          //LCD 初始化
    {   lcdrw=0;
        lcden=0;
        write_com(0x38);                 //功能设置初始化
        write_com(0x0e);                 //光标打开
        write_com(0x06);                 //光标和显示模式设置
        write_com(0x01);                 //清屏
        write_com(0x80+0x1);             //DDRAM 地址设置
    }
    void main()
    {   init();
        delay(200);                      //延时等待 LCD 初始化结束
        for(num=0;num<14;num++)
        {   write_data(table[num]);      //第一行显示"This is"
            delay(20);
        }
        write_com(2);                    //回车换行
        write_com(0x80+0x40);
        for(num=0;num<16;num++)          //第二行显示"Lcd 1602"
        {   write_data(table1[num]);
            delay(20);
        }
        while(1);
    }
```

6.1.3　图形点阵式 LCD 显示接口

字符点阵式液晶显示器只能显示 ASCII 字符,而图形点阵式 LCD 液晶显示器不仅可以显示字符、数字,还可以显示各种图形、曲线及汉字,并且可以实现屏幕上下左右滚动、动画、闪烁、文本特征显示等功能。本节介绍图形点阵式液晶显示模块 LGM12641 (128×64 点阵)的特点及应用。

LGM12641 液晶显示模块是全屏幕图形点阵式液晶显示器组件,由控制器 KS0108、显示缓冲 DDRAM、驱动器和全点阵液晶显示器组成,可完成图形显示,也可以显示汉字(4×8 个 16×16 点阵汉字),其引脚功能描述如表 6.6 所示。

表 6.6　图形点阵式液晶显示模块 LGM12641 引脚功能

引脚名称	引脚号	引脚功能描述
CS1	1	H:选择芯片(右半屏)信号
CS2	2	H:选择芯片(左半屏)信号
VSS	3	电源地
VDD	4	电源电压 +5V
V0	5	液晶显示器驱动电压
D/I (RS)	6	D/I="H",表示 DB7~DB0 为显示数据 D/I="L",表示 DB7~DB0 为显示指令数据
R/W	7	R/W="H",E="H"数据被读到 DB7~DB0 R/W="L",E="H→L"数据被写到 IR 或 DR
E	8	R/W="L",E 信号下降沿锁存 DB7~DB0 R/W="H",E="H" DDRAM 数据读到 DB7~DB0
DB0~DB7	9~16	数据线
RST	17	复位信号,低电平复位
VOUT	18	LCD 驱动负电压−10V
LED+	—	LED 背光板电源
LED −	—	LED 背光板电源

整个屏幕分左、右两个屏,每个半屏有 8 页,每页有 8 行,数据是竖行排列,显示一个字要 16×16 点,全屏有 128×64 个点,故可显示 32 个中文汉字。每两页显示一行汉字,可显示 4 行汉字,每行 8 个汉字,共 32 个汉字。而显示数据需要 16×8 个点,可显示数据是汉字的两倍。

屏幕是通过 CS1 和 CS2 两个信号来控制的,不同的组合方式所选的屏幕是不同的,它们的对应关系如表 6.7 所示。通过对内部 DDRAM 的操作来完成对屏幕的显示操作(即写操作)和读操作,DDRAM 数据与屏幕点阵的对应关系如图 6.9 所示。

表 6.7　LGM12641 屏幕选择表

CS1	CS2	选屏	CS1	CS2	选屏
0	0	全屏	1	0	右屏
0	1	左屏	1	1	不选

CS2=1					CS1=1					
Y=	0	1	…	62	63	0	1	…	62	63	行号
X=0	DB0 ↓ DB7	DB0 ↓ DB7	DB0 ↓ DB7	DB0 ↓ DB7	DB0 ↓ DB7	DB0 ↓ DB7	DB0 ↓ DB7	DB0 ↓ DB7	DB0 ↓ DB7	DB0 ↓ DB7	0 ↓ 7
↓	DB0 ↓ DB7	DB0 ↓ DB7	DB0 ↓ DB7	DB0 ↓ DB7	DB0 ↓ DB7	DB0 ↓ DB7	DB0 ↓ DB7	DB0 ↓ DB7	DB0 ↓ DB7	DB0 ↓ DB7	8 ↓ 55
X=7	DB0 ↓ DB7	DB0 ↓ DB7	DB0 ↓ DB7	DB0 ↓ DB7	DB0 ↓ DB7	DB0 ↓ DB7	DB0 ↓ DB7	DB0 ↓ DB7	DB0 ↓ DB7	DB0 ↓ DB7	56 ↓ 63

图 6.9　LGM12641 的 DDRAM 数据与屏幕点阵的对应关系

1. LGM12641 内部功能器件

（1）指令寄存器 IR

IR 用于寄存指令码，与数据寄存器数据相对应。当 D/I＝0 时，在 E 信号下降沿的作用下，指令码写入 IR。

（2）数据寄存器 DR

DR 用于寄存数据，与指令寄存器寄存指令相对应。当 D/I＝1 时，在下降沿作用下，图形显示数据写入 DR，或在 E 信号高电平作用下由 DR 读到 DB7～DB0 数据总线。DR 和 DDRAM 之间的数据传输是在模块内部自动执行的。

（3）忙标志 BF

BF 标志提供内部工作情况。BF＝1 表示模块在内部操作，此时模块不接受外部指令和数据。BF＝0 时，模块为准备状态，随时可接受外部指令和数据。利用 STATUS READ 指令，可以将 BF 读到 DB7 总线，从而检验模块的工作状态。

（4）显示控制触发器 DFF

该触发器用于屏幕显示开和关的控制。DFF＝1 为开显示（DISPLAY ON），DDRAM 的内容就显示在屏幕上；DFF＝0 为关显示（DISPLAY OFF）。DDF 的状态是由指令 DISPLAY ON/OFF 和 RST 信号控制的。

（5）XY 地址计数器

XY 地址计数器是一个 9 位计数器。高 3 位是 X 地址计数器，低 6 位为 Y 地址计数器，XY 地址计数器实际上是作为 DDRAM 的地址指针，X 地址计数器为 DDRAM 的页指针，Y 地址计数器为 DDRAM 的 Y 地址指针。X 地址计数器是没有记数功能的，只能用指令设置。Y 地址计数器具有循环记数功能，各显示数据写入后，Y 地址自动加 1，Y 地址指针从 0 到 63。

（6）显示数据存储器（DDRAM）

DDRAM 存储图形显示数据。数据为 1 表示显示选择，数据为 0 表示显示非选择。DDRAM 与地址和显示位置的关系见 DDRAM 地址表。

（7）Z 地址计数器

Z 地址计数器是一个 6 位计数器，具备循环记数功能，用于显示行扫描同步。当一行扫描完成，Z 地址计数器自动加 1，指向下一行扫描数据，RST 复位后 Z 地址计数器为 0。

Z 地址计数器可以用指令 DISPLAY START LINE 预置。因此，显示屏幕的起始行就由此指令控制，即 DDRAM 的数据从哪一行开始显示在屏幕的第一行。此模块的 DDRAM 共有 64 行，屏幕可以循环滚动显示 64 行。

2. LGM12641 操作指令

（1）显示开/关设置

功能：设置屏幕显示开/关。DB0＝H，开显示；DB0＝L，关显示。不影响显示 RAM（DDRAM）中的内容。指令格式如下：

CODE:	R/W	RS	DB7	DB6	DB5	DB4	DB3	DB2	DB1	DB0
	L	L	L	L	H	H	H	H	H	H/L

（2）设置显示起始行

功能：执行该命令后，所设置的行将显示在屏幕的第一行。显示起始行是由 Z 地址计数器控制的，该命令自动将 A0～A5 位地址送入 Z 地址计数器，起始地址可以是 0～63 范围内任意一行。Z 地址计数器具有循环计数功能，用于显示行扫描同步，当扫描完一行后自动加 1。指令格式如下：

CODE:	R/W	RS	DB7	DB6	DB5	DB4	DB3	DB2	DB1	DB0
	L	L	H	H	行地址（0～63）					

（3）设置页地址

功能：执行该指令后的读写操作将在指定页内进行，直到被重新设置为止。地址就是 DDRAM 的行地址，页地址存储在 X 地址计数器中，A2～A0 可表示 8 页，读写数据对页地址没有影响。除本指令可改变页地址外，复位信号 RST 可把页地址计数器内容清零。指令格式如下：

CODE:	R/W	RS	DB7	DB6	DB5	DB4	DB3	DB2	DB1	DB0
	L	L	H	L	H	H	H	页地址（0～7）		

显示数据存储器 DDRAM 的地址映像表如表 6.8 所示。

（4）设置列地址

功能：DDRAM 的列地址存储在 Y 地址计数器中，读写数据对列地址有影响，在对 DDRAM 进行读写操作后，Y 地址自动加 1。指令格式如下：

表 6.8　DDRAM 地址映像表

0	1	2	...	61	62	63	
DB0 ～ DB7			PAGE0				X＝0
DB0 ～ DB7			PAGE1				X＝1
...			...				...
DB0 ～ DB7			PAGE7				X＝7

CODE：	R/W	RS	DB7	DB6	DB5	DB4	DB3	DB2	DB1	DB0
	L	L	L	H	列地址(0～63)					

（5）状态检测

功能：读忙信号标志位（BF）、复位标志位（RST）以及显示状态（ON/OFF）。当 BF＝H，表示忙，内部正在执行操作；BF＝L，空闲状态。当 RST＝H，表示正处于复位初始化状态；RST＝L，正常状态。当 ON/OFF＝H，表示显示关闭；ON/OFF＝L，表示显示开启。指令格式如下：

CODE：	R/W	RS	DB7	DB6	DB5	DB4	DB3	DB2	DB1	DB0
	H	L	BF	L	ON/OFF	RST	L	L	L	L

（6）写显示数据

功能：写数据到 DDRAM，该指令执行后 Y 地址计数器自动加1。D7～D0 的位数据为 1 表示显示，数据为 0 表示不显示。写数据到 DDRAM 之前，要先执行"设置页地址"及"设置列地址"命令。指令格式如下：

CODE：	R/W	RS	DB7	DB6	DB5	DB4	DB3	DB2	DB1	DB0
	L	H	D7	D6	D5	D4	D3	D2	D1	D0

（7）读显示数据

功能：读数据或显示器状态。指令格式如下：

CODE：	R/W	RS	DB7	DB6	DB5	DB4	DB3	DB2	DB1	DB0
	H	H	D7	D6	D5	D4	D3	D2	D1	D0

读和写操作的指令状态如下：

读状态时，输入：RS＝L，R/W＝H，CS1 或 CS2＝H，E＝H 时，输出的 D0～D7 为状

态字；

写指令时，输入：RS＝L，R/W＝L，D0～D7为指令码，CS1或CS2＝H，E为高脉冲；

读数据时，输入：RS＝H，R/W＝H，CS1或CS2＝H，E＝H，输出的D0～D7为数据；

写数据时，输入：RS＝H，R/W＝L，D0～D7为数据，CS1或CS2＝H，E为高脉冲。

3. LGM12641读写时序

LGM12641的读写时序如图6.10和图6.11所示。

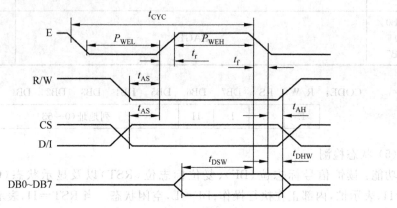

图6.10　LGM12641写时序

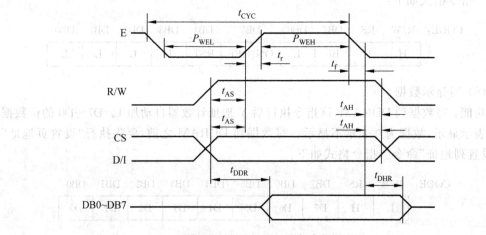

图6.11　LGM12641读时序

4. 读写操作流程

LGM12641的读写操作流程如下：

① 设定起始页地址和列地址；

② 设定读写模式，进行读写操作。

利用液晶显示器的各个指令，再结合液晶显示器与单片机的硬件引脚连线，就能编

写 C 语言程序来达到混合显示汉字与数字的目的。通过程序将字的代码写入相应的
DDRAM 地址，就可以在相应的位置显示相应的字。

5. 汉字字模提取

图形点阵式液晶模块显示汉字的方法是：纵向每 8 个点组成 1 个字节，每个点用一
个二进制位表示。存二进制位 1 的点，显示时在屏上显示一个亮点；存二进制位 0 的点
则在屏上不显示。最常用的 16×16 点阵的
汉字由 32 个字节组成。以液晶显示器
LGM12641 为例，在液晶屏上纵向 8 个点为
1 个字节数据，通过字模提取软件按照先左
后右、先上后下的方式对汉字进行字模
提取。

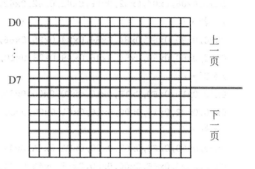

图 6.12　字提取方格

由于 D0～D7 是从上到下排列的，最上
面 8 行是上一页，如图 6.12 所示。先提取
上面一页的数据 16 个，再按照相同的方法提取下一页的数据 16 个，然后分别写入对应
的 DDRAM，就可以用于显示所需要的字。可以用各种字模软件提取标准的宋体汉字。

根据图 6.12，字模软件参数设置为：纵向取模并且要反字节，否则将显示乱码。数
字只需取汉字的一半数据就可以。取字模操作界面如图 6.13 所示。

图 6.13　字模软件操作界面

选取的字模码如下：

```
0x00,0x80,0x60,0xF8,0x07,0x40,0x20,0x18,0x0F,0x08,0xC8,0x08,0x08,0x28,0x18,0x00;
0x01,0x00,0x00,0xFF,0x00,0x10,0x0C,0x03,0x40,0x80,0x7F,0x00,0x01,0x06,0x18,0x00;
/*你*/
0x44,0x44,0x44,0x44,0x5F,0xC4,0x74,0x44,0x44,0x44,0x5F,0x44,0x44,0x44,0x44,0x00;
0x10,0x08,0x04,0x02,0xFF,0x42,0x42,0x42,0x42,0x42,0x42,0xFE,0x00,0x00,0x00,0x00;
/*若*/
0x80,0x90,0x8C,0x84,0x84,0x84,0xF5,0x86,0x84,0x84,0x84,0x84,0x94,0x8C,0x80,0x00;
0x00,0x80,0x80,0x84,0x46,0x49,0x28,0x10,0x10,0x2C,0x23,0x40,0x80,0x00,0x00,0x00;
/*安*/
0x10,0x10,0xF0,0x1F,0x10,0xF0,0x00,0x80,0x82,0x82,0xE2,0x92,0x8A,0x86,0x80,0x00;
0x40,0x22,0x15,0x08,0x16,0x61,0x00,0x00,0x40,0x80,0x7F,0x00,0x00,0x00,0x00,0x00;
/*好*/
0x80,0x60,0xF8,0x07,0x00,0xFA,0x4A,0x4A,0x4A,0xFE,0x4A,0x4A,0x4A,0xFA,0x02,0x00;
0x00,0x00,0xFF,0x00,0x80,0x83,0x46,0x2A,0x12,0x2F,0x42,0x42,0x82,0x83,0x80,0x00;
/*便*/
0x00,0x00,0x00,0x7F,0x49,0x49,0x49,0x49,0x49,0x49,0x49,0x7F,0x00,0x00,0x00,0x00;
0x81,0x41,0x21,0x1D,0x21,0x41,0x81,0xFF,0x89,0x89,0x89,0x89,0x89,0x81,0x81,0x00;
/*是*/
0x00,0xFC,0x84,0x84,0xFC,0x00,0x44,0x54,0x54,0x54,0x7F,0x54,0x54,0x54,0x44,0x00;
0x00,0x3F,0x10,0x10,0x3F,0x00,0x00,0xFF,0x15,0x15,0x15,0x55,0x95,0x7F,0x00,0x00;
/*晴*/
0x40,0x40,0x42,0x42,0x42,0x42,0x42,0xFE,0x42,0x42,0x42,0x42,0x42,0x40,0x40,0x00;
0x80,0x80,0x40,0x20,0x10,0x0C,0x03,0x00,0x03,0x0C,0x10,0x20,0x40,0x80,0x80,0x00;
/*天*/
```

【例 6-4】　图形点阵式液晶显示器 LGM12641 与 51 单片机的电路如图 6.14 所示，编写程序实现在 LCD 屏上显示 4×8 个汉字。

【答案与解析】

① 通过字模软件提取"你若安好便是晴天"字模。

② 按先后顺序，确定描述每个汉字的 32 个字节在 LCD 的 DDRAM 中的位置。

C51 程序代码如下：

```c
#include <reg51.h>
#include <intrins.h>
#define uint unsigned int
#define uchar unsigned char
#define DATA P0          //LCD 的数据线
sbit RS=P2^0;            //数据或指令选择
sbit RW=P2^1;            //读写选择
sbit EN=P2^2;            //读写使能
sbit cs1=P2^3;           //片选 1
sbit cs2=P2^4;           //片选 2
```

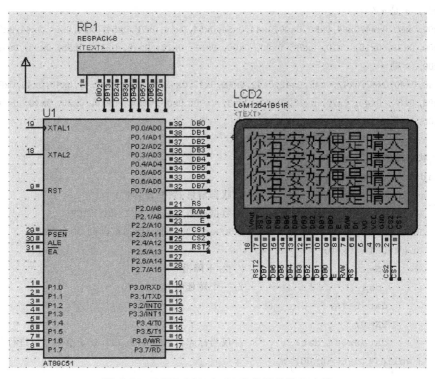

图 6.14　LGM12641 与 51 单片机的接口电路

```
sbit rst2=P2^5;              //复位
```

/＊定义中文字库。字体取模时的选项设置为：点阵格式为阴码，取模方式为列行式，取模走向为
逆向，文字大小为宽×高=16×16 ＊/

```
uchar code Hzk[]={
0x00,0x80,0x60,0xF8,0x07,0x40,0x20,0x18,0x0F,0x08,0xC8,0x08,0x08,0x28,0x18,0x00,
0x01,0x00,0x00,0xFF,0x00,0x10,0x0C,0x03,0x40,0x80,0x7F,0x00,0x01,0x06,0x18,
0x00,/＊你＊/
0x44,0x44,0x44,0x44,0x5F,0xC4,0x74,0x44,0x44,0x44,0x5F,0x44,0x44,0x44,0x44,0x00,
0x10,0x08,0x04,0x02,0xFF,0x42,0x42,0x42,0x42,0x42,0x42,0xFE,0x00,0x00,0x00,
0x00,/＊若＊/
0x80,0x90,0x8C,0x84,0x84,0x84,0xF5,0x86,0x84,0x84,0x84,0x84,0x94,0x8C,0x80,0x00,
0x00,0x80,0x80,0x84,0x46,0x49,0x28,0x10,0x10,0x2C,0x23,0x40,0x80,0x00,0x00,
0x00,/＊安＊/
0x10,0x10,0xF0,0x1F,0x10,0xF0,0x00,0x80,0x82,0x82,0xE2,0x92,0x8A,0x86,0x80,0x00,
0x40,0x22,0x15,0x08,0x16,0x61,0x00,0x00,0x40,0x80,0x7F,0x00,0x00,0x00,0x00,
0x00,/＊好＊/
0x80,0x60,0xF8,0x07,0x00,0xFA,0x4A,0x4A,0x4A,0xFE,0x4A,0x4A,0x4A,0xFA,0x02,0x00,
0x00,0x00,0xFF,0x00,0x80,0x83,0x46,0x2A,0x12,0x2F,0x42,0x42,0x82,0x83,0x80,
0x00,/＊便＊/
0x00,0x00,0x00,0x7F,0x49,0x49,0x49,0x49,0x49,0x49,0x49,0x7F,0x00,0x00,0x00,0x00,
0x81,0x41,0x21,0x1D,0x21,0x41,0x81,0xFF,0x89,0x89,0x89,0x89,0x89,0x81,0x81,
```

```
0x00,/* 是 */
0x00,0xFC,0x84,0x84,0xFC,0x00,0x44,0x54,0x54,0x54,0x7F,0x54,0x54,0x54,0x44,0x00,
0x00,0x3F,0x10,0x10,0x3F,0x00,0x00,0xFF,0x15,0x15,0x15,0x55,0x95,0x7F,0x00,
0x00,/* 晴 */
0x40,0x40,0x42,0x42,0x42,0x42,0x42,0xFE,0x42,0x42,0x42,0x42,0x42,0x40,0x40,0x00,
0x80,0x80,0x40,0x20,0x10,0x0C,0x03,0x00,0x03,0x0C,0x10,0x20,0x40,0x80,0x80,
0x00,/* 天 */
};
/* 状态检测,LCD是否忙 */
void CheckState()
{   uchar dat;                        //状态信息(判断是否忙)
    RS=0;                             //数据或指令选择,D/I(RS)="L"
    RW=1;                             //R/W="H",E="H"数据被读到DB7~ DB0
    do{   DATA=0x00;
          EN=1;                       //EN下降沿
          _nop_();                    //一个短延时
          dat=DATA;
          EN=0;
          dat=0x80 & dat;             //仅当标志位BF=0时,LCD处于空闲才可进行其他操作
    } while(!(dat==0x00));
}
/* 写命令到LCD中 */
SendCommandToLCD(uchar com)
{   CheckState();                     //状态检查,LCD是否忙
    RS=0;                             //向LCD发送命令。RS=0写指令
    RW=0;                             //R/W="L",E="H→L"数据被写到IR或DR
    DATA=com;                         //com为命令
    EN=1;
    _nop_(); _nop_();
    EN=0;
}
/* 设置页 0xb8是页的首地址 */
void SetLine(uchar page)
{   //1011 1xxx 0<=page<=7 设定页地址--X 0-7,8行为一页 64/8=8,共8页
    page=0xb8|page;
    SendCommandToLCD(page);
}
/* 设定显示开始行,0xc0是行的首地址 */
void SetStartLine(uchar startline)
{   startline=0xc0|startline;         //1100 0000
    SendCommandToLCD(startline);      //设置从哪行开始,一般从0行开始显示
}
/* 设定列地址 Y: 0~63,0x40是列的首地址 */
```

```
void SetColumn(uchar column)
{   column=column &0x3f;                //column 最大值为 64,0=<column<=63
    column=0x40|column;
    SendCommandToLCD(column);
}
/*开关显示,0x3f 是开显示,0x3e 是关显示*/
void SetOnOff(uchar onoff)
{   onoff=0x3e|onoff;                   //0011 111x,onoff 只能为 0 或者 1
    SendCommandToLCD(onoff);
}
/*写显示数据*/
void WriteByte(uchar dat)
{   CheckState();                       //状态检查,LCD 是否忙
    RS=1;                               //RS=1 写数据
    RW=0;                               //R/W="L",E="H→L"数据被写到 IR 或 DR
    DATA=dat;                           //dat 为显示的数据
    EN=1;
    _nop_(); _nop_();
    EN=0;                               //EN 下降沿
}
/*选择屏幕 screen: 0-全屏,1-左屏,2-右屏*/
void SelectScreen(uchar screen)
{   switch(screen)
    {   case 0: cs1=1;                  //全屏显示
        _nop_(); _nop_(); _nop_();
        cs2=1;
        _nop_(); _nop_(); _nop_();
        break;
        case 1: cs1=1;                  //左屏显示
         _nop_(); _nop_(); _nop_();
        cs2=0;
        _nop_(); _nop_(); _nop_();
        break;
        case 2: cs1=0;                  //右屏显示
        _nop_(); _nop_(); _nop_();
        cs2=1;
        _nop_(); _nop_(); _nop_();
        break;
    }
}
/*清屏 screen: 0-全屏,1-左屏,2-右屏*/
void ClearScreen(uchar screen)
{   uchar i,j;
```

```
        SelectScreen(screen);
        for(i=0;i<16;i++)                       //控制页数 0~7,共 8 页
        {   SetLine(i);
            SetColumn(0);
            for(j=0;j<64;j++)                   //控制列数 0~63,共 64 列
            {   WriteByte(0x00);                //写点内容,列地址自动加 1
            }
        }
}
/*初始化 LCD*/
void InitLCD()
{   CheckState();
    SelectScreen(0);
    SetOnOff(0);                                //关显示
    SelectScreen(0);
    SetOnOff(1);                                //开显示
    SelectScreen(0);
    ClearScreen(0);                             //清屏
    SetStartLine(0);                            //开始行 0
}
/*显示全角汉字*/
void Display(uchar ss,uchar page,uchar column,uchar number)
{   //选屏参数,pagr 选页参数,column 选列参数,number 选第几汉字输出
    int i;
    SelectScreen(ss);
    column=column&0x3f;
    SetLine(page);                              //写上半页
    SetColumn(column);                          //控制列
    for(i=0;i<16;i++)                           //控制 16 列的数据输出
    {
    WriteByte(Hzk[i+32*number]);                //i+32*number 汉字的前 16 个数据输出
    }
    SetLine(page+1);                            //写下半页
    SetColumn(column);                          //控制列
    for(i=0;i<16;i++)                           //控制 16 列的数据输出
    {
    WriteByte(Hzk[i+32*number+16]);             //i+32*number+16 汉字的后 16 个数据输出
    }
}
void main()
{   InitLCD();                                  //初始化 LCD
    ClearScreen(0);                             //清屏
```

```
while(1)
{   //第一行显示
    SetStartLine(0);
    Display(1,0,0*16,0);                    //左屏显示第一个字
    Display(1,0,1*16,1);                    //左屏显示第二个字
    Display(1,0,2*16,2);                    //左屏显示第三个字
    Display(1,0,3*16,3);                    //左屏显示第四个字
    Display(2,0,4*16,4);                    //右屏显示第五个字
    Display(2,0,5*16,5);                    //右屏显示第六个字
    Display(2,0,6*16,6);                    //右屏显示第七个字
    Display(2,0,7*16,7);                    //右屏显示第八个字
    //第二行显示
    Display(1,2,0*16,0);                    //左屏显示第一个字
    Display(1,2,1*16,1);                    //左屏显示第二个字
    Display(1,2,2*16,2);                    //左屏显示第三个字
    Display(1,2,3*16,3);                    //左屏显示第四个字
    Display(2,2,4*16,4);                    //右屏显示第五个字
    Display(2,2,5*16,5);                    //右屏显示第六个字
    Display(2,2,6*16,6);                    //右屏显示第七个字
    Display(2,2,7*16,7);                    //右屏显示第八个字
    //第三行显示
    Display(1,4,0*16,0);                    //左屏显示第一个字
    Display(1,4,1*16,1);                    //左屏显示第二个字
    Display(1,4,2*16,2);                    //左屏显示第三个字
    Display(1,4,3*16,3);                    //左屏显示第四个字
    Display(2,4,4*16,4);                    //右屏显示第五个字
    Display(2,4,5*16,5);                    //右屏显示第六个字
    Display(2,4,6*16,6);                    //右屏显示第七个字
    Display(2,4,7*16,7);                    //右屏显示第八个字
    //第四行显示
    Display(1,6,0*16,0);                    //左屏显示第一个字
    Display(1,6,1*16,1);                    //左屏显示第二个字
    Display(1,6,2*16,2);                    //左屏显示第三个字
    Display(1,6,3*16,3);                    //左屏显示第四个字
    Display(2,6,4*16,4);                    //右屏显示第五个字
    Display(2,6,5*16,5);                    //右屏显示第六个字
    Display(2,6,6*16,6);                    //右屏显示第七个字
    Display(2,6,7*16,7);                    //右屏显示第八个字
}
}
```

6.1.4　键盘接口

键盘是一组按键的集合,键是一种常开型按钮开关,平时(常态)键的两个触点处于断开状态,按下键时它们才闭合(短路)。键盘分编码键盘和非编码键盘,按键的识别由专用的硬件电路译码实现并能产生键编号或键值的称为编码键盘,如 BCD码键盘、ASCII 码键盘等,而依靠软件识别的称为非编码键盘。在单片机组成的电路系统及智能化仪器中,为了节省硬件资源,用得更多的是非编码键盘。本节只讨论非编码键盘。

键盘的电路结构如图 6.15(a)所示,当按键 S 未被按下(即断开)时,P1.1 输入为高电平,当 S 闭合后,P1.1 输入为低电平。通常的按键所用的开关为机械弹性开关,当机械触点断开或闭合时,由于机械触点的弹性作用,一个按键开关在闭合时不会马上稳定地接通,在断开时也不会马上断开,因而在闭合及断开的瞬间均伴随有一连串的抖动,所产生的电压信号波形如图 6.15(b)所示。按键抖动会引起一次按键被误读成多次按键,为了确保单片机对一次按键闭合仅做一次处理,就必须去除键抖动,即在键闭合稳定时取键状态,并且必须判别到键释放稳定后再进行处理。按键的抖动可采用硬件或软件两种方法消除,硬件消抖法常采用 RS 触发器来完成,软件消抖法则采用延时来跳过抖动过程。在实际的单片机应用系统中常用软件方法消除键抖动。

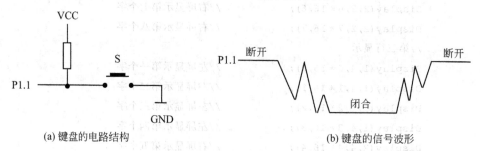

(a) 键盘的电路结构　　　　　　　　　　　　　　(b) 键盘的信号波形

图 6.15　键盘的结构及操作产生的信号波形

键盘的结构形式一般有两种:独立式键盘与矩阵式键盘。

1. 独立式键盘

独立式键盘是指各按键相互独立,每个按键各接通一根单片机 I/O 口线,各按键的状态互不影响。

【例 6-5】　2 个独立按键与单片机连接如图 6.16 所示,数码管为共阴型,编写程序实现:K1 按下时数码管显示数字 1;K2 按下时数码管显示数字 2。

【答案与解析】

当键按下闭合时,P3.2(或 P3.4)接地,输入 0;当键弹起断开时,由于 P3 口引脚内部接上拉电阻后接电源,所以 P3.2(或 P3.4)引脚状态为 1。

C51 程序如下:

```
#include <reg51.h>
```

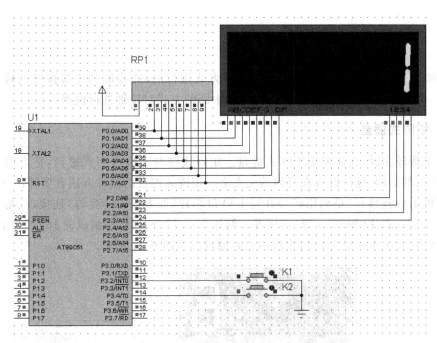

图 6.16 独立按键接口电路

```c
#include <stdio.h>
#define DELAYTIME 65000                    //定义延迟时间常数
#define uint unsigned int
#define uchar unsigned char
uint temp1;                                //定义用于控制延时的变量
sbit K1=P3^2;
sbit K2=P3^4;
//共阴极数码管数字 "0","1","2","3","4","5","6","7","8","9"的字形码
uchar code table[]={0x3f,0x06,0x5b,0x4f,0x66,0x6d,0x7d,0x07,0x7f,0x6f};
void delay(unsigned int temp)              //延时函数
{   while(--temp);
}
void main()
{   P2=0xf7;                               //11110111B,p2.3有效,选最右边 1 位数码管
    while(1)
    {   if(K1==0)                          //判断 K1 是否按下
        {   P0=table[1];                   //显示 1
            temp1=DELAYTIME;
            delay(temp1);
        }
        if(K2==0)                          //判断 K2 是否按下
        {   P0=table[2];                   //显示 2
            temp1=DELAYTIME;
            delay(temp1);
```

```
        }
      }
    }
```

在本例中,对按键的检测是通过查询的方式进行的,即检测到连接按键的接口电平为低时,确认该键被按下。此外还可以采用中断的方式对按键进行检测。

2. 矩阵式键盘

当键数较多时,往往采用矩阵式键盘。矩阵式键盘又称行列式键盘,是指用 I/O 口线组成行、列结构,键位设置在行列的交点上。矩阵式键盘的设计方法有多种:一是直接与单片机 I/O 连接;二是利用扩展并行 I/O 口芯片(如 8155、8255 等)连接;三是利用可编程键盘接口芯片(如 8279 等)连接等。例如 4×4 的行、列结构组成的 16 个键的矩阵式键盘,直接与 51 单片机 I/O 口连接的电路原理图如图 6.17 所示。

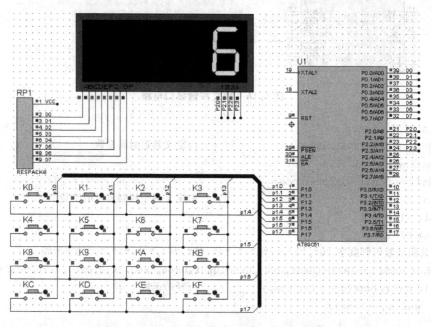

图 6.17   矩阵式键盘与 51 单片机的接口电路

每一个键的左侧触点构成行结构,即 K0 左、K1 左、K2 左、K3 左构成第一行接 P1.4,K4 左、K5 左、K6 左、K7 左构成第二行接 P1.5,K8 左、K9 左、KA 左、KB 左构成第三行接 P1.6,KC 左、KD 左、KE 左、KF 左构成第四行接 P1.7。

每一个键的右侧触点构成列结构,即 K0 右、K4 右、K8 右、KC 右构成第一列接 P1.0,K1 右、K5 右、K9 右、KD 右构成第二列接 P1.1,K2 右、K6 右、KA 右、KE 右构成第三列接 P1.2,K3 右、K7 右、KB 右、KF 右构成第四列接 P1.3。

自然状态下,键的左右触点是断开的,即该键的行线列线断开,其数字逻辑状态是独立无关联的;当键被按下时,左右触点联通,即该键的行线列线联通,数字逻辑一致,此时只要有一条线数字逻辑状态是 0,则另一条线的数字逻辑也一定是 0。

根据此原理可以设计矩阵式键盘的按键检测算法。

首先,需要对矩阵键盘的每个按键位置(简称键位)进行编码。通常采用顺序排列法编码,如图 6.18 所示,每个键位的编码值等于行首编码值加上列号(从 0 列开始),键位的编码值就是该位置按键的键码。例如,第一行第四个位置按键 K3 的键码值是 3,它等于行首编码值 0 加上列号 3 所得。第二行第一个位置按键 K4 的键码值,按顺序编码就是 4。

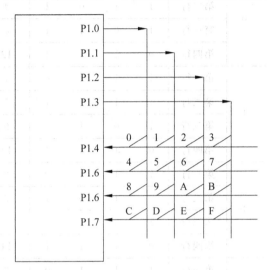

图 6.18　矩阵式键盘按顺序排列法的键位编码

然后,开始对矩阵式键盘的按键状态进行检测,以确认哪一个键被按下。这个过程通常包括两个步骤:

第一步:先检测键盘上是否有键按下。方法是:从列线(初始状态为高电平)输出全扫描字(即全 0 状态),然后读取行线的状态(初始状态为高电平),若有某行电平变低,则说明有某键按下,需继续进行下一步检测;否则无键按下。

第二步:若有键按下,则进一步识别是哪一个键按下。方法是采用列(或行)扫描法,即将列线电平逐列置低,然后逐行读取行线的状态,若检测到电平为低,则说明该行与所扫描列交叉位置的键被按下,并将此键的键码值返回;否则无键按下。

本例中 4×4 矩阵键盘的按键检测过程如下:

① 先检测是否有键被按下。从列线输出全扫描字,即 P1.0～P1.3 输出低电平,然后读取行线 P1.4～P1.7 的状态,若有某行电平变低,则说明有某键按下,需继续进行下一步检测;否则无键按下,返回。

这一步的检测通常需要进行两次,并且中间要间隔一定的延时进行消抖(软件消抖),若两次检测都发现有键按下,则确认有键按下。

② 识别哪一个键被按下。采用列扫描法,由单片机从第 0 列开始依次扫描 4 列,即依次输出 4 个列扫描字(所扫描的一列为 0,其他列为 1),称为对每一列的输出扫描,如表 6.9 所示。在每扫描一列期间,要依次读取 4 个行线状态,若读取到某一行线状态值为 0,则可确认该行与所扫描一列交叉位置的键被按下,并记录所按键的键码值。

表 6.9　列扫描法识别矩阵键盘的状态表

列	列输出扫描状态				列	行输入检测状态				所按下的键位		
	P1.3	P1.2	P1.1	P1.0		P1.7	P1.6	P1.5	P1.4	键码值	键名称	显示值
第 0 列	1	1	1	0	第一行	1	1	1	0	0	K0	0
					第二行	1	1	0	1	4	K4	4
					第三行	1	0	1	1	8	K8	8
					第四行	0	1	1	1	12	KC	C
第 1 列	1	1	0	1	第一行	1	1	1	0	1	K1	1
					第二行	1	1	0	1	5	K5	5
					第三行	1	0	1	1	9	K9	9
					第四行	0	1	1	1	13	KD	D
第 2 列	1	0	1	1	第一行	1	1	1	0	2	K2	2
					第二行	1	1	0	1	6	K6	6
					第三行	1	0	1	1	10	KA	A
					第四行	0	1	1	1	14	KE	E
第 3 列	0	1	1	1	第一行	1	1	1	0	3	K3	3
					第二行	1	1	0	1	7	K7	7
					第三行	1	0	1	1	11	KB	B
					第四行	0	1	1	1	15	KF	F

【例 6-6】　4×4 矩阵式键盘与 51 单片机接口电路如图 6.17 所示,编写键盘扫描检测程序,并将所按键的键码值显示出来。

C51 程序如下:

```
#include <reg51.h>
#define uchar unsigned char
#define uint unsigned int
uchar num=0;
uchar code DSY_CODE[]={0x3f,0x06,0x5b,0x4f,0x66,0x6d,0x7d,0x07,0x7f,
0x6f,0x77,0x7c,0x39,0x5e,0x79,0x71};        //共阴极数码管"0~ F"的字形码表
void DelayMS(uint ms)                //延时函数
{   uchar t;
    while(ms--)
    { for(t=0;t<120;t++); }
}
uchar Checkkey()                //检测是否有键按下
{   uchar k;
```

```
        P1=0xf0;                                //列线输出全扫描字,即 P1.0~ P1.3 全为 0
        k=P1;k=k&0xf0;                          //读行线 P1.4~ P1.7 状态
        if(k==0xf0) return(0);                  //若 k=0xf0,则行线状态全为 1,没有键按下
        else return(0xff);                      //有键按下,则返回 0xff
    }
    uchar keyscan()                             //识别所按键的键码值
    {   uchar scancode;                         //定义列扫描码变量
        uchar keynum;                           //定义键码值变量
        uchar i;
        if (checkkey()==0) return(0xff);        //检测有无键按下,无则返回 0xff
        else
        {   DelayMS(10);                        //延时去抖动
            if(checkkey()==0) return(0xff);     //再次检测有无键按下,无则返回 0xff
            else
            {   scancode=0xfe;                  //列扫描码赋初值,从第 0 列开始扫描
                for(i=0;i<4;i++)                //从 0 到 3 依次扫描 4 列
                {   P1=scancode;                //输出列扫描码
                    if(P1^4==0)                 //第一行检测,判断有无键按下
                    {keynum=0+i; return(keynum);}              //有按键,则返回键码值
                    if(P1^5==0){ keynum=4+i; return(keynum);} //第二行检测
                    if(P1^6==0){ keynum=8+i; return(keynum);} //第三行检测
                    if(P1^7==0){ keynum=12+i; return(keynum);} //第四行检测
                    scancode=scancode<<1;       //列扫描码左移一位,扫描下一列
                }
                return(0xff);                   //没检测到按键,返回 0xff
            }
        }
    }
    void main()
    {   uchar keyvalue;
        while(1)
        {   keyvalue=keyscan();                 //扫描键盘
            if(keyvalue! =0xff) num=keyvalue;   //有键按下,则取按键的键码值
            P2=0xf7;                            //选通最右边 1 位数码管
            P0=DSY_CODE[num];                   //显示所按键的键码值
            DelayMS(100);
        }
    }
```

此例程序中的行检测部分,也可以用循环结构的程序加以简化来实现(请读者自己完成)。

6.2 存储器扩展

在一些复杂的应用情况下，单片机程序执行的任务较多，单片机内的 RAM 和 ROM 空间有限，不能满足设计要求，此时需要在单片机硬件电路上进行存储器扩展。

6.2.1 单片机系统总线

单片机与外部芯片进行数据交换的方式有两种，一种是 I/O 口方式，另一种是总线方式。单片机与存储器的数据交换以总线方式进行。所谓总线方式就是将要设计的外部设备（如液晶显示等）统统挂到单片机总线上，使其统一按类似读写外部 RAM 的指令方法进行操作；而 I/O 方式则是直接利用 I/O 口读写方式进行外部设备的读写操作。

51 单片机的总线系统包括地址总线、数据总线和控制总线，总线接口结构如图 6.19 所示。

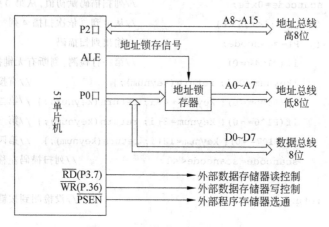

图 6.19　51 单片机的总线结构

1. 存储器的地址

存储器是具有一定存储空间的芯片，存储空间由若干个存储单元组成。为了区别每个存储单元，需要从 0 开始给每个存储单元进行顺序编号，这个编号就是存储单元的地址。存储地址一般用十六进制数表示，而每一个存储地址中又存放着一组二进制（或十六进制）表示的数，通常称为该地址的内容。存储器中所有存储单元的数量之和称为存储器的容量，例如一个存储容量为 4KB（即 2^{12}）的存储器，其存储单元的起始地址为0000H，终止地址为 0FFFH。

2. 地址总线

在单片机与存储器某一地址空间进行数据交换之前，必须首先在地址总线上输出地址信息，存储器根据该地址信息控制相应的地址单元进行数据交换。51 单片机的地址总线为 16 位,地址信息的流通方向为单片机至存储器单方向,由 P0 口给出地址的低 8 位 (A0～A7),由 P2 口给出地址的高 8 位(A8～A15)。其中 P0 口既是数据总线也是地址 总线,采用分时复用技术使用。

3. 数据总线

51 单片机的数据总线为 8 位,由 P0 口(P0.0～P0.7)按低位到高位组成(D0～D7)。 数据总线上的信息流通方向为双向。

4. 控制总线

单片机的控制总线各引脚产生各种控制信号,控制存储器及其他外接芯片的动作。

① 单片机的 $\overline{PSEN}$ 引脚连接外部程序存储器(ROM)芯片的输出允许控制线。

② 单片机的读信号引脚 $\overline{RD}$(P3.7 引脚)和写信号引脚 $\overline{WR}$(P3.6 引脚)分别连接外 部数据存储器的读控制线和写信号线。当单片机发出读信号时,数据由存储器传输到单 片机;当单片机发出写信号时,数据由单片机传输到存储器。

③ 单片机的 ALE 引脚产生地址锁存信号,配合地址锁存器实现 P0 口的低 8 位地址 和数据的分时复用。

5. 分时复用技术

由于 51 单片机的 P0 口既作为数据总线又作为低 8 位地址总线,所以在硬件设计上 外加地址锁存器芯片,采用分时复用技术实现两种功能的逻辑分离。

执行访问外部存储器(或其他总线式连接的外部芯片)时,P0 口首先输出地址信息, 同时单片机的 ALE 引脚输出高电平脉冲,地址锁存器的输出即为地址信息;然后 ALE 电平变低,地址锁存器被锁存,此时 P0 口输出数据信息,由于地址锁存器锁存后的输出 不受输入的影响,所以,此时地址锁存器的输出仍然保持原来的信息(地址信息),使得 P0 口上的数据信息进入到外部数据存储器的地址单元。

6.2.2　数据存储器扩展

当单片机系统要处理的数据量较大,已超出其内部数据存储器容量时,需要在硬件 电路上进行数据存储器扩展。图 6.20 为两片数据存储器芯片 6264 与 51 单片机的扩展 连接图。

6264 是 8KB×8 的静态数据存储器,外引脚分别为:A0～A12 为 13 根地址总线引 脚;D0～D7 为 8 位数据总线引脚;$\overline{CE1}$ 片选 1 信号引脚,低电平有效,CE2(或 CS)为片选 2 信号引脚,高电平有效;$\overline{WE}$ 为写信号引脚,$\overline{OE}$ 为读信号引脚,皆低电平有效。

74LS373 为地址锁存器芯片,当 G 有效时,输出＝输入;当 G 无效时,输出与当前输 入无关,保持原来状态。

在单片机这一侧,读写引脚 $\overline{RD}$ 和 $\overline{WR}$ 分别连接存储器的读写引脚 $\overline{OE}$ 和 $\overline{WE}$;P0 口分 时复用,连接地址锁存器和存储器的数据总线;P2.0～P2.4 连接存储器的 A8～A12 地 址引脚;P2.5 连接 6264(1)的片选 1 引脚;P2.6 连接 6264(2)的片选 1 引脚;ALE 连接地

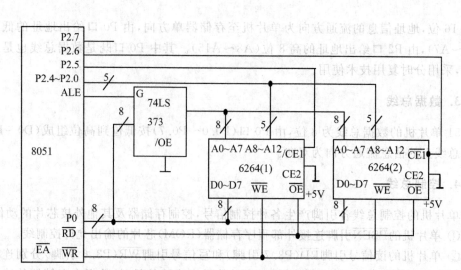

图 6.20 51 单片机数据存储器扩展

址锁存器的 G 脚。

执行访问 6264 数据存储器时,P0 口首先输出地址信息,同时单片机的 ALE 引脚输出高电平脉冲,373 的输出即为地址信息;然后 ALE 电平变低,373 的输出被锁存,此时,P0 口输出数据信息,由于锁存后的 373 的输出与输入无关,仍然保持原来输出的值(地址信息),使得 P0 口的数据信息进入到外部数据存储器的地址单元。

设 P2.7 为低电平 0,两片 6264 芯片的地址空间范围为:

6264(1):0100 0000 0000 0000～0101 1111 1111 1111,即 4000H～5FFFH;

6264(2):0010 0000 0000 0000～0011 1111 1111 1111,即 2000H～3FFFH。

设 P2.7 为高电平 1,两片 6264 芯片的地址空间范围为:

6264(1):1100 0000 0000 0000～1101 1111 1111 1111,即 C000H～DFFFH;

6264(2):1010 0000 0000 0000～1011 1111 1111 1111,即 A000H～BFFFH;

【例 6-7】 单片机数据存储器扩展电路如图 6.21 所示,编写程序实现如下功能:先把数据写入 6264 数据存储器的 2000H 地址单元中,然后再从该地址单元中读取数据,减 1 后,得出的结果在数码管上显示。

C51 程序如下:

```
#include<reg51.h>
#include<absacc.h>
#define ramaddress XBYTE[0x2000]        //外部 RAM 地址单元
#define uchar unsigned char
#define uint unsigned int
#define uint unsigned int
uchar code DSY_CODE[]=
{0x3f,0x06,0x5b,0x4f,0x66,0x6d,0x7d,0x07,0x7f,0x6f};
//共阴极数码管 0~9 的字形码表
void DelayMS(uint x)                    //延时函数
{    uchar t;
```

```
        while(x--)
        for(t=120;t>0;t--);
}
main()
{   unsigned char i,sumtemp;
    P1=0;
    while(1)
    {   P1=DSY_CODE[9];
        ramaddress=9;              //数据 9 写入 2000H 地址单元
        DelayMS(800);
        i=ramaddress;             //读 2000H 地址单元中的数据赋值给变量 i
        i=i-1;
        P1=DSY_CODE[i];           //数据在数码管上显示
        DelayMS(800);
    }
}
```

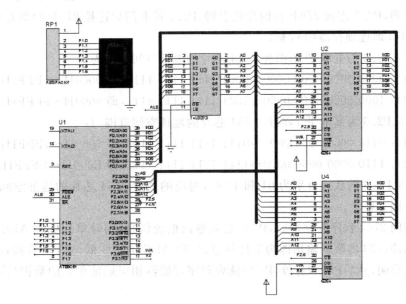

图 6.21   单片机数据存储器扩展电路

6.2.3   程序存储器扩展

当单片机程序文件比较大,其大小已超出内部程序存储器容量时,需要在硬件电路上进行程序存储器扩展。图 6.22 为两片 2764 程序存储器与 51 单片机的连接图。

2764 是 8KB×8 程序存储器,外引脚分别为:A0～A12 为 13 根地址总线引脚;D0～D7 为 8 位数据总线引脚;$\overline{CE}$ 为片选信号引脚,低电平有效;$\overline{OE}$ 为读信号引脚,低电平有效。

74LS373 为地址锁存器芯片,当 G 有效时,输出=输入;当 G 无效时,输出与当前输入无关,保持原来状态。

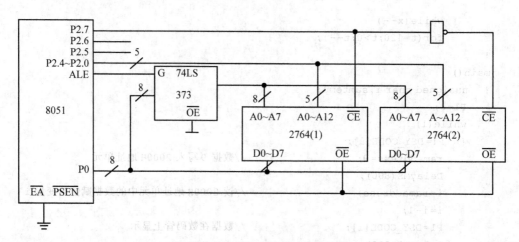

图 6.22　51 单片机程序存储器扩展

在单片机这一侧,$\overline{\text{PSEN}}$连接 2764 的/OE 引脚,P2.0～P2.4 连接存储器的 A8～A12 地址引脚,P2.7 连接 2764(1)的片选引脚,P2.7 接非门后连接 2764(2)的片选引脚;ALE 连接 373 地址锁存器的 G 脚。

设 P2.5、P2.6 为低电平 0,两片 2764 芯片的地址空间范围为:

2764(1):0000 0000 0000 0000～0001 1111 1111 1111,即 0000H～1FFFH;

2764(2):1000 0000 0000 0000～1001 1111 1111 1111,即 8000H～9FFFH。

设 P2.5、P2.6 为高电平 1,两片 2764 芯片的地址空间范围为:

2764(1):0110 0000 0000 0000～0111 1111 1111 1111,即 6000H～7FFFH;

2764(2):1110 0000 0000 0000～1111 1111 1111 1111,即 E000H～FFFFH。

当 P2.5、P2.6 的状态分别为 01 和 10 时,对应的两片 2764 芯片的地址空间范围是多少呢?请读者思考。

执行访问 2764 程序存储器时,P0 口首先输出地址信息,同时单片机的 ALE 引脚输出高电平脉冲,373 的数据输出即为地址信息;然后 ALE 电平变低,373 的数据输出不受数据输入的影响,然后$\overline{\text{PSEN}}$有效,P0 口读取程序存储器相应地址单元的数据(该数据为指令代码)。

6.2.4　单片机对外部存储器的读写时序

1. 外部程序存储器读时序

8051 单片机对外部程序存储器(ROM)的读时序如图 6.23 所示。P0 口提供低 8 位地址,P2 口提供高 8 位地址,S2 结束前,P0 口上的低 8 位地址是有效的,之后出现在 P0 口上的就不再是低 8 位的地址信号,而是指令数据信号。当然地址信号与指令数据信号之间有一段缓冲的过渡时间,这就要求在 S2 期间必须把低 8 位的地址信号锁存起来,使用 ALE 选通脉冲去控制锁存器把低 8 位地址予以锁存。而 P2 口只输出地址信号,整个机器周期地址信号都是有效的,因而无须锁存高 8 位地址信号。

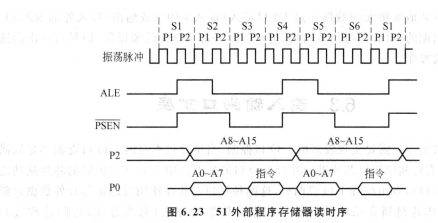

图 6.23　51 外部程序存储器读时序

从外部程序存储器读取指令,必须有两个信号进行控制。除了上述的 ALE 信号,还有一个 PSEN(外部 ROM 读选通脉冲)。PSEN 从 S3P1 开始有效,直到将地址信号送出和外部程序存储器的数据读入 CPU 后方才失效,而又从 S4P2 开始执行第二个读指令操作。

2. 外部数据存储器读写时序

CPU 对外部数据存储器(RAM)的访问是指对外部 RAM 的读操作或写操作。8051单片机对外部 RAM 的读或写操作的时序非常相似,如图 6.24 所示。它们都需要两个机器周期来完成,第一个机器周期是取指阶段,是从 ROM 中读取指令操作码,下一个机器周期才开始访问外部数据存储器 RAM。在第一个机器周期的 S4 状态结束后,CPU 先把要访问外部 RAM 单元的地址信息放到总线上,包括 P0 口上的低 8 位地址 A0～A7(PCL)和 P2 口上的高 8 位地址 A8～A15(PCH)。当RD或WR控制信号有效时,CPU 将

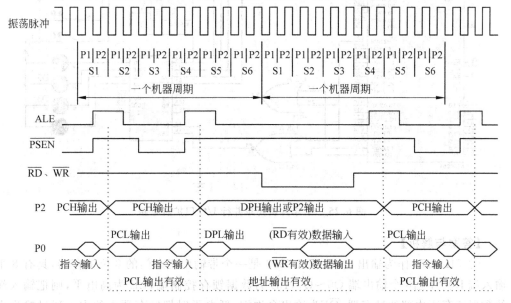

图 6.24　51 单片机外部数据存储器读写时序

外部 RAM 中某地址单元的数据通过 P0 口输入(读入 CPU)或输出(写入外部 RAM)。第二个机器周期的 ALE 信号仍然出现,进行一次外部 ROM 的读操作,但是这一次的读操作属于无效操作。

6.3　输入输出口扩展

单片机系统往往需要实现较多的 I/O 口控制,当单片机本身的 I/O 口资源不足以满足要求时,则需要利用接口芯片进行并行 I/O 口的扩展。用于 I/O 口扩展的芯片从功能上分为简单 I/O 口和可编程 I/O 口两种,这两种接口芯片在使用时都是与片外数据存储器统一编址,单片机通常采用访问外部数据存储器的方式(总线方式)访问这些接口芯片。

6.3.1　简单 I/O 接口扩展

简单 I/O 接口扩展通常采用数据缓冲器、锁存器等实现,具有电路简单、成本低、配置灵活的特点。例如 74LS373、74LS244、74LS273、74LS245 等芯片都可以作简单 I/O 口扩展芯片。

【例 6-8】　51 单片机简单 I/O 口扩展电路如图 6.25 所示,用 74LS373 和 74LS244 对 P0 口的低四位进行并行 I/O 扩展,实现四路开关对 4 路 LED 灯的控制,分析电路并编写程序实现。

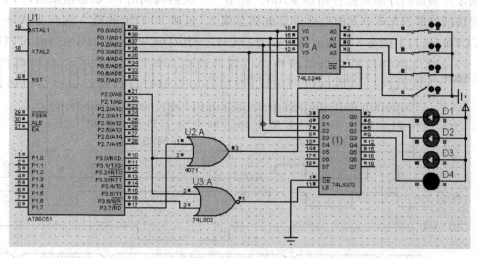

图 6.25　51 单片机简单并行 I/O 口扩展电路

【答案与解析】

① 74LS373 作为输出接口。74LS373 是一个带输出三态门的 8 位锁存器,具有 8 个输入端 D0～D7,8 个输出端 Q0～Q7,LE 为数据锁存控制端,LE 为高电平,则把输入端的数据锁存于内部的锁存器,$\overline{OE}$ 为输出允许端,低电平时把锁存器中的内容通过输出端

输出。

② 74LS244 作为输入接口。74LS244 是 2 组 4 通道单向数据缓冲器,分别有一个控制端 $\overline{OE}$,当它们为低电平时,输入端的数据输出。

③ 74LS373 和 74LS244 的地址是相同的,均由 P2.0 地址口线控制。当 P2.0＝0 且写引脚 $\overline{WR}$ 低电平有效时(由单片机执行写操作时自动生成),数据由单片机数据总线写入 74LS373,实现单片机对 373 的输出控制;当 P2.0＝0 且读引脚 $\overline{RD}$ 低电平有效时(由单片机执行读操作时自动生成),数据由 74LS244 读入单片机数据总线,实现对单片机 74LS244 的输入检测。上述过程是单片机执行读或写操作时硬件层次发生的数据流通状况。在程序中设 74LS373 和 74LS244 的地址为 0xfeff。

C51 程序代码如下:

```
#include<reg51.h>
#include<absacc.h>
#define uchar unsigned char
void main()
{   uchar i;
    while(1)
    {
        i=XBYTE[0xfeff];    //读外部地址 FEFFH 单元的数据,检测 74244 所连的开关状态
        XBYTE[0xfeff]=i;    //将已读入单片机内存的开关状态数据写入外部单元 FEFFH,
                            //实现对 74373 所连的 LED 灯的控制
    }
}
```

6.3.2　可编程并行 I/O 接口扩展

8255A 是一种典型的可编程的并行 I/O 口扩展芯片,是 8255 型号的改进型,具有通用性强、价格低、使用灵活等特点,通过它 CPU 可直接与外部设备相连接。

8255A 芯片与单片机实行并行数据通信,可扩充 3 个 8 位 I/O 口。

1. 8255A 的内部结构

8255A 是一个通用的可编程的并行接口芯片,可以扩充三个并行 I/O 口,还可通过软件编程设置多种工作方式。8255A 的内部结构如图 6.26 所示,它由以下几部分组成。

(1) 三个数据端口 A 口、B 口和 C 口,这三个数据端口均可看作是 I/O 口,但它们的结构和功能稍有不同。

- A 口:是一个独立的 8 位 I/O 口,内部有对数据输入/输出的锁存功能。
- B 口:是一个独立的 8 位 I/O 口,仅有对输出数据的锁存功能。
- C 口:可看作是一个独立的 8 位 I/O 口;也可看作是两个独立的 4 位 I/O 口。

(2) A 组和 B 组的控制电路。

A 组和 B 组的控制电路内部设有控制寄存器,可以接收 CPU 送来的编程命令,并控

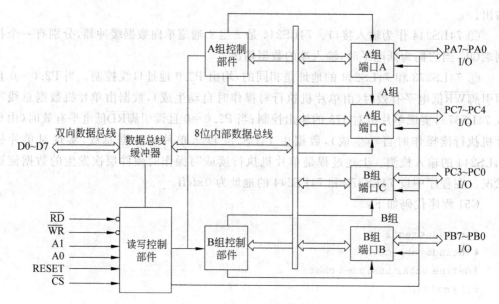

图 6.26　8255A 的内部结构

制 8255A 的工作方式,也可以根据编程命令来对 C 口的指定位进行置/复位的操作。A
组控制电路用来控制 A 口及 C 口的高 4 位;B 组控制电路用来控制 B 口及 C 口的低
4 位。

(3) 数据总线缓冲器。

数据总线缓冲器是 8 位的双向三态缓冲器,作为 8255A 与系统总线连接的接口,通
过它可以传输输入/输出的数据(D0～D7)、CPU 的编程命令以及外设通过 8255A 传送
的工作状态等信息。

(4) 读写控制逻辑。

读写控制逻辑电路负责管理 8255A 的数据传输过程。它接收片选信号 $\overline{\text{CS}}$、读信号
$\overline{\text{RD}}$、写信号 $\overline{\text{WR}}$、复位信号 RESET 以及系统地址总线的口地址选择信号 A0 和 A1。

2. 8255A 的引脚功能

8255A 芯片具有 40 个引脚信号,可以分为两组:一组是面向 CPU 的信号,另一组是
面向外设的信号。

(1) 面向 CPU 的引脚信号及功能。

- D0～D7:8 位双向的三态数据总线,用来与系统数据总线相连。
- RESET:复位输入信号,高电平有效,用来清除 8255A 的内部寄存器,并置 A 口,
  B 口和 C 口均为输入方式。
- $\overline{\text{CS}}$:片选输入信号,低电平有效,用来选中 8255A 芯片。
- $\overline{\text{RD}}$:读信号,输入,CPU 对 8255A 进行读操作的控制信号。
- $\overline{\text{WR}}$:写信号,输入,CPU 对 8255A 进行写操作的控制信号。
- A1,A0:地址总线,输入,用于选择 8255A 内部的哪一个口寄存器进行操作。

8255A 内部共有 4 个端口：3 个数据端口 A 口、B 口、C 口和 1 个控制口，A0 和 A1 两个引脚的信号组合与选中的端口见表 6.10 所示。

表 6.10　8255A 的地址状态与选择的端口

A1	A0	选择的端口	A1	A0	选择的端口
0	0	A 口	1	0	C 口
0	1	B 口	1	1	控制口寄存器

（2）面向外设的引脚信号及功能。

PA0～PA7：A 组数据信号线，连接外设用于输入输出 8 位并行数据。

PB0～PB7：B 组数据信号线，连接外设用于输入输出 8 位并行数据。

PC0～PC7：C 组数据信号线，连接外设用于输入输出数据，也可以作为应答信号或控制信号。

3. 8255A 的工作方式

8255A 有 3 种工作方式，如表 6.11 所示。

表 6.11　8255A 的工作方式

工作方式	A 口	B 口	C 口
方式 0	基本 I/O 方式	基本 I/O 方式	基本 I/O 方式
方式 1	应答 I/O 方式	应答 I/O 方式	通信线
方式 2	双向应答 I/O 方式	无	通信线

（1）方式 0。

方式 0 是一种基本的输入输出方式，通常用于无条件数据传送。在这种方式下，三个端口都可以由程序设置为输入或输出，特点如下：

- 具有两个 8 位端口（A 和 B）和两个 4 位端口（C 口的高 4 位和 C 口的低 4 位）。
- 任何一个端口都可以设定为输入或者输出。
- 每一个端口输出时是锁存的。

（2）方式 1。

方式 1 是一种选通输入输出方式，也叫应答 I/O 方式，只适合于端口 A 和端口 B。在这种方式下，端口 A 和 B 作为数据输入输出口，端口 C 用作输入输出的应答信号。A 口和 B 口既可以作输入，也可作输出，输入和输出都具有锁存能力。

（3）方式 2。

方式 2 是一种双向选通输入输出方式，也叫双向应答 I/O 方式，只适合于端口 A。这种方式适用于与外设的双向数据传送，并且输入和输出都是锁存的。它使用 C 口的 5 位作应答信号，两位作中断允许控制位。

4. 8255A 的控制字

8255A 有两个控制字：工作方式控制字和 C 口按位置位/复位控制字。

(1) 工作方式控制字。

8255A 的工作方式控制字为 1 个字节 8 位,由单片机写到 8255A 的控制口寄存器中,其格式如图 6.27 所示。

其中,最高位 D7 为特征位,并且 D7＝1,表示此控制字为工作方式控制字。

D6、D5 用于设定 A 口的工作方式。

D4、D3 用于设定 A 口和 C 口的高 4 位是用于输入还是输出。

D2 用于设定 B 组的工作方式。

D1、D0 用于设定 B 口和 C 口的低 4 位是用于输入还是输出。

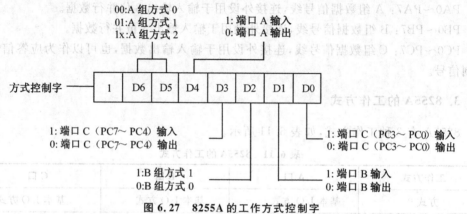

图 6.27 8255A 的工作方式控制字

(2) C 口按位置位/复位控制字。

8255A 的 C 口按位置位/复位控制字用于对 C 口各位置 1 或清 0,其格式如图 6.28 所示。

其中,D7 位为特征位,并且 D7＝0,表示此控制字为 C 口按位置位/复位控制字。

D6、D5、D4 这三位不用。

D3、D2、D1 这三位用于选择 C 口 8 位当中的某一位。

D0 用于对选择位的置位或复位设置,当 D0＝0,则复位;当 D0＝1,则置位。

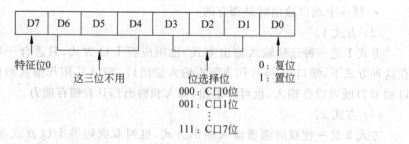

图 6.28 8255A 的 C 口按位置位/复位控制字

5. 8255A 与 MCS-51 单片机的接口

8255A 与 MCS-51 单片机的硬件接口包含数据线、地址线、控制线的连接。通常,

8255A 的数据总线与 8051 单片机的数据总线相连,读、写信号线对应相连,地址线 A0、A1 与单片机的地址总线的 A0 和 A1 相连,片选信号 $\overline{CS}$ 与 8051 的某个 I/O 口或几个 I/O 口的逻辑组合相连。硬件连接确定后,则 8255A 的 A 口、B 口、C 口和控制口的地址便分别得以确定。

对 8255A 的软件编程包括两部分:首先是初始化编程,初始化编程的内容是向 8255A 的控制口寄存器写入工作方式控制字,以设置各数据端口的功能,即明确 A 口、B 口和 C 口的工作方式及输入输出状态;其次是根据各数据端口所设置的功能,使用 8255A 的数据端口来传输数据或其他信息。下面给出一个 8255A 的简单应用。

【**例 6-9**】　51 单片机与 8255A 的连接电路如图 6.29 所示,用 8255A 对 P0 口进行并行 I/O 扩展,实现 16 路跑马灯效果,分析电路并编写程序。

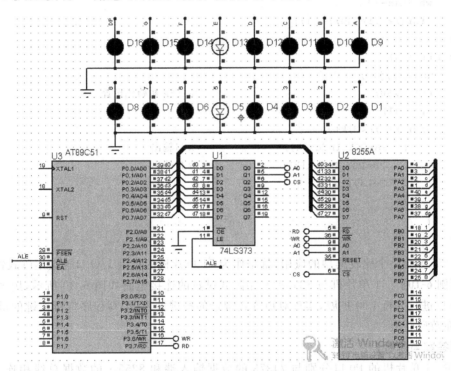

图 6.29　采用 8255A 的简单 I/O 扩展电路

【**答案与解析**】

① 8255A 的片选 $\overline{CS}$ 与地址总线 A2 相连;P2 口与 8255A 无连接,故地址的高八位与 8255A 的端口地址选择无关,可任意设置,若设置为 00H,则 8255A 的 A 口、B 口、C 口和控制寄存器口地址分别为 0000H、0001H、0002H 和 0003H。

② A 口选工作方式 0,用于数据输出;B 口选工作方式 0,用于数据输出。因此 8255A 的工作方式控制字设为 80H。

③ 控制跑马灯速度由延时函数实现。

C51 程序如下:

```
#include <reg52.h>
```

```
#include<absacc.h>
#define uint unsigned int
#define uchar unsigned char
#define PA XBYTE[0x0000]                //A口地址
#define PB XBYTE[0x0001]                //B口地址
#define PC XBYTE[0x0002]                //C口地址
#define COM XBYTE[0x0003]               //控制口地址
uchar code DSY_Index[]=
{ 0x01,0x02,0x04,0x08,0x10,0x20,0x40,0x80,};
void Delay(uint x)                      //延时函数
{ uchar i;
    while(x--)
    {for(i=0;i<240;i++);}
}
void main()
{ uchar i,j,k;
    COM=0x80;                           //8255A初始化设置
    while(1)
    {for(k=0;k<8;k++)
        { PA=DSY_Index[k];              //A口输出
          PB=DSY_Index[k];              //B口输出
          Delay(100);
        }
    }
}
```

8255A有一个比较典型的应用,就是作为51单片机的扩展I/O口连接矩阵式键盘。

【例6-10】 51单片机与8255A和矩阵式键盘的连接电路如图6.30所示,用8255A对P0口进行并行I/O扩展,实现对矩阵式键盘的按键输入,编写程序将所按键的键码值显示在数码管上。

【答案与解析】

① 51单片机的P0口分别与74373的数据输入端和8255A的数据总线相连,通过74373地址锁存器实现对P0口的低8位地址和数据的分时复用;74373的输出端地址A1、A0与8255A的地址总线A1、A0相连,A2与8255A的片选信号$\overline{CS}$相连。当$\overline{CS}=0$时,选择8255A;P2口与8255A无连接,故地址的高八位与8255A的端口地址选择无关,可任意设置,若设置为0FFH,则8255A的A口、B口、C口和控制寄存器口地址分别为FF00H、FF01H、FF02H和FF03H。

② A口选工作方式0,用于数据输出;C口选工作方式0,低4位(PC3～PC0)用于数据输入。因此8255A的工作方式控制字设为81H。

③ 矩阵式键盘由4行×8列共32个按键组成,A口输出作为矩阵式键盘的列扫描输出;C口(PC3～PC0)输入作为矩阵键盘的行状态检测。

④ 数码管由两位共阴极型组成,用于显示所按键的键码值(0～31),其中P2.6用于

左边 1 位数码管的位选线，P2.7 用于右边 1 位数码管的位选线，采用动态显示方式实现。比如，当按下键 5 时，数码管右边 1 位显示 5；当按下键 26 时，数码管两位分别显示 2 和 6。

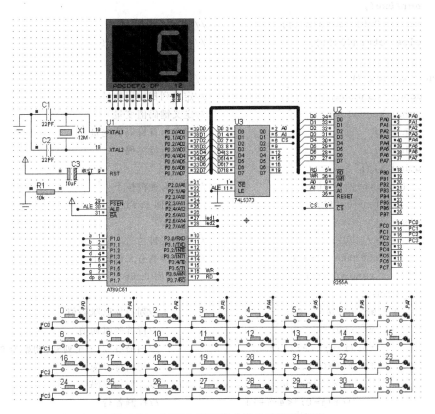

图 6.30　8255A 与矩阵式键盘的连接电路

C51 程序如下：

```c
#include <reg51.h>
#include <absacc.h>
#define uint unsigned int
#define uchar unsigned char
#define PA XBYTE[0xff00]
#define PB XBYTE[0xff01]
#define PC XBYTE[0xff02]
#define CONTR XBYTE[0xff03]
uchar code ledvalue[17]={0x3f,0x06,0x5b,0x4f,0x66,0x6d,0x7d,0x07,0x7f,
0x6f,0x77,0x7c,0x39,0x5e,0x79,0x71,0x00};        // 0~F 的共阴极数码管字形码表
void delay(uint i)                              //延时函数
{   uint j;
    for (j=0;j<i;j++){ }
}
uchar checkkey ()                               //检测有无键按下函数,有返回 0xff,无返回 0
```

```
{   uchar n;
    PA=0x00;                             //PA 口输出扫描所有列
    n=PC;                                //PC 口输入检测所有行
    n=n&0x0f;
    if(n==0x0f) return(0);               //没有按键,返回 0
    else return(0xff);                   //有按键,返回 0xff
}
uchar keyscan()                          //扫描键盘
{   uchar scancode;                      //定义列扫描码变量
    uchar keyvalue;                      //定义键码值变量
    uchar m;                             //定义行首键码值变量
    uchar k;                             //定义行检测码
    uchar i,j;
    if(checkkey()==0)                    //检测有无键按下
        return(0xff);                    //无,返回 0xff
    else
    {   delay(200);                      //延时去抖动
        if(checkkey()==0)                //再次检测有无键按下
            return(0xff);                //无,返回 0xff
        else
        {   scancode=0xfe;               //列扫描码赋初值
            m=0x00;                      //行首码赋初值
            for(i=0;i<8;i++)             //扫描各列,i 是列号,初始为 0
            {   k=0x01;                  //初始行号为 1
                PA=scancode;             //送列扫描码
                for(j=0;j<4;j++)         //检测各行
                {   if ((PC&k)==0)       //检测当前行有无键按下
                    {   keyvalue=m+i;    //有按键,求编码值
                        delay(2000);     //延时消抖,等待按键释放
                        return(keyvalue);//返回所按键的键码值
                    }
                    else
                    {   m=m+8;           //计算下一行的行首编码
                        k=k<<1;          //行检测码左移一位,检测下一行
                    }
                }                        //内循环逐行检测
                scancode=scancode<<1;    //列扫描码左移一位,扫描下一列
                m=0x00;                  //行首码赋初值
            }                            //外循环逐列扫描
            return(0xff);                //没检测到按键返回 0xff
        }
    }
}
void display(uchar keynum)               //显示函数
```

```
{   if((keynum/10)==0)
    {   P2=0xbf;
        P1=ledvalue[16];
    }
    else
    {   P2=0xbf;                        //选择左边 1 位数码管
        P1=ledvalue[keynum/10];
    }
    delay(1000);                        //延时 1ms
    P2=0x7f;                            //选择右边 1 位数码管
    P1=ledvalue[keynum%10];
    delay(1000);                        //延时 1ms
}
void main(void)
{
    uchar keynum,num;
    CONTR=0x81;                         //8255A 初始化,A 口方式 0 输出,C 口(PC3-PC0)输入
    PA=0xff;
    while(1)
    {   num=keyscan();                  //扫描键盘
        if(num!=0xff) keynum=num;       //有按键则更新键码值
        display(keynum);                //显示按键值
    }
}
```

6.4 A/D 转换接口

信号检测是单片机系统经常要实现的功能,典型的单片机检测或数据采集系统的基本框架如图 6.31 所示。

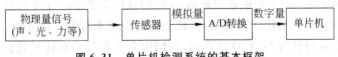

图 6.31　单片机检测系统的基本框架

现实世界的各种信号由传感器采集,最终送至单片机。但目前大多数传感器的输出都是模拟电信号,而单片机作为一种超大规模数字电路只能接收数字量输入,因此,需要一种 A/D(模数)转换器件(Analog to Digital Converter,ADC)把传感器的输出模拟量信息转化为数字量信息,然后输入到计算机进行处理。

6.4.1 A/D 转换原理

随着超大规模集成电路技术的飞速发展,A/D 转换器芯片的种类繁多,不同的芯片内部结构不同,转换原理也不同。

1. A/D 转换器的原理和分类

下面简要介绍常用的几种类型 A/D 转换器的基本原理及特点。

1) 逐次逼近型 A/D 转换器

逐次逼近(比较)型 A/D 转换器由一个比较器、D/A 转换器、寄存器及控制电路组成部分。用一个寄存器从高位到低位依次开始逐位试探比较。转换过程如下：开始时寄存器各位清 0，转换时先将最高位置 1，送 D/A 转换器转换，转换结果与输入的模拟量比较。如果转换的模拟量比输入的模拟量小，则 1 保留；如果转换的模拟量比输入模拟量大，则该位清 0。然后从第二位依次重复上述过程直至最低位，最后寄存器中的内容就是输入的模拟量转换后对应的数字量。一个 n 位的逐次逼近型 A/D 转换器转换过程只需要比较 n 次，转换时间只取决于位数和时钟周期。逐次逼近型 A/D 转换器转换速度快，功耗低，在实际中广泛使用。

2) 双重积分型 A/D 转换器

双重积分型 A/D 转换器将输入电压先变换成与其平均值成正比的时间间隔，然后再把此时间间隔转换成数字量，它属于间接型转换器。它的转换过程分为采样和比较两个过程。采样即用积分器对输入的模拟电压进行固定时间的积分，输入模拟电压值越大，采样值越大。比较就是用基准电压对积分器进行反向积分，直至积分器的值为 0。由于基准电压值固定，所以采样值越大，反向积分时积分时间越长，积分时间与输入电压值成正比。最后把积分时间转换成数字量，则该数字量就为输入模拟量对应的数字量。由于在转换过程中进行了两次积分，因此称为双重积分型。双重积分型 A/D 转换器转换精度高、稳定性好，测量的是输入电压在一段时间的平均值，而不是输入电压的瞬间值，因此抗干扰能力强，但缺点是由于转换精度依赖于积分时间，因此转换速率极低，双重积分型 A/D 转换器在工业上应用也比较广泛。

3) 并行比较型 A/D 转换器

并行比较型 A/D 转换器内部采用多个比较器，仅作一次比较就可实现转换，因此又称 FLASH(快速)型。由于转换速率极高，n 位的转换需要 $2n-1$ 个比较器，因此电路规模也极大，价格也高，只适用于视频 A/D 转换等速度要求特别高的领域。

还有一种串并行比较型 A/D 转换器，其结构介于并行型和逐次比较型之间，最典型的是由两个 $n/2$ 位的并行型 A/D 转换器配合 D/A 转换而组成，用两次比较实行转换，所以称为 HALF FLASH(半快速)型。还有分成三步或多步实现 A/D 转换的叫做分级(multistep/subrangling)型 ADC，而从转换时序角度又可称为流水线(pipelined)型 ADC。现代的分级型 ADC 中还加入了对多次转换结果作数字运算而修正特性等功能。这类 A/D 转换器速度比逐次比较型高，电路规模比并行比较型小。

4) $\Sigma - \Delta$ 调制型 A/D 转换器

$\Sigma - \Delta$ 型 ADC 由积分器、比较器、1 位 D/A 转换器和数字滤波器等组成。原理上近似于积分型，将输入电压转换成时间(脉冲宽度)信号，再用数字滤波器处理后得到数字量。电路的数字部分基本上容易单片化，因此容易做到高分辨率，这类 ADC 主要用于音频和测量。

5）压频变换型 A/D 转换器

压频变换型 ADC 是通过间接转换方式实现模数转换的。其原理是首先将输入的模拟信号转换成频率，然后用计数器将频率转换成数字量。从理论上讲这种 ADC 的分辨率几乎可以无限增加，只要采样的时间能够满足输出频率分辨率要求的累积脉冲个数的宽度。其优点是分辨率高、功耗低、价格低，但是需要外部计数电路共同完成 A/D 转换。

2．A/D 转换器的主要性能指标

A/D 转换器的性能指标主要有以下几个。

1）分辨率

A/D 转换器的分辨率是指数字量变化一个最小量时模拟信号的变化量，定义为满刻度与 $2n$ 的比值。分辨率又称精度，通常以数字量信号的二进制数位数 n 来表示。n 位输出的 A/D 转换器能区分 $2n$ 个不同等级的输入模拟电压，能区分输入电压的最小值为满量程输入值的 $1/2n$。在最大输入电压（参考电压）一定时，输出位数愈多，分辨率愈高。如 ADC0809 芯片是 8 位二进制输出，其分辨率为 8 位，模拟输入电压最大值为 5V，那么它能区分出输入信号的最小电压为 5V/256＝19.53mV。A/D 转换器的输出数字量与其对应的输入模拟量电压之间的关系为

$$输出数字量/2n＝输入模拟电压/参考电压$$

2）转换误差

转换误差通常是以输出误差的最大值形式给出，它表示 A/D 转换器实际输出的数字量和理论上输出数字量之间的差别，常用最低有效位的倍数表示。例如，给出相对误差 LSB/2，表明实际输出的数字量和理论上应得到的输出数字量之间的误差小于最低位的半个字。这个误差通常称作量化误差。此外，还有偏移误差（是指输入信号为零时输出信号不为零的值，可外接电位器调至最小）和满刻度误差（是指满刻度输出时对应的输入信号与理想输入信号值之差）。

3）转换时间

转换时间是指 A/D 转换器完成一次从模拟量转换到数字量所需的时间。A/D 转换器的转换时间与转换电路的类型有关，不同类型的转换器转换速度相差甚远。其中并行比较型 ADC 的转换速度最高，可达到纳秒级。而双重积分型 ADC 的转换速度最慢，需要几十毫秒甚至几百毫秒。

其他指标还有线性度、绝对精度、相对精度、微分非线性等。

6.4.2　ADC0809 芯片的应用

ADC0809 是 CMOS 单片型逐次逼近型 A/D 转换器，具有 8 路模拟量输入通道，有转换起停控制，模拟输入电压范围为 $0\sim+5V$，转换时间为 $100\mu s$。其内部结构及外部引脚如图 6.32 所示。

ADC0809 由一个 8 路模拟开关、地址锁存与译码器、逐次逼近寄存器、一个 D/A 转换器（DAC）、一个三态输出锁存器及逻辑控制和定时电路组成。多路开关可选通 8 个模

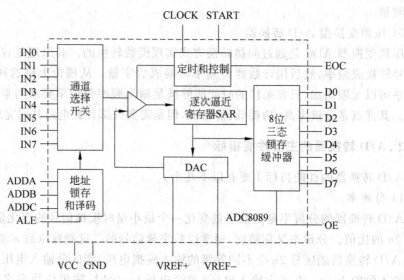

图 6.32　ADC0809 的内部结构及外引脚

拟通道,允许 8 路模拟量分时输入,共用 A/D 转换器进行转换。在多点巡回检测和过程控制等数据采集系统中,利用它可直接输入 8 个单端的模拟信号,分时进行 A/D 转换。三态输出锁器用于锁存 A/D 转换后的数字量数据,当 OE 端为高电平时,才可以从三态输出锁存器读取到数据。

单片机可以采用 I/O 方式或总线方式(访问外部数据存储器形式)来访问 ADC0809。

1. 引脚功能

ADC0809 芯片有 28 条引脚,采用双列直插式封装,各引脚功能如下。

IN0~IN7:8 路模拟量输入端。

D0~D7:8 位数字量输出端。

ADDA、ADDB、ADDC:3 位地址输入线,用于选择 8 路模拟通道中的一路,如表 6.12 所示。

ALE:地址锁存允许信号,输入,高电平有效。当此信号有效时,ADDA、ADDB、ADDC 三位地址信号被锁存,译码选通对应模拟通道。在使用时,该信号常和 START 信号连在一起,以便同时锁存通道地址和启动 A/D 转换。

表 6.12　模拟输入端的地址选通表

ADDC	ADDB	ADDA	选择通道	ADDC	ADDB	ADDA	选择通道
0	0	0	IN0	1	0	0	IN4
0	0	1	IN1	1	0	1	IN5
0	1	0	IN2	1	1	0	IN6
0	1	1	IN3	1	1	1	IN7

START：A/D 转换启动信号,输入,正脉冲(至少 100ns 宽)有效。脉冲的上升沿使逐次逼近寄存器清零,下降沿开始启动 A/D 转换。

EOC：转换结束信号,输出,高电平有效。当启动转换时,该引脚为低电平,当 A/D 转换结束时,该线脚输出高电平。

OE：数据输出允许信号,输入,高电平有效。当转换结束后,如果从该引脚输入高电平,则打开输出三态门,输出锁存器的数据从 D0~D7 送出。

CLK：时钟脉冲输入端。要求时钟频率不高于 640kHz。

REF＋、REF－：正、负参考电压输入端,用于提供基准电压。

VCC：电源,单一＋5V。

GND：地。

2. 工作流程

ADC0809 的工作流程如下：

① 输入 3 位地址,并使 ALE＝1,将地址存入地址锁存器中,经地址译码器译码从 8 路模拟通道中选通一路模拟量送到比较器。

② 送 START 一个正脉冲信号,START 的上升沿使逐次逼近寄存器复位,下降沿启动 A/D 转换,并使 EOC 信号为低电平。

③ 当转换结束时,转换的结果送入到输出三态锁存器,并使 EOC 信号回到高电平,通知 CPU 已转换结束。

④ 当 CPU 执行一读数据指令,使 OE 输入高电平时,输出锁存器三态门打开,数据输出到数据总线 D0~D7 上,并被 CPU 读取。

其工作时序如图 6.33 所示。

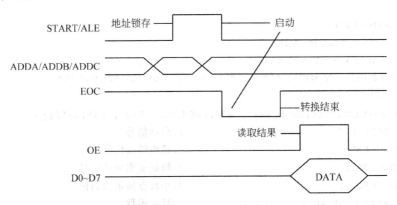

图 6.33 ADC0809 工作时序

【例 6-11】 ADC0809 与 51 单片机连接如图 6.34 所示,51 单片机以 I/O 口方式对 ADC0809 进行控制和操作,4 位共阴极数码管用于显示,ADC0809 外接 500kHz 时钟信号。编写程序,实现对滑动变阻器 RV1 滑动端的直流电压值测量并显示。

【答案与解析】

① 51 单片机对 ADC0809 的读操作和输入信号的控制采用 I/O 口方式进行。

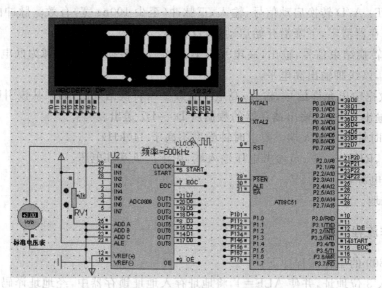

图 6.34　51 单片机 I/O 方式操作 ADC0809 的接口电路

② ADC0809 的参考电压引脚 VREF＋接 VCC（＋5V），所以检测到的电压值 V 与 A/D 转换后的数字量值 data 之间的关系为 V＝（data/256）×5。为达到能显示小数点后两位的效果，对转换后的数据进行了放大 100 倍的数值转换。

③ 检测是无限循环进行的，每次检测采用查询方式测试 EOC 信号，以确认每次转换是否结束。

④ 硬件中连接了标准电压表，以评估单片机系统的检测结果。

C51 程序如下：

```
#include<reg51.h>
#define uint unsigned int
#define uchar unsigned char
//共阴极数码管的字形码表 "0" "1" "2" "3" "4" "5" "6" "7" "8" "9"
uchar code
table[]={0x3f,0x06,0x5b,0x4f,0x66,0x6d,0x7d,0x07,0x7f,0x6f};
sbit START=P3^4;                    //启动信号
sbit EOC=P3^5;                      //转换结束信号
sbit OE=P3^2;                       //数据输出允许信号
sbit dot=P1^7;                      //小数点显示控制位
void delay(uint m)                  //延时函数
{   while(m--);
}
void main()
{   uint temp;
    START=0;
    START=1;                        //启动 ADC0809 复位
    START=0;                        //启动 ADC0809 转换
```

```
    while(1)
    {   if(EOC==1)                        //测试转换结束否,为 1 则转换结束
        {OE=1;                            //输出允许,数据输出
        temp=P0;                          //读取转换后的数据
        OE=0;
        temp=temp*1.0/256*500;            //数字量转换成实际测量的电压值*100
        P2=0xf7;                          //11110111,选择左数第 4 位数码管
        P1=table[temp%10];                //显示小数点后第 2 位的数值
        delay(500);                       //延时
        P2=0xfb;                          //11111011,选择左数第 3 位数码管
        P1=table[temp/10%10];             //显示小数点第 1 位的数值
        delay(500);
        P2=0xfd;                          //11111101,选择左数第 2 位数码管
        P1=table[temp/100%10];            //显示个位的数值
        dot=1;                            //显示小数点
        delay(500);
        START=1;                          //启动 ADC0809 的下一次转换
        START=0;
        }
    }
}
```

例 6-11 中,51 单片机采用 I/O 口方式对 ADC0809 进行操作,采用查询方式确认数据转换是否完成,一旦完成便立即进行数据传送。下面的例 6-12 给出 51 单片机采用总线方式对 ADC0809 进行操作,采用中断方式确认数据转换的完成。

【例 6-12】　ADC0809 与 51 单片机连接如图 6.35 所示,单片机以访问外部数据存储器方式控制 ADC0809,用 4 位共阴极数码管显示。ADC0809 外接 500kHz 时钟信号,ADC0809 完成一次 A/D 转换后以中断方式通知单片机。编写程序,实现对滑动变阻器 RV1 滑动端的直流电压值测量测量并显示。

【答案与解析】

① 在单片机以访问外部数据存储器方式(总线方式)控制 ADC0809 时,需要确定 ADC0809 的访问地址,ADC0809 的地址应为 7FFFH(即 P2.7=0)。

② 在 51 单片机进行读写操作时,$\overline{RD}$ 或 $\overline{WR}$ 引脚自动输出读或写控制信号,利用 7402 或非门设计 ADC0809 的控制逻辑。

当 51 单片机对地址 7FFFH 进行写数据 0 的操作时(即 P2.7=0,$\overline{WR}$=0,ADDA,ADDB,ADDC=000),P2.7 与 $\overline{WR}$ 写信号的或非门输出高电平,控制地址锁存 ALE 和启动转换 START 信号高电平有效,并且 D0、D1、D2 输出 000 则选择模拟通道 IN0 输入并启动转换。

当 51 单片机对地址 7FFFH 进行读操作时(即 P2.7=0,/RD=0),P2.7 与读信号 $\overline{RD}$ 的或非门输出高电平,控制输出允许信号 OE 有效使 ADC 输出数据,以便被 CPU 读取。

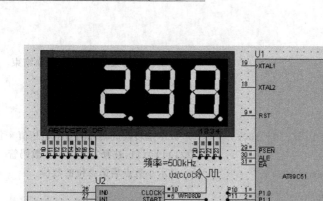

图 6.35   51 单片机存储器方式操作 ADC0809 的接口电路

③ ADC0809 的转换结束引脚 EOC 经或非门,与单片机外部中断 INT0 相连,转换结束时 EOC=1,或非门输出为低,从而以边沿触发方式向 INT0 发送中断请求,单片机在中断服务程序中读出 AD 转换后的数据。

④ P1 口连接数码管的段选口,P2 口的低 4 位连接 4 位数码管的 4 个位选口。

C51 程序如下:

```c
#include <reg51.h>
#include <absacc.h>                  //绝对地址访问头文件
#define uint unsigned int
#define uchar unsigned char
#define ADC 0x7fff                   //定义 ADC0809 的口地址
//共阴极数码管的字形码表 "0" "1" "2" "3" "4" "5" "6" "7" "8" "9"
uchar code table[]={0x3f,0x06,0x5b,0x4f,0x66,0x6d,0x7d,0x07,0x7f,0x6f};
uchar data ADCDat[8] _at_ 0x30;
uint temp;
uchar i=0,AD_data;
sbit dot=P1^7;                       //小数点控制位
void delay(uint m)                   //延时函数
{   while(m--);
}
void main(void)
{   EA=1;                            //允许中断
```

```
    EX0=1;                          //允许外部中断 0
    IT0=1;                          //外部中断 0 边沿触发方式
    i=0;
    XBYTE[ADC]=0;                   //对地址 7FFFH 写 0,启动通道 0 开始转换
    while(1)
    {
    P2=0xf7;                        //11110111,选择左数第 4 位数码管
    P1=table[temp%10];              //显示小数点后第 2 位的数值
    delay(500);                     //延时
    P2=0xfb;                        //11111011,选择左数第 3 位数码管
    P1=table[temp/10%10];           //显示小数点后第 1 位的数值
    delay(500);
    P2=0xfd;                        //11111101,选择左数第 2 位数码管
    P1=table[temp/100%10];          //显示个位的数值
    dot=1;                          //显示小数点
    delay(500);
    XBYTE[ADC]=0;                   //再次启动通道 0 进行 AD 转换
    }
}
void int_adc(void) interrupt 0      //外部中断 0 的中断函数
{   temp=XBYTE[ADC];                //读取转换后的数据
    temp=temp * 1.0/256 * 500;      //将读取的数据转换为模拟电压值的 100 倍
}
```

6.5　D/A 转换接口

数模转换器又称 D/A 转换器(Digital to Analog Converter,DAC),是把数字量转变成模拟量信息的器件。在单片机控制系统中,常常用于将单片机输出的数字量信息转换成模拟量信息(例如直流电流、直流电压等)实现对生产过程等的自动控制。

6.5.1　D/A 转换原理

1. D/A 转换的原理

D/A 转换器主要由数字寄存器、模拟电子开关、位权网络、求和运算放大器和基准电压源(或恒流源)组成。用存于数字寄存器的数字量的各位数码,分别控制对应位的模拟电子开关,使数码为 1 的位在位权网络上产生与其位权成正比的电流值,再由运算放大器对各电流值求和,并转换成电压值。根据位权网络的不同,可以构成不同类型的 DAC,如权电阻网络 DAC、R-2R 倒 T 形电阻网络 DAC 和单值电流型网络DAC 等。

权电阻网络 DAC 的转换精度取决于基准电压 VREF,以及模拟电子开关、运算放大

器和各权电阻值的精度。它的缺点是各权电阻的阻值都不相同,位数多时,其阻值相差甚远,这给保证精度带来很大困难,特别是对于集成电路的制作很不利,因此在集成的DAC中很少单独使用该电路。

倒 T 形电阻网络 DAC 由若干个相同的 R、2R 网络节组成,每节对应于一个输入位。节与节之间串接成倒 T 形网络。R-2R 倒 T 形电阻网络 DAC 是工作速度较快、应用较多的一种。和权电阻网络比较,由于它只有 R、2R 两种阻值,从而克服了权电阻阻值多,且阻值差别大的缺点。

电流型 DAC 则是将恒流源切换到电阻网络中,恒流源内阻极大,相当于开路,所以连同电子开关在内,对它的转换精度影响都比较小,又因电子开关大多采用非饱和型的 ECL 开关电路,使这种 DAC 可以实现高速转换,转换精度较高。

2. D/A 转换器的性能指标

D/A 转换器的性能指标主要有以下几个。

1) 分辨率

一般用 DAC 的输入数字量的位数来衡量分辨率的高低,因为位数越多,其输出电压 V_o 的取值个数就越多(有 2^n 个),也就越能反映出输出电压的细微变化,分辨能力就越高。DAC 输入的数字量与输出的模拟量之间的关系为:

$$输入数字量/2^n = 输出模拟量/参考电压$$

2) 线性度

线性度指实际转换特性与理论转换特性之间的误差。通常用非线性误差的大小表示 D/A 转换器的线性度,并且把理想的输入输出特性的偏差与满刻度输出之比的百分数定义为非线性误差。

3) 转换误差

转换误差是指实际输出的模拟值与理想值之间的最大偏差。常用这个最大偏差与满量程刻度值 FSR 之比的百分数或若干个 LSB 表示。实际上它是三种误差的综合指标。

4) 转换速度

转换速度一般由建立时间决定。从输入由全 0 突变为全 1 时开始,到输出模拟信号稳定在满量程刻度值 FSR 的 $\pm\frac{1}{2}$ LSB 范围(或以 FSR±x％FSR 指明范围)内为止,这段时间称为建立时间,它是 DAC 的最大响应时间,用来衡量转换速度的快慢。不同的 D/A 转换器,其建立时间也不同。通常电流输出的 DAC 的建立时间很短,电压输出的 DAC 的建立时间主要取决于相应的运算放大器。

5) 温度系数

温度系数反映了 D/A 转换器的输出随温度变化的情况。其定义为满量程刻度输出的条件下,温度每升高 1 度,输出变化相对于满量程的百分数。

其他指标还有电源抑制比、输入形式(指数字量输入形式为二进制码、BCD 码或其他形式编码)、输出形式(指输出信号为电流型或电压型)等。

3. D/A 转换的分类

D/A 转换器的品种繁多,性能各异。按输入数字量的位数分 8 位、10 位、12 位和 16 位等;按输入的数码形式分二进制码、BCD 码方式等;按传送数字量的方式分并行方式和串行方式;按输出形式分电流输出型和电压输出型,电压输出型又有单极性和双极性;按与单片机的接口分带输入锁存的和不带输入锁存的。

6.5.2 DAC0832 芯片的应用

DAC0832 是一种 8 位分辨率的电流型 D/A 转换器,具有与单片机接口方便、转换控制容易、价格低廉等优点,在单片机应用系统中得到广泛的应用。DAC0832 由 8 位输入锁存器、8 位 DAC 寄存器、8 位 D/A 转换器及转换控制电路组成,内部结构及外引脚如图 6.36 所示。其数字输入端具有双重缓冲功能,可以双缓冲、单缓冲或直通方式输入数据。单片机可以采用 I/O 方式或总线方式(访问外部数据存储器形式)实现对 DAC0832 的操作。

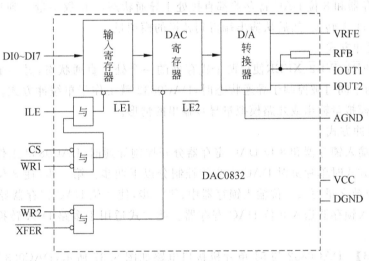

图 6.36 DAC0832 的内部结构及外引脚

1. 引脚功能

DAC0832 有 20 个引脚,采用双列直插式封装,各引脚功能如下。

DI0～DI7(DI0 为最低位):8 位数字量输入端。

ILE:数据允许控制输入线,高电平有效。

$\overline{CS}$:片选信号,低电平有效。

$\overline{WR1}$:写信号线 1,低电平有效。

$\overline{WR2}$:写信号线 2,低电平有效。

$\overline{XFER}$:数据传送控制信号输入线,低电平有效。

IOUT1:模拟电流输出线 1,其值随 DAC 寄存器的内容线性变化。

IOUT2：模拟电流输出线 2，其值与 IOUT1 值之和为一常数，采用单极性输出时，IOUT2 常常接地。

RFB：片内反馈电阻引出线，反馈电阻制作在芯片内部，用作外接的运算放大器的反馈电阻。

VREF：基准电压输入线，电压范围为-10V～+10V。

VCC：工作电源输入端，可接+5V～+15V 电源。

AGND：模拟地。

DGND：数字地。

2. 工作方式

根据对 DAC0832 的输入锁存器和 DAC 寄存器的不同控制方式，DAC0832 有三种工作方式：直通方式、单缓冲方式和双缓冲方式。

1）直通方式

当 $\overline{CS}$、$\overline{WR1}$、$\overline{WR2}$、$\overline{XFER}$ 直接接地，ILE 接电源，DAC0832 工作于直通方式，此时，8 位输入寄存器和 8 位 DAC 寄存器都直接处于导通状态，8 位数字量一到达 DI0～DI7，就立即进行 D/A 转换，然后从输出端得到转换的模拟量。

2）单缓冲方式

当 $\overline{CS}$、$\overline{WR1}$、$\overline{WR2}$、$\overline{XFER}$ 使得两个锁存器的一个处于直通状态，另一个处于受控制状态，或者两个同时被控制于导通状态时，DAC0832 就工作于单缓冲方式。此方式适用于只有一路模拟量输出或几路模拟量异步输出的情形。

3）双缓冲方式

当 8 位输入锁存器和 8 位 DAC 寄存器分开控制导通时，DAC0832 工作于双缓冲方式。双缓冲方式时单片机对 DAC0832 的控制分以下两步。第一步，使 8 位输入锁存器导通，将 8 位数字量写入 8 位输入锁存器中；第二步，使 8 位 DAC 寄存器导通，8 位数字量从 8 位输入锁存器送入 8 位 DAC 寄存器。此方式适用于多路 D/A 转换异步输出的情形。

【例 6-13】 DAC0832 与 51 单片机接口电路如图 6.37 所示，DAC0832 以单缓冲方式工作，编写程序，实现锯齿波输出。

【答案与解析】

① DAC0832 的输出接反相运放，实现 1:1 电压输出。

② 51 单片机对 DAC0832 的操作采用 I/O 方式，P0 口作为 I/O 输出口时，需要接上拉电阻，用电阻排 RP1 实现。单片机用 P3.6 和 P3.7 控制 DAC0832 的 $\overline{WR1}$ 和 $\overline{CS}$，$\overline{WR2}$ 和 $\overline{XFER}$ 接地，实现单缓冲工作方式。

③ 形成锯齿波上升和下降波形时，单片机需输出 256 个数字量(0～255)到 DAC，并且输出数字量之间要间隔一定的时间以形成锯齿波的周期，可以通过示波器显示波形。

④ 由于 DAC 的参考电压 VREF 接 VCC(+5V)，所以 DA 转换输出满量程值时的波峰电压值为 5V，生成的锯齿波在模拟示波器中的波形如图 6.38 所示。

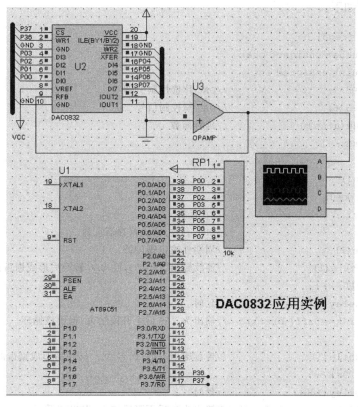

图 6.37　DAC0832 与 51 单片机接口电路

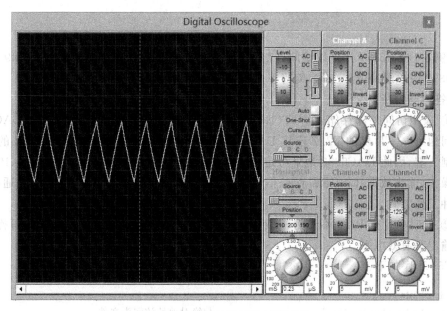

图 6.38　DAC0832 产生的锯齿波

C51 程序如下：

```
#include<reg51.h>
#define uchar unsigned char
#define uint unsigned int
sbit cs=P3^7;                //DAC 片选控制引脚
sbit wr=P3^6;                //DAC 写控制信号
void delay(uint m)           //延时函数
{   while(m--);
}
void main()
{   uchar k=0;
    cs=0;                    //CS 有效
    wr=0;                    //WR1 有效,输入寄存器选通
    while(1)                 //周期性输出锯齿波
    {   while(1)             //连续输出 0~ 255,经 DAC 转换后形成锯齿波的上升段波形
        {P0=k++;
        delay(100);          //延时
        if(k==0xff) break;   //输出为 255 后上升段结束,退出该循环
        }
        while(1)             //连续输出 255-0,经 DAC 转换后形成锯齿波的下降段波形
        {P0=k--;
        delay(100);          //延时
        if(k==0) break;      //输出为 0 后下降段结束,退出该循环
        }
    }
}
```

【例 6-14】　51 单片机以访问外部存储器方式控制 DAC0832 的电路如图 6.39 所示，DAC0832 以单缓冲方式工作，编写程序，实现锯齿波输出。

【答案与解析】

① 采用访问外部存储器方式(即总线方式)控制 DAC0832 时，需要确定 DAC0832 的访问地址。单片机的 P2.7 连接 DAC0832 的 $\overline{CS}$ 片选端，P3.6 连接 DAC0832 的 $\overline{WR1}$ 写控制 1 端，因此 DAC0832 地址可定义为 7FFFH，当 51 单片机对地址 7FFFH(P2.7＝0)写操作(输出数据)时，$\overline{CS}$ 和 $\overline{WR1}$ 信号低电平有效，DAC0832 的输入寄存器选通，实现单缓冲工作方式。

② 此时单片机 P3.6 不作为一般 I/O 口，而是作为写控制信号，在单片机写操作时自动输出写有效电平。

C51 程序如下：

```
#include<reg51.h>
#include<absacc.h>                  //绝对地址访问头文件
#define uchar unsigned char
#define DAC XBYTE[0x7FFF]           //DAC0832 的访问地址
```

```
void delay(uchar m)                 //延时函数
{   while(m--);
}
void main()
{   uchar i;
    while(1)
    {   for (i=0;i<0xff;i++)        //上升段波形输出
        {   DAC=i;                  //DA转换时间=1us,不必考虑延时
        delay(200);                 //延时
        }
        for (i=0xff;i>0;i--)        //下降段波形输出
        {   DAC=i;
        delay(200);                 //延时
        }
    }
}
```

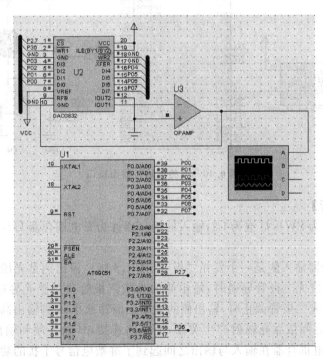

图 6.39　单片机以数据存储器方式访问 DAC0832

在 51 单片机系统中使用 D/A 转换器时,要注意考虑以下两个问题。一是位数,当高于 8 位的 D/A 转换器与 8 位数据总线的 51 单片机接口时,51 单片机的数据必须分时输出,这时必须考虑数据分时传送的格式和输出电压的“毛刺”问题;二是 D/A 转换器有无输入锁存器的问题,当 D/A 转换器内部没有输入锁存器时,需要在单片机与 D/A 转换器之间增设锁存器或 I/O 接口。

6.6 开关量输入输出接口

AD转换和DA转换对单片机来讲是模拟信号的输入和输出处理,开关量信号也是单片机系统经常需要处理的任务之一。开关量信号的逻辑表现形式为0或1。开关量信号本身往往连接在容易对单片机系统产生干扰的电气设备上,此时需要在单片机系统中设计使用光电耦合器、继电器等接口器件屏蔽干扰,下面结合实例加以说明。

【例6-15】 开关控制220V灯泡的单片机系统如图6.40所示,光电耦合器作为开关量输入接口,继电器作为开关量输出接口,编写程序,实现开关导通时灯泡亮,开关断开时灯泡灭。

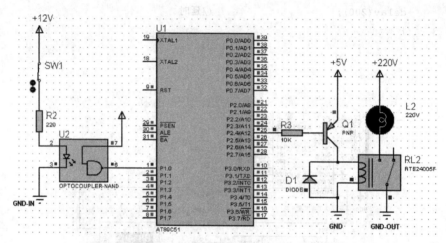

图6.40　开关量输入输出接口

【答案与解析】

① 图中开关为SW1,灯泡为L2,输入的接口器件为光电耦合器U2,输出的接口器件为继电器RL2。

② 光电耦合器输入侧是一个发光二极管(接2,3脚),输出侧是光敏三极管(外接6、7脚)。当输入侧发光二极管导通时,输出侧的光敏三极管通过感光导通,6脚输出低电平0;当输入侧发光二极管截止时,输出侧的光敏三极管截止,6脚输出高电平1。光电耦合器输入与输出之间依靠光辐射产生关联,无电路连接,其输入端和输出端是独立的供电系统。因此光电耦合器在输入与输出之间起到了屏蔽电信号干扰的功能。

③ 单片机的P2.4脚控制开关三极管Q1的导通和截止,当P2.4输出低电平时,三极管Q1导通,进而控制继电器线圈导通。

④ 继电器的输入侧是线圈,右侧是磁感应开关,当线圈不导通时,开关断开;线圈导通时,开关闭合。继电器的输入端和输出端无电路连接,两者也是独立的电源供电,因此输入与输出之间不会产生电路信号干扰。

⑤ 完整的控制逻辑:

SW1开关闭合→光电耦合器的6脚输出低电平→检测到P1.0低电平→控制P2.4

脚输出低电平→Q1 导通→继电器的线圈导通→继电器的开关闭合→灯泡亮。

　　SW1 开关断开→光电耦合器的 6 脚输出高电平→检测到 P1.0 高电平→控制 P2.4
脚输出高电平→Q1 截止→继电器的线圈不导通→继电器的开关断开→灯泡灭。

　　C51 程序如下：

```
#include<reg51.h>
#define uint unsigned int
sbit K1=P1^0;
sbit RELAY=P2^4;
void DelayMS(uint ms)
{  uchar t;
   while(ms--)
   {for(t=0;t<120;t++);
   }
}
void main()
{  P1=0xff;                        //初始时继电器线圈不导通,灯泡灭
   RELAY=1;
   while(1)
   {  if(K1==0)                    //开关通,灯泡亮
      {  RELAY=0;
         DelayMS(20);
      }
      if(K1==1)                    //开关断,灯泡灭
      {  RELAY=1;
         DelayMS(20);
      }
   }
}
```

习　　题

1. 简述数码管动态扫描显示原理。比较静态显示和动态显示两种方式的特点。
2. 分析数码管显示、字符式 LCD 和图形式 LCD 显示在使用上的特点。
3. 键盘抗干扰去抖的方法有哪些？有何优缺点？
4. 矩阵式键盘的按键识别方法是什么？掌握行列扫描法的原理。
5. 数据存储器和程序存储器扩展的方法是什么？如何区分各个数据存储器的地址
范围？
6. 分析 8255A 芯片扩展 I/O 口的特点。
7. A/D 转换芯片的功能和主要指标有哪些？
8. D/A 转换芯片的功能和主要指标有哪些？
9. 分析光电耦合器和继电器的作用及原理。

第 7 章

MCS-51 单片机的通信接口技术

通信接口是单片机系统中非常重要的组成部分,传统意义上 51 单片机可以按访问外部数据存储器的方式与 8255 等芯片进行并行数据通信,并行通信在工程实现上成本较高。随着串行通信技术的迅速发展,串行数据通信已成为目前嵌入式计算机系统主要的有线通信方式,本章介绍几种常用的与 51 单片机进行串行数据通信的接口技术。

7.1　RS232 接口通信

7.1.1　RS232 基本原理

RS232 是单片机系统与 PC 通信的异步串行通信接口,RS232 接口的全名是"数据终端设备和数据通信设备之间串行二进制数据交换接口技术标准"。该标准规定采用一个 25 脚的 DB25 连接器,对连接器的每个引脚的信号内容加以规定,对各种信号的电平加以规定。在计算机与单片机终端的通信中一般只使用 3~9 条引线,目前计算机 COM 口使用的是 9 针 D 形连接器 DB9,引线定义如表 7.1 所示。

表 7.1　RS232 DB9 引脚定义

针号	功　能	缩写	针号	功　能	缩写
1	数据载波检测	DCD	6	数据设备准备好	DSR
2	接收数据	RXD	7	请求发送	RTS
3	发送数据	TXD	8	清除发送	CTS
4	数据终端准备	DTR	9	振铃指示	DELL
5	信号地	GND			

在 RS232 中任何一条信号线的电压均为负逻辑关系。即逻辑 1,$-15\sim-5V$;逻辑 0,$+5\sim+15V$。噪声容限为 2V,即要求接收器能识别低至 $+3V$ 的信号作为逻辑 0,高到 $-3V$ 的信号作为逻辑 1。通常单片机系统与 PC 连接的 RS232C 接口中,因为不使用对方的传送控制信号,只需 3 条接口线,即发送数据、接收数据和信号地。所以采用 DB-9 的 9 芯插头座,传输线采用屏蔽双绞线。

7.1.2　单片机与 PC 的 RS232 接口通信

1. RS232 电平转换芯片

RS232 采用串行异步通信协议,与 51 单片机内部的 UART 一致,但由于单片机的逻辑电平为:1 代表 5V,0 代表 0V。这与 RS232 逻辑电平不一致,因此需要在二者间加电平转换芯片。图 7.1 为典型的单片机与 PC 进行 RS232 通信的原理示意图,其中 SP232 为电平转换芯片。

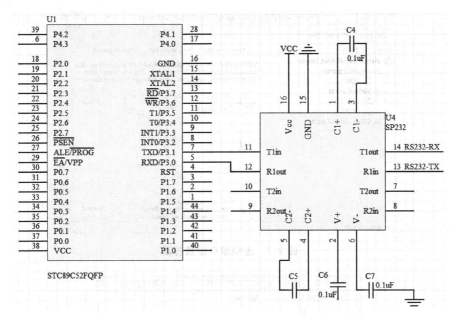

图 7.1　单片机 232 通信示意图

SP232 芯片是专为 RS232 标准串口设计的单电源电平转换芯片,使用＋5V 单电源供电。引脚功能如下。

第一部分是电荷泵电路。由 1、2、3、4、5、6 脚和 4 只电容构成。功能是产生＋12V 和－12V 两个电源,提供给 RS232 串口电平的需要。

第二部分是数据转换通道。由 7、8、9、10、11、12、13、14 脚构成两个数据通道。其中 13 脚(R1IN)、12 脚(R1OUT)、11 脚(T1IN)、14 脚(T1OUT)为第一数据通道。8 脚(R2IN)、9 脚(R2OUT)、10 脚(T2IN)、7 脚(T2OUT)为第二数据通道。TTL/CMOS 数据从 11 引脚(T1IN)、10 引脚(T2IN)输入转换成 RS232 数据从 14 脚(T1OUT)、7 脚(T2OUT)送到计算机 DB9 插头;DB9 插头的 RS232 数据从 13 引脚(R1IN)、8 引脚(R2IN)输入转换成 TTL/CMOS 数据后从 12 引脚(R1OUT)、9 引脚(R2OUT)输出。

第三部分是供电。15 脚 GND、16 脚 V_{cc}(＋5V)。

2. 仿真运行环境搭建及应用

实际的 RS232 通信需要 PC 和单片机两种计算机系统同时工作,利用虚拟串口软件和 Proteus 软件使得 RS232 的单片机程序可以在一台装有上述两种软件的 PC 上完成仿真调试。具体实现步骤如下。

(1) 安装虚拟串口软件 VirtualSerialPortDriver,并运行该软件设置虚拟串口,如图 7.2 所示,设置的一对虚拟串口为 COM2 和 COM3。设置完成后会在 PC 的设备管理器界面出现相应结果如图 7.3 所示。

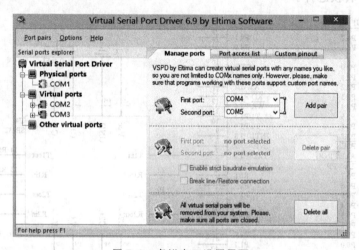

图 7.2　虚拟串口设置界面

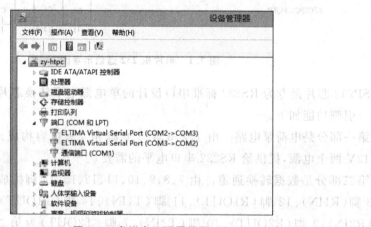

图 7.3　虚拟串口设置结果

(2) 运行通用串口通信软件,设置通信参数并打开相应端口如图 7.4 所示。通信端口为 COM2 口,通信协议参数为:波特率 4800、校验位 None、数据位 8、停止位 1。该通信软件运行后相当于 RS232 通信中的 PC 端。

(3) 在 Proteus 软件界面中设计单片机电路,其中用串口仿真器件 COMPIM 代替实际电路中的 RS232 电平转换芯片 SP232,电路如图 7.5 所示。

图 7.4　串口通信软件参数设置

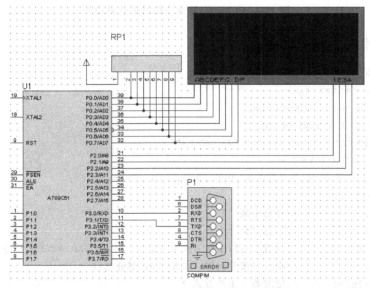

图 7.5　RS232 通信仿真电路

（4）设置 COMPIM 的通信参数，与图 7.4 串口通信软件参数设置一致。设置结果如图 7.6 所示。

至此，RS232 通信仿真环境搭建完成，可在 Proteus 中编写程序进行调试。

【例 7-1】 单片机与 PC 之间 RS232 通信电路原理仿真如图 7.5 所示，数码管为 4 位共阴极。编写程序，实现如下功能：PC 发数据 0～9 中的一个（十六进制），单片机收到后在数码管上显示出来并将收到的数据回传给 PC。波特率为 4800bps。

【答案与解析】

① 首先搭建 RS232 通信仿真环境，然后编写程序，采用查询方式接受 PC 发送的数据。

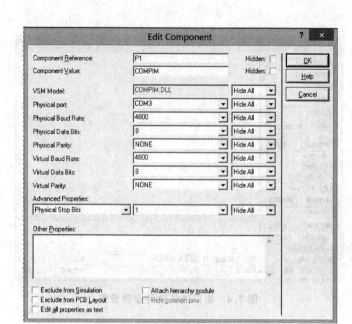

图 7.6　COMPIC 器件串口通信参数设置

② 程序代码如下：

```c
#include <reg51.h>
#include <intrins.h>
#define uchar unsigned char
#define uint unsigned int
// "0" "1" "2" "3" "4" "5" "6" "7" "8" "9"
uchar code DSY_CODE[]=
{   0x3f,0x06,0x5b,0x4f,0x66,0x6d,0x7d,0x07,0x7f,0x6f};
void UartIni()
{   EA=1;             //开总中断
    ES=1;             //串行口允许中断
    SM0=0;            //设置串行口工作方式为方式 1。SM0=0,SM1=0 为工作方式 0SM1=1
    REN=1;            //串行口接收允许。REN=0 时,禁止接收
    TMOD=0x20;        //定时器 1 工作方式 2
    PCON=0x80;        //SMOD=1,倍频
    TH1=0xf3;         //初值 X=256-(12000000*2/(12*32*4800))
    TL1=0xf3;         //4800 为波特率
    TR1=1;            //定时器 T1 开始工作,TR1=0,T1 停止工作
}
void main()
{   uchar i=0;
    P0=0x00;
    UartIni();
    while(1)
    {   while(!RI);   //一帧数据接收完毕,并已经装入接收 SBUF 中
```

```
        i=SBUF;
        P0=DSY_CODE[i];
        RI=0;              //CPU取走数据后。RI必须用软件来清零才能接收下一帧数据
        SBUF=i;
        while(TI==0);TI=0;
    }
}
```

程序运行结果如图 7.7 和图 7.8 所示。

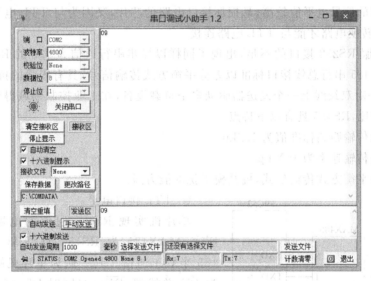

图 7.7 RS232 通信 PC 端结果

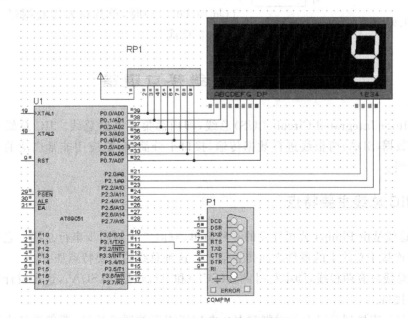

图 7.8 RS232 通信单片机端结果

7.2　RS485 接口通信

RS232 接口标准在应用中主要有以下不足。

① 传输距离有限,最大传输距离标准值为 15m。

② 传输速率较低,在异步传输时,波特率为 20kbps。

③ 通信双方形成共地的传输形式,容易产生共模干扰,抗噪声干扰性弱。

④ 接口的信号电平值较高,易损坏接口电路的芯片,又因为与 TTL 电平不兼容,故需使用电平转换电路才能与 TTL 电路连接。

为了克服 RS232 接口的不足,出现了同样以异步串行通信为基础的 RS485 接口通信技术。RS485 串行总线接口标准以差分平衡方式传输信号,具有很强的抗共模干扰的能力,允许一对双绞线上一个发送器驱动多个负载设备,在工业控制领域得到广泛应用。与 RS232 相比,RS485 具有以下特点。

① 最大传输距离标准值为 1.2km。

② 最高传输速率为 10Mbps。

③ 差分平衡方式传输形式,抗共模干扰的能力强。

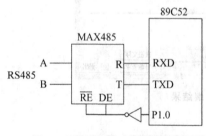

图 7.9　单片机 485 通信电路

④ TTL 接口电平。

单片机实现 RS485 通信的电路如图 7.9 所示,MAX485 为 RS485 总线驱动器,实现 485 半双工通信。其一侧为单片机端,另一侧为 485 总线端,$\overline{RE}=0$(同时 DE=0)时,单片机通过 MAX485 接收 485 总线数据;$\overline{RE}=1$(同时 DE=1)时,单片机发送数据经 MAX485 到 485 总线。

7.3　IIC 总线接口通信

IIC(Inter Integrated Circuit BUS)总线,即内部集成电路总线。IIC 总线采用时钟(SCL)和数据(SDA)两根线进行数据传输,接口十分简单,是应用非常广泛的芯片间串行通信总线。

7.3.1　IIC 总线主要特点

IIC 总线是由 Philips 公司开发的一种简单、双向二线制同步串行总线。它只需要两根线即在连接于总线上的器件之间传送信息。这种总线的主要特点如下。

(1) 总线只有两根线,即串行时钟线(SCL)和串行数据线(SDA),这在设计中大大减少了硬件接口。

(2) 每个连接到总线上的引脚都有一个用于识别的器件地址,器件地址由芯片内部硬件电路和外部地址引脚同时决定,避免了片选线的连接方法,并建立简单的主从关系,每个器件既可以作为发送器,又可以作为接收器。

(3) 同步时钟允许器件以不同的波特率进行通信。

(4) 同步时钟可以作为停止或重新启动串行口发送的握手信号。

(5) 串行的数据传输位速率在标准模式下可达 100Kb/s,快速模式下可达 400Kb/s,高速模式下可达 3.4Mb/s。

(6) 连接到同一总线的集成电路数只受 400pF 的最大总线电容的限制。

7.3.2　IIC 总线工作时序

当 IIC 总线没有进行信息传送时,数据线(SDA)和时钟线(SCL)都为高电平时。当主控制器向某个器件传送信息时,首先应向总线传送开始信号,然后才能传送信息,当信息传送结束时应传送结束信号。开始信号和结束信号规定如下:开始信号,SCL 为高电平时,SDA 由高电平向低电平跳变,开始传送数据;结束信号,SCL 为高电平时,SDA 由低电平向高电平跳变,结束传送数据。

开始信号和结束信号之间传送的是信息,信息的字节数没有限制,但每个字节必须为 8 位,高位在前,低位在后。数据线 SDA 上每一位信息状态的改变只能发生在时钟线 SCL 为低电平期间,因为 SCL 在高电平期间 SDA 状态的改变已经被用来表示开始信号和结束信号。每个字节后面必须接收一个应答信号(ACK),ACK 是从控制器在接收到 8 位数据后向主控制器发出的特定的低电平脉冲,用以表示已收到数据。主控制器接收到应答信号(ACK)后,可根据实际情况作出是否继续传递信号的判断。若未收到 ACK,则判断为从控制器出现故障。其通信时序如图 7.10 所示。

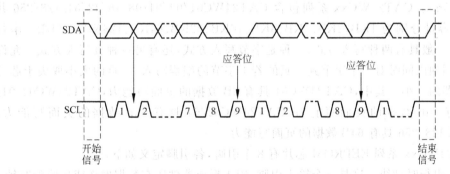

图 7.10　IIC 总线通信时序

主控制器每次传送的信息的第一个字节必须是器件地址码,第二个字节为器件单元地址,用于实现选择所操作的器件的内部单元,从第三个字节开始为传送的数据。其中器件地址码格式如下:

D7	D6	D5	D4	D3	D2	D1	D0
器件类型码				片选			R/W

7.3.3　IIC 总线操作指令格式

1）当前地址读

当前地址读操作将从所选器件的当前地址读,读的字节数不指定,格式如下:

S	控制码(R/W＝1)	A	数据 1	⋯	数据 2	A	P

2）指定单元读

指定单元读操作将从所选器件的指定地址读,读的字节数不指定,格式如下:

S	控制码 (R/W＝0)	A	器件单元 地址	S	控制码 (R/W＝1)	A	数据 1	A	数据 2	A

3）指定单元写

指定单元写操作将从所选器件的指定地址写,写的字节数不指定,格式如下:

S	控制码(R/W＝0)	A	器件单元地址	A	数据 1	A	数据 2	A	P

其中,S 表示开始信号,A 表示应答信号,P 表示结束信号。

7.3.4　IIC 总线 EEPROM 芯片的应用

CAT24WCxx 系列是一种串行 CMOS EEPROM 芯片,包含 1～256K 位,支持 IIC 总线数据传送协议的可用电擦除,可编程自定义写周期,自动擦除时间不超过 10ms,典型时间为 5ms。CAT24WCxx 系列包含 CAT24WC01/02/04/08/16/32/64/128/256 共 8 种芯片,容量分别为 1KB、2KB、4KB、8KB、16KB、32KB、64KB、128KB、256KB。串行 EEPROM 一般具有两种写入方式,一种是字节写入方式,还有另一种页写入方式。允许在一个写周期内同时对 1 个字节到一页的若干字节的编程写入,一页的大小取决于芯片内页寄存器的大小。其中,CAT24WC01 具有 8B 数据的页面写能力,CAT24WC02/04/08/16 具有 16B 数据的页面写能力,CAT24WC32/64 具有 32B 数据的页面写能力,CAT24WC128/256 具有 64B 数据的页面写能力。

CAT24WCxx 系列 EEPROM 芯片有 8 个引脚,各引脚定义如下。

SCL:串行时钟线。这是一个输入引脚,用于形成器件所有数据发送或接收的时钟。

SDA:串行数据/地址线。它是一个双向传输线,用于传送地址和所有数据的发送或接收。它是一个漏极开路端,因此要求接一个上拉电阻到 V_{CC} 端(速率为 100kHz 时电阻为 10kΩ,400kHz 时为 1kΩ)。对于一般的数据传输,仅在 SCL 为低电平期间 SDA 才允许变化。SCL 为高电平期间,开始信号(START)和停止信号(STOP)。

A0、A1、A2:器件地址输入端。这些输入端用于多个器件级联时设置器件地址,当这些脚悬空时默认值为 0(CAT24WC01 除外)。8 位从器件地址的高 4 位 D7～D4 固定为 1010,接下来的 3 位 D3～D1(A2、A1、A0)为器件的片选地址位,或作为存储器页地址选择位,用来定义哪个器件以及器件的哪个部分被主器件访问,最多可以连接 8 个 CAT24WC01/02、4 个 CAT24WC04、2 个 CAT24WC08、8 个 CAT24WC32/64、4 个 CAT24WC256 器件到同一总线上,这些位必须与硬连线输入脚 A2、A1、A0 相对应。

WP:写保护。如果 WP 引脚连接到 V_{cc},所有的内容都被写保护(只能读)。当 WP 引脚连接到 V_{ss} 或悬空,允许对器件进行正常的读写操作。

V_{cc}:电源。

V_{ss}:接地脚。

CAT24WCxx 的操作如下。

1) 件寻址及应答

主器件通过发送一个起始信号启动发送过程,然后发送所要寻址的从器件的地址。I2C 总线数据传送时,每成功地传送 1B 数据后,接收器都必须产生一个应答信号。应答的器件在第 9 个时钟周期时将 SDA 线拉低,表示其已收到 1B 数据。CAT24WCxx 在接收到起始信号和从器件地址之后响应一个应答信号,如果器件已选择了写操作,则在每接收 1B 之后响应一个应答信号。应答时序图如图 7.11 所示。

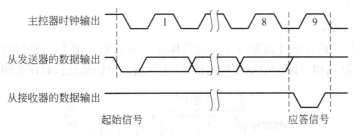

图 7.11 CAT24WCxx 应答时序图

2) 写操作方式

在字节写模式下,主器件发送起始命令和从器件地址信息($R/\overline{W}$ 位置 0)给从器件,主器件在收到从器件产生应答信号后,主器件发送 1B 地址写入 CAT24WC01/02/04/08/16 的地址指针,主器件在收到从器件的另一个应答信号后,再发送数据到被寻址的存储单元。CAT24WCxx 再次应答,并在主器件产生停止信号后开始内部数据的擦写,在内部擦写过程中,CAT24WCxx 不再应答主器件的任何请求。字节写时序如图 7.12 所示。

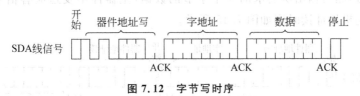

图 7.12 字节写时序

在页写模式下,CAT24WC01/02/04/08/16 可依次写入 8B/16B/16B/16B/16B 的数据。页写操作的启动和字节写一样,不同之处在于传送了 1B 数据后并不产生停止信号。页写时序如图 7.13 所示。

一旦主器件发送停止位指示主器件操作结束时,CAT24WCxx 启动内部写周期,应

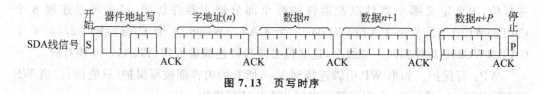

图 7.13　页写时序

答查询立即启动,包括发送一个起始信号和进行写操作的从器件地址。如果 CAT24WCxx 正在进行内部写操作,不会发送应答信号。如果 CAT24WCxx 已经完成了内部自写周期,将发送一个应答信号,主器件可以继续进行下一次读/写操作。

利用芯片的写保护操作特性,可使用户避免由于不当操作而造成的对存储区域内部数据的改写,当 WP 引脚接高电平时,整个寄存器区全部被保护起来而变为只可读取。CAT24WCxx 可以接收从器件地址和字节地址,但是装置在接收到第一个数据字节后不发送应答信号从而避免了寄存器区域被编程改写。

3) 读操作方式

对 CAT24WCxx 读操作的初始化方式和写操作时一样,仅把 R/W 位置为 1。有 3 种读操作方式。

① 立即数读取。

CAT24WCxx 的地址计数器内容为最后操作字节的地址加 1。也就是说,如果上次读写的操作地址为 n,则立即读的地址从地址 $n+1$ 开始。立即地址读时序如图 7.14 所示。

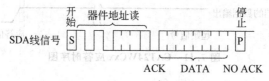

图 7.14　立即地址读时序

② 随机地址读取。

随机读操作允许主器件对寄存器的任意字节进行读操作,主器件首先通过发送起始信号、从器件地址和想读取的字节数据的地址执行一个伪写操作。在 CAT24WCxx 应答之后,主器件重新发送起始信号和从器件地址,此时 R/W 位置 1,CAT24WCxx 响应并发送应答信号,然后输出所要求的一个字节的数据,主器件不发送应答信号但产生一个停止信号。随机地址读时序如图 7.15 所示。

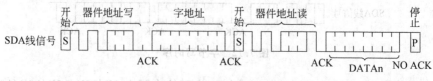

图 7.15　随机地址读时序

③ 顺序地址读取

顺序读操作可通过立即读或选择性读操作启动。在 CAT24WCxx 发送完 1B 数据后,主器件产生一个应答信号来响应,告知 CAT24WCxx 主器件要求更多的数据,对应每个主机产生的应答信号 CAT24WCxx 将发送 1B 数据。当主器件不发送应答信号而发送停止位时结束此操作。从 CAT24WCxx 输出的数据按顺序由 n 到 $n+1$ 输出。顺序地址读时序如图 7.16 所示。

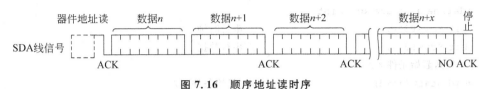

图 7.16 顺序地址读时序

【例 7-2】 IIC 器件 24C02 与单片机连接如图 7.17 所示,数码管为 4 位共阴数码管,编写程序实现:KEYWRITE1 按下时,单片机将数字 1 写入 24C02 的 0x80 地址单元,同时在数码管左数第一位显示 1;KEYWRITE2 按下时,单片机将数字 2 写入 24C0224C02 的 0x80 地址单元,同时在数码管左数第一位显示 2;KEYREAD 按下时,单片机从 24C0224C02 的 0x80 地址单元中读取数值,并将其显示在数码管左数第四位。

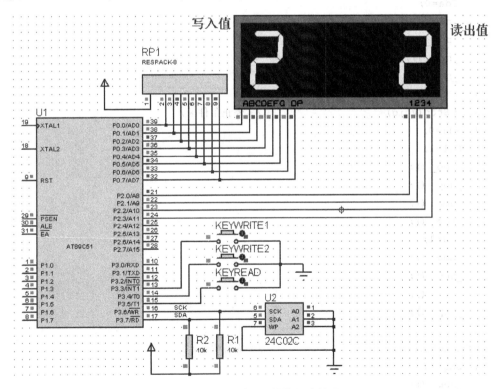

图 7.17 2402 与 51 单片机连接图

【答案与解析】

① 由于 51 单片机没有内置 IIC 模块,需要用软件模拟 IIC 的时序对 24C02 进行读写操作,这部分程序单独编写成一个文件 2402WR.C。然后在主程序中调用 2402WR.C 的读写函数对 24C02 进行操作。

② 2402WR. C 程序如下:

```c
#include<REG51.H>
#include "intrins.h"
#define uchar unsigned char
#define uint unsigned int
sbit Scl=P3^6;                      //串行时钟
sbit Sda=P3^7;                      //串行数据
/* 发送起始条件 */
void Start(void)                    /* 起始条件 */
{   Sda=1;
    Scl=1;
    _nop_ ();
    _nop_ ();
    _nop_ ();
    _nop_ ();
    Sda=0;
    _nop_ ();
    _nop_ ();
    _nop_ ();
    _nop_ ();
}
void Stop(void)                     /* 停止条件 */
{   Sda=0;
    Scl=1;
    _nop_ ();
    _nop_ ();
    _nop_ ();
    _nop_ ();
    Sda=1;
    _nop_ ();
    _nop_ ();
    _nop_ ();
    _nop_ ();
}
void Ack(void)                      /* 应答位 */
{   Sda=0;
    _nop_ ();
    _nop_ ();
    _nop_ ();
    _nop_ ();
    Scl=1;
    _nop_ ();
    _nop_ ();
```

```
    _nop_ ();
    _nop_ ();
    Scl=0;
}
void NoAck(void)                    /*反向应答位*/
{   Sda=1;
    _nop_ ();
    _nop_ ();
    _nop_ ();
    _nop_ ();
    Scl=1;
    _nop_ ();
    _nop_ ();
    _nop_ ();
    _nop_ ();
    Scl=0;
}
void Send(uchar Data)               /*发送数据子程序,Data 为要求发送的数据*/
{   uchar BitCounter=8;             /*位数控制*/
    uchar temp;                     /*中间变量控制*/
    do
    {
        temp=Data;
        Scl=0;
        _nop_ ();
        _nop_ ();
        _nop_ ();
        _nop_ ();
        if((temp&0x80)==0x80)
            Sda=1;
        else
            Sda=0;
        Scl=1;
        temp=Data<<1;
        Data=temp;
        BitCounter--;
    }while(BitCounter);
    Scl=0;
}
uchar Read(void)                    /*读一个字节的数据,并返回该字节值*/
{   uchar temp=0;
    uchar temp1=0;
    uchar BitCounter=8;
    Sda=1;
```

```
    do{
      Scl=0;
      _nop_ ();
      _nop_ ();
      _nop_ ();
      _nop_ ();
      Scl=1;
      _nop_ ();
      _nop_ ();
      _nop_ ();
      _nop_ ();
      if(Sda)                    /* 如果 Sda=1; */
          temp=temp|0x01;        /* temp 的最低位置 1 */
      else
          temp=temp&0xfe;        /* 否则 temp 的最低位清 0 */
      if(BitCounter-1)
      {  temp1=temp<<1;
          temp=temp1;
      }
      BitCounter--;
    }while(BitCounter);
    return(temp);
}
//写入一组数据到 AT24C02 中
//参数为数组的首地址、数据在 AT24C02 中的开始地址、数据个数
void WrToROM(uchar Data[],uchar Address,uchar Num){
    uchar i=0;
    uchar * PData;
    PData=Data;
    Start();
    Send(0xa0);                  //A0、A1、A2 接地,故 AT24C02 的写地址为 0XA0
    Ack();
    Send(Address);
    Ack();
    for(i=0;i<Num;i++)
    {
        Send(*(PData+i));
        Ack();
    }
    Stop();
}
//读出一组数据到参数为数组的首地址、数据在 AT24C02 中的开始地址、数据个数
void RdFromROM(uchar Data[],uchar Address,uchar Num)
{
```

```
    uchar i=0;
    uchar * PData;
    PData=Data;
    for(i=0;i<Num;i++)
    {
        Start();
        Send(0xa0);               //A0、A1、A2 接地,AT24C02 的写地址为 0XA0
        Ack();
        Send(Address+i);
        Ack();
        Start();
        Send(0xa1);               //A0、A1、A2 接地,AT24C02 读地址为 0XA1
        Ack();
        * (PData+i)=Read();
        Scl=0;
        NoAck();
        Stop();
    }
}
```

③ 主程序代码如下:

```
#include <reg51.h>
#include <intrins.h>
#define uint unsigned int
#define uchar unsigned char
sbit KeyWrite1=P3^0;              //按键定义
sbit KeyWrite2=P3^1;
sbit KeyRead=P3^2;
//共阴极数码管真值表 "0" "1" "2" "3" "4" "5" "6" "7" "8" "9"
uchar code table[]={0x3f,0x06,0x5b,0x4f,0x66,0x6d,0x7d,0x07,0x7f,0x6f};
uchar IICReadData[2];            //AT24C02 读数据数组
uchar IICWriteData[2];           //AT24C02 写数据数组
extern void WrToROM(uchar Data[],uchar Address,uchar Num);
                                 //写入一组数据到 AT24C02 中
extern void RdFromROM(uchar Data[],uchar Address,uchar Num);
                                 //读出一组数据到 AT24C02 中
uchar showdata[2];
void delay_ms(uchar n)
{
    uchar i,j;
    for(j=n;j>0;j--)              //延时 n 个 ms,0<n<256
    {
        for(i=100;i>0;i--)       //延时 1ms
        {
```

```
        _nop_();      //1个机器周期=12个时钟周期,fosc=12MHz时,1个机器周期=1μs
        _nop_();
        _nop_();
        _nop_();
        _nop_();
        _nop_();
        _nop_();
        _nop_();
        _nop_();
        _nop_();
      }
    }
}
void main(void)
{  while(1)
    {  P2=0xfe;                    //11101111  p2.0有效,选通数码管左数第1位。
      P0=table[showdata[0]];     //显示写入2402的数据
      delay_ms(10);
      P2=0xf7;                    //11011111  p2.3有效,选通数码管左数第4位。
      P0=table[showdata[1]];     //显示从2402读出的数据
      delay_ms(10);
      if(KeyWrite1==0)    //如果KeyWrite1键按下,则将'1'写入2402的'0x80'地址中
      {  EA=0;
        showdata[0]=1;
        IICWriteData[0]=1;
        WrToROM(IICWriteData,0x80,1);
        EA=1;
      }
      if(KeyWrite2==0)    //如果KeyWrite2键按下,则将'2'写入2402的'0x80'地址中
      {  EA=0;
        showdata[0]=2;
        IICWriteData[0]=2;
        WrToROM(IICWriteData,0x80,1);
        EA=1;
      }
      if(KeyRead==0)       //如果KeyRead键按下,读出2402的'0x80'地址中的数据
      {  EA=0;
        RdFromROM(IICReadData,0x80,1);
        showdata[1]=IICReadData[0];
        EA=1;
      }
    }
}
```

7.4　SPI 总线接口通信

SPI 是 Serial Peripheral Interface 的缩写,即"串行外围设备接口",是一种高速的、全双工、同步的通信总线。它与 IIC 总线类似,是一种芯片间的串行通信技术,广泛应用在 EEPROM、FLASH、实时时钟、A/D 转换器、数字信号处理器和数字信号解码器之间。

7.4.1　SPI 总线工作原理

SPI 的通信以主从方式工作,这种模式通常有一个主设备和一个或多个从设备,需要 4 根线,事实上 3 根也可以。这也是所有基于 SPI 的设备共有的,它们是 SDI(数据输入)、SDO(数据输出)、SCLK(时钟)、CS(片选)。

MOSI(SDO):主器件数据输出,从器件数据输入。

MISO(SDI):主器件数据输入,从器件数据输出。

SCLK :时钟信号,由主器件产生。

CS:从器件使能信号,由主器件控制。

只有片选信号为预先规定的使能信号时(高电位或低电位),对此芯片的操作才有效,这就允许在同一总线上连接多个 SPI 设备成为可能。需要注意的是,在具体的应用中,当一条 SPI 总线上连接有多个设备时,SPI 本身的 CS 有可能被其他的 GPIO 脚代替,即每个设备的 CS 脚被连接到处理器端不同的 GPIO,通过操作不同的 GPIO 口来控制具体的需要操作的 SPI 设备,减少各个 SPI 设备间的干扰。

SPI 是串行通信协议,也就是说数据是一位一位地从 MSB 或者 LSB 开始传输的,这就是 SCK 时钟线存在的原因,由 SCK 提供时钟脉冲,MISO、MOSI 则基于此脉冲完成数据传输。SPI 支持 4～32b/s 的串行数据传输,支持 MSB 和 LSB,每次数据传输时当从设备的大小端发生变化时需要重新设置 SPI Master 的大小端。

通信过程如下:主机启动发送过程,送出时钟脉冲信号,主移位寄存器的数据通过 SDO 移入到从移位寄存器,同时从移位寄存器中的数据通过 SDI 移入到主移位寄存器中。8 或 16 个时钟脉冲过后,时钟停顿,主移位寄存器中的 8 或 16 位数据全部移入到从移位寄存器中,随即又被自动装入从接收缓冲器中,从机接收缓冲器满标志位(BF)和中断标志位(SSPIF)置 1。同理,从移位寄存器中的 8 位数据全部移入到主寄存器中,随即又被自动装入到主接收缓冲器中。主接收缓冲器满标志位(BF)和中断标志位(SSPIF)置 1。主 CPU 检测到主接收缓冲器的满标志位或者中断标志位置 1 后,就可以读取接收缓冲器中的数据。同样,从 CPU 检测到从接收缓冲器满标志位或中断标志位置 1 后,就可以读取接收缓冲器中的数据,这样就完成了一次相互通信过程。

SPI 模块为了和外设进行数据交换,根据外设工作要求,其输出串行同步时钟极性和相位可以进行配置,时钟极性(CPOL)对传输协议没有重大的影响。如果 CPOL=0,串行同步时钟的空闲状态为低电平;如果 CPOL=1,串行同步时钟的空闲状态为高电平。时钟相位(CPHA)能够配置用于选择两种不同的传输协议之一进行数据传输。如果

CPHA＝0,在串行同步时钟的第一个跳变沿(上升或下降)数据被采样;如果 CPHA＝1,在串行同步时钟的第二个跳变沿(上升或下降)数据被采样。SPI 主模块和与之通信的外设时钟相位和极性应该一致。

7.4.2　SPI 总线芯片 ADC0832 的应用

1. ADC0832 功能特点

ADC0832 是 NS(National Semiconductor)公司生产的串行接口 8 位 A/D 转换器,通过三线接口与单片机连接,功耗低、性能价格比较高,适宜在袖珍式的智能仪器仪表中使用。ADC0832 为 8 位分辨率 A/D 转换芯片,其最高分辨可达 256 级,可以适应一般的模拟量转换要求。芯片具有双数据输出可作为数据校验,以减少数据误差,转换速度快且稳定性能强。独立的芯片使能输入,使多器件连接和处理器控制变得更加方便。通过 DI 数据输入端,可以轻易地实现通道功能的选择。其主要特点如下。

(1) 8 位分辨率,逐次逼近型,基准电压为 5V;

(2) 5V 单电源供电;

(3) 输入模拟信号电压范围为 0～5V;

(4) 输入和输出电平与 TTL 和 CMOS 兼容;

(5) 在 250kHz 时钟频率时,转换时间为 32μs;

(6) 具有两个可供选择的模拟输入通道;

(7) 功耗低,15mW。

2. ADC0832 引脚功能

ADC0832 引脚如图 7.18 中所示。

各引脚说明如下。

① CS——片选端,低电平有效。

② CH0,CH1——两路模拟信号输入端。

③ DI——两路模拟输入选择输入端。

④ DO——模数转换结果串行输出端。

⑤ CLK——串行时钟输入端。

⑥ V_{CC}/R_{EF}——正电源端和基准电压输入端。

⑦ GND——电源地。

一般情况下 ADC0832 与单片机的接口应为 4 条数据线,分别是 CS、CLK、DO、DI。但由于 DO 端与 DI 端在通信时并未同时有效且与单片机的接口是双向的,所以电路设计时可以将 DO 和 DI 并联在一根数据线上使用。当 ADC0832 未工作时其 CS 输入端应为高电平,此时芯片禁用,CLK 和 DO/DI 的电平可任意。当要进行 A/D 转换时,需先将 CS 端置于低电平并且保持低电平直到转换完全结束。此时芯片开始转换工作,同时由处理器向芯片时钟输入端 CLK 提供时钟脉冲,DO/DI 端则使用 DI 端输入通道功能选择的数据信号。在第 1 个时钟脉冲到来之前 DI 端必须是高电平,表示启动位。在第 2、3

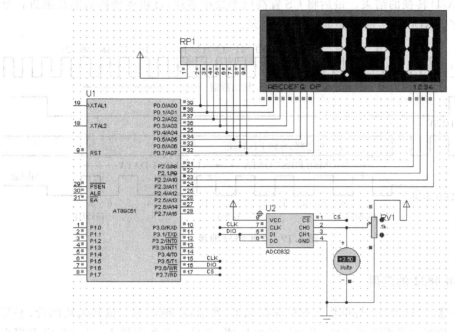

图 7.18 ADC0832 与 51 单片机连接图

个时钟脉冲到来之前 DI 端应输入 2 位数据用于选择通道功能,其功能选项如表 7.2 所示。

表 7.2 DC0832 通道选择

输入形式	配 置 位		选 择 通 道	
	CH0	CH1	CH0	CH1
差分输入	0	0	+	−
	0	1	−	+
单端输入	1	0	+	
	1	1		+

当配置位两位数据为 1、0 时,只对 CH0 进行单通道转换。当配置位两位数据为 1、1 时,只对 CH1 进行单通道转换。当配置位两位数据为 0、0 时,将 CH0 作为正输入端 IN+,CH1 作为负输入端 IN−进行输入。当配置位两位数据为 0、1 时,将 CH0 作为负输入端 IN−,CH1 作为正输入端 IN+进行输入。

到第 3 个时钟脉冲到来之后 DI 端的输入电平就失去输入作用,此后 DO/DI 端则开始利用数据输出 DO 进行转换数据的读取。从第 4 个时钟脉冲开始由 DO 端输出转换数据最高位 D7,随后每一个脉冲 DO 端输出下一位数据。直到第 11 个脉冲时发出最低位数据 D0,一个字节的数据输出完成。也正是从此位开始输出下一个相反字节的数据,即从第 11 个时钟脉冲输出 D0。随后输出 8 位数据,到第 19 个脉冲时数据输出完成,也标志着一次 A/D 转换的结束。最后将 CS 置高电平禁用芯片,直接将转换后的数据进行处理就可以了。ADC0832 时序图如图 7.19 所示。

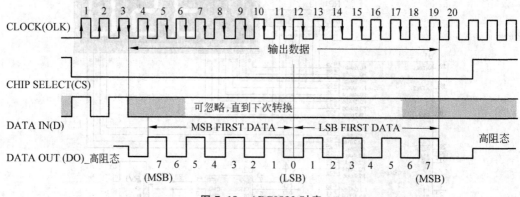

图 7.19　ADC0832 时序

3. ADC0832 的应用

【例 7-3】　ADC0832 与单片机连接如图 7.18 所示,数码管为 4 位共阴数码管,编写程序实现:检测滑动变阻器 RV1 滑动端的电压值,并显示在数码管上,显示分辨率到小数点后两位。

【答案与解析】

① 由于 51 单片机没有内置 SPI 控制模块,需要用软件模拟 ADC0832 的时序对其进行读写操作。采用定时器中断方式,周期性启动 A/D 转换。

② 程序代码如下:

```c
#include <reg51.h>
#include <intrins.h>
#define uint unsigned int
#define uchar unsigned char
sbit CS = P3^7;
sbit Clk = P3^5;
sbit DATI = P3^6;
sbit DATO = P3^6;
sbit dot=P0^7;
unsigned char dat =0x00;          //AD 值
unsigned char CH;                 //通道变量
uint temp;
//共阴极数码管真值表 "0" "1" "2" "3" "4" "5" "6" "7" "8" "9"
uchar code tab[]={0x3f,0x06,0x5b,0x4f,0x66,0x6d,0x7d,0x07,0x7f,0x6f};
void delay(uint m)
{
    while(m--);
}
```

```
unsigned char adc0832(unsigned char CH)      //A/D 转换子程序
{  unsigned char i,test,adval;
   adval = 0x00;
   test = 0x00;
   Clk = 0;                                  //初始化
   DATI = 1;
   _nop_();
   CS = 0;
   _nop_();
   Clk = 1;
   _nop_();
   if ( CH == 0x00 )                         //通道选择
   {
       Clk = 0;
       DATI = 1;                             //通道 0 的第一位
       _nop_();
       Clk = 1;
       _nop_();
       Clk = 0;
       DATI = 0;                             //通道 0 的第二位
       _nop_();
       Clk = 1;
       _nop_();
   }
   else
   {
       Clk = 0;
       DATI = 1;                             //通道 1 的第一位
       _nop_();
       Clk = 1;
       _nop_();
       Clk = 0;
       DATI = 1;                             //通道 1 的第二位
       _nop_();
       Clk = 1;
       _nop_();
   }
   Clk = 0;
   DATI = 1;
   for( i = 0;i < 8;i++)                      //读取前 8 位的值
   {
       _nop_();
       adval <<= 1;
       Clk = 1;
```

```c
        _nop_();                        //A/D 转换于下降
        Clk =0;
        if (DATO)
            adval |=0x01;
        else
            adval |=0x00;
    }
    for (i =0; i <8; i++)                //读取后 8 位的值
    {
        test >>=1;
        if (DATO)
            test |=0x80;
        else
            test |=0x00;
        _nop_();
        Clk =1;
        _nop_();
        Clk =0;
    }
    if (adval ==test)                   //比较前 8 位与后 8 位的值,如果不相同舍去
        dat =test;
    _nop_();
    CS =1;                              //释放 ADC0832
    DATO =1;
    Clk =1;
    return dat;
}
void display(void)
{   temp=dat * 1.0/255 * 500;          //数字量转换成实际测量的电压值 * 100
    //左数第 4 位显示小数点第 2 位的值
    P2=0xf7;                            //11110111
    P0=tab[temp%10];
    delay(500);
    //左数第 3 位显示小数点第 1 位的值
    P2=0xfb;                            //11111011
    P0=tab[temp/10%10];
    delay(500);
    //左数第 2 位显示个位的值
    P2=0xfd;                            //11111101
    P0=tab[temp/100%10];
    //显示小数点
    dot=1;
    delay(500);
}
```

```
}; void main(void)
    {
        P2=0xff;                          //端口初始化
        P0=0xff;
        delay(500);
        CH=0x00;                          //在这里选择通道 0x00 或 0x01
        TMOD=0x01;                        //设置中断
        TH0=(65536-50000)/256;           //定时器 0 初值定时 50ms
        TL0=(65536-50000)%256;
        IE=0x82;
        TR0=1;
        while(1)                          //主循环
        {
            display();                    //显示数值
        }
    }
//定时器中断延时程序 定义 AD 采样周期为 50ms
void timer0(void)interrupt 1
{   TMOD=0x01;
    TH0=(65536-50000)/256;               //定时器 0 初值定时 50ms
    TL0=(65536-50000)%256;
    IE=0x82;
    TR0=1;
    dat=adc0832(CH);
}
```

7.5　CAN 总线接口通信

　　CAN 总线全称为 Controller Area Network，即控制器局域网，是国际上应用最广泛的现场总线之一。最初，CAN 被设计为汽车环境中的微控制器通信，在车载各电子控制装置 ECU 之间交换信息，形成汽车电子控制网络。例如，发动机管理系统、变速箱控制器、仪表装备和电子主干系统中均嵌入 CAN 控制装置。

　　CAN 是一种多主方式的串行通信总线，基本设计规范要求有高的位速率，高抗电磁干扰性，而且能够检测出产生的任何错误。当信号传输距离达到 10km 时，CAN 仍可提供高达 50kbps 的数据传输速率。由于 CAN 总线具有很高的实时性能，因此，CAN 已经在汽车工业、航空工业、工业控制、安全防护等领域中得到了广泛应用。

　　相对于 RS485 总线来说，CAN 总线有诸多优点（如支持错误检测等）。现在在广大的工业控制场合，CAN 总线正在逐渐取代 RS485 总线成为现场总线技术的主流。

7.5.1　CAN 通信总线原理

　　CAN 总线协议现在有两个版本，分别为 2.0A 和 2.0B。它们的差别只是在地址位数上。2.0A 提供了 11 位地址,而 2.0B 提供了 29 位地址。现在一般都采用 2.0B 协议。

协议中将 CAN 分为了 3 个层次:

① CAN 对象层(the object layer);

② CAN 传输层(the transfer layer);

③ 物理层(the physical layer)。

对象层和传输层包括所有由 ISO/OSI 模型定义的数据链路层的服务和功能。对象层的作用范围包括:

① 查找被发送的报文;

② 确定由实际要使用的传输层接收哪一个报文;

③ 为应用层相关硬件提供接口。

对象层定义对象处理较为灵活。传输层的作用主要是传送规则,也就是控制帧结构,执行仲裁,错误检测,出错标定,故障界定。总线上什么时候开始发送新报文及什么时候开始接收报文,均在传输层里确定。未定时的一些普通功能也可以看作传输层的一部分。理所当然,传输层的修改是受到限制的。

物理层的作用是在不同节点之间根据所有的电气属性进行位信息的实际传输。当然,同一网络内,物理层对于所有的节点必须是相同的。尽管如此,在选择物理层方面还是很自由的。

协议中规定,CAN 总线上的数据传输都是以报文形式传送的。报文传输由以下 4 个不同的帧类型表示和控制。

① 数据帧:数据帧携带数据从发送器至接收器。

② 远程帧:总线单元发出远程帧,请求发送具有同一识别符的数据帧。

③ 错误帧:任何单元检测到一总线错误就发出错误帧。

④ 过载帧:过载帧用于在连续两个数据帧(或远程帧)之间提供一个附加的延迟。

每个类型的帧数据都包含了若干个位场,代表了这个帧不同的意义。

7.5.2　常用的 CAN 总线芯片

一般来说 CAN 总线控制器集成了 CAN 总线协议的全部功能。常见的 CAN 总线控制器有 Intel 公司的 82526/527,Philips 的 SJA1000 以及集成了 CAN 总线接口的单片机 P87C591,Motorola 的 MC33388/389/989 等。

使用比较广泛的接口芯片是 Philips 的 SJA1000。SJA1000 是一款独立的控制器,用于汽车和一般工业环境中的控制器局域网络(CAN),是 Philips 的 PCA82C200 CAN 控制器(Basic CAN)的替代产品,增加了一种新的工作模式(PeliCAN),这种模式支持具有很多新特性的 CAN 2.0B 协议。

其主要特性如下。

(1) 和 PAC82C200 独立的 CAN 控制器引脚兼容;和 PAC82C200 独立的 CAN 控制器电气兼容;PAC82C200 模式(即默认的 Basic CAN 模式)。

(2) 扩展的接收缓冲器(64B,先进先出 FIFO)。

(3) 和 CAN2.0B 协议兼容(PCA82C200 兼容模式中的无源扩展帧)。

（4）同时支持 11 位和 29 位识别码。

（5）位速率可达 1Mbps。

（6）PeliCAN 模式扩展功能：

① 可读/写访问的错误计数器；

② 可编程的错误报警限制；

③ 有最近一次错误代码寄存器；

④ 对每一个 CAN 总线错误的中断；

⑤ 具体控制位控制的仲裁丢失中断；

⑥ 单次发送（无重发）；

⑦ 只听模式（无应答，无主动的出错标志）；

⑧ 支持热插拔（软件实现的位速率检测）；

⑨ 验收滤波器扩展（4B 代码，4B 屏蔽）；

⑩ 自身信息接收（自接收请求）。

（7）具有对不同微处理器的接口。

（8）可编程的 CAN 输出驱动器配置。

（9）增强的环境温度范围（−40～+125℃）。

7.5.3 CAN 总线应用

图 7.20 所示的是一个典型单片机 CAN 总线通信系统，单片机以访问外部数据存储器的方式读写 SJA1000，P0 口作为数据总线连接 SJA1000 的数据总线，SJA1000 的片选由微控制器的 P2.7 口控制，单片机的读写引脚与 SJA1000 的读写引脚对应连接。SJA1000 以中断方式向单片机发送数据处理信息。PCA82C250 作为 CAN 总线收发器，与系统外部 CAN 总线相连。

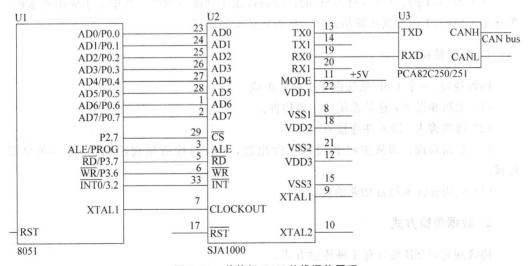

图 7.20 单片机 CAN 总线通信原理

7.6　USB 总线接口通信

USB(Universal Serial Bus)是通用串行接口总线。最初 USB 是由 Compaq、Digital、IBM、Intel、Microsoft、NEC 以及 Northern Telecom(北方电信公司)等 7 家公司共同开发的一种新的外设连接技术。诸家公司联合提出这一新型总线,是为了解决 PC 外围设备的拥挤和提高设备的传输速度。USB 总线协议发展至今主要经历了 3 个阶段: USB 1.1、USB 2.0 和 USB 3.0,它们是一种继承的关系。新的一种协议是在老协议上的扩充,同时向下兼容。新协议最显著的扩充是速度的大幅提升。USB 的最大理论传输速率远高于一般的串行总线接口。现有的 USB 外设有数字照相机、音箱、游戏杆、调制解调器、键盘、鼠标、扫描仪、打印机、光驱、软驱等。USB 接口已经成为计算机上标准配置之一。

USB 1.1 传输速率为 12Mb/s,支持即插即用,可以满足一般外设的数据要求,如打印机、扫描仪、外部存储设备和各种数码设备。

USB 2.0 是对 1.1 的扩充,其传输速率达到了 480Mb/s,可以基本满足大量数据传输的要求。

USB 3.0 是最新的 USB 规范,最大传输带宽高达 5.0Gb/s(即 640MB/s),与并行总线速度非常接近,可完全满足视频传输等大量数据传输的要求。

USB 1.1 主要应用在中低速外部设备上,适合用单片机硬件平台开发。本节主要介绍 USB 1.1 原理及应用。

7.6.1　USB 通信总线原理

在 USB 1.1 的协议中,对 USB 的各种特性做了详细的说明。其中对于应用者来说,关键是 USB 1.1 的数据传输格式和一些规定的设备请求。

1. 系统结构

协议规定,一个 USB 系统由 4 个部分组成。

(1) 主机和设备:这是系统的主要构件。

(2) 物理构成:即元件连接方式。

(3) 逻辑构成:即从主机和设备角度出发,USB 总线所呈现的结构,是一种星形连接。

(4) 应用软件和设备功能的接口。

2. 数据传输方式

协议规定,USB 端口有 4 种传输方式。

(1) 控制传输:设备通过默认端口向主机传输状态以及主机向设备传输命令。

(2) 中断传输:用于数据量不大,但实时性高的场合。

（3）批量传输：用于大量数据传输，保证数据的可靠性，但对速率没保证。

（4）同步传输：以一个恒定的速率进行数据传输，要求发送方和接收方的速率必须匹配。

3．USB 通信数据结构

USB 通信是建立在包的基础之上的，包是一系列有特殊意义数据的集合，而一个包又是由若干个数据字段组成的。数据字段一般是以 PID 开始的，后面紧跟数据或者控制信息，最后是 CRC 校验码。PID 码指出了数据分段的类型并可由此推断出分组的格式和该组的校验方式，它由一个 4 位的分组类型码加上该 4 位类型码的反码组成，其格式如图 7.21 所示。

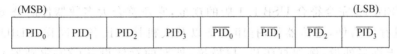

图 7.21　PID 码格式

4．USB 设备枚举过程

协议规定，设备接入 USB 总线到正常数据传输，必须经过一个枚举过程。主机要通过枚举过程来读取设备状态，并做相应设置。其主要过程如下。

（1）设备接入 USB 总线。

（2）主机检测到有新设备连接，获得该设备是全速设备还是低速设备后，向设备的控制端口发出一个复位信号。

（3）设备接收到复位信号后，使用默认地址对其进行寻址，并发出相应。

（4）主机接收响应后，就对设备分配一个地址，以后设备只对该地址响应。

（5）主机读取 USB 设备描述。

（6）主机依据读取的设备描述进行配置，如设备所需资源得到满足，则发出配置命令，表示配置完成。

7.6.2　常用的 USB 通信总线芯片

随着 USB 技术的不断发展，许多大的芯片制造商都相继推出了符合各类 USB 协议的接口芯片。这些接口芯片一般有两种类型：一种是将控制用的 MCU 集成在芯片里面，如 Intel 的 8X930AX，Cypress 的 EZ-USB，SIEMENS 的 C541U 以及 Motorola 和 National Semiconductors 等公司的产品；另一种就是纯粹的 USB 接口芯片，仅处理 USB 通信，如 Philips 的 PDIUSBD11、PDIUSBP11A、PDIUSBD12（并行接口），National Semiconductor 的 USBN9602、USBN9603、USBN9604 等。相比较而言，后一种芯片在开发上更加灵活，开发难度相对较低。

此外，现在也出现了许多完全集成 USB 协议的接口器件，如南京芯恒公司的 CH371、CH375 系列等。这种器件完全把协议等复杂的东西固化在芯片内部，使用起来就和外部 RAM 一样,非常方便。

7.6.3　USB 1.1通信总线应用

本节选用 Philips 的 PDIUSBD12 作为接口芯片并介绍其硬件设计。

PDIUSBD12 是一款性价比很高的 USB 器件,通常用作微控制器系统中实现与微控制器进行通信的高速通用并行接口,同时支持本地的 DMA 传输。

这种实现 USB 接口的标准组件使得设计者可以在各种不同类型的微控制器中选择出最合适的微控制器。这种灵活性减少了开发的时间、风险以及费用(通过使用已有的结构和减少固件上的投资),从而用最快捷的方法实现最经济的 USB 外设的解决方案。

PDIUSBD12 完全符合 USB 1.1 版的规范,它还符合大多数器件的分类规格:成像类,海量存储器件,通信器件,打印设备以及人机接口设备。同样,PDIUSBD12 理想的适用于许多外设,例如打印机,扫描仪,外部的存储设备(Zip 驱动器)和数码相机等。

PDIUSBD12 所具有的低挂起功耗连同 LazyClock 输出可以满足使用 ACPI、OnNOW 和 USB 电源管理的要求。低的操作功耗可以应用于使用总线供电的外设。

此外,它还集成了许多特性,包括 SoftConnetTM、GoodLinkTM、可编程时钟输出、低频晶振和终止寄存器集合。所有这些特性都为系统显著地节约了成本,同时使 USB 功能在外设上的应用变得容易。

图 7.22 所示的是 PDIUSBD12 与单片机的典型连接电路。

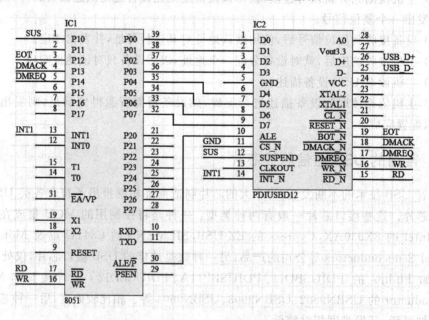

图 7.22　PDIUSBD12 与单片机连接电路

单片机以访问外部数据存储器方式访问 PDIUSBD12。因为没有使用 DMA 传输方

式,所以没有用到 DMREQ、DMACK_N、EOT_N 引脚。INT_N 与单片机的中断相连,
使单片机能够响应 USB 的中断请求。

习　　题

1. 说明 AD0809 和 AD0832 在使用上的区别。
2. 分析单片机通信各种通信接口的优缺点。

第8章

单片机应用系统设计

单片机已广泛应用于工业、家电、办公自动化设备等各个方面,本章以几个比较简单的应用实例来介绍 51 单片机应用系统的设计。

8.1 系统设计总体规划

8.1.1 单片机应用系统设计流程

单片机应用系统是由硬件和软件组成的,硬件是由单片机外加各种扩展接口电路、外部设备及被控对象组成的,是应用系统的基础;软件则是在硬件的基础上对其资源进行合理调配,从而实现应用系统所要求的功能。二者相互依赖,缺一不可。因此,在进行单片机应用系统设计时,就需要有一个对其硬件电路和软件程序不断地进行调试和测试的过程,以期达到满意的设计结果。单片机应用系统在设计过程中的调试方式有两种:硬件仿真器调试方式和 Proteus 软件仿真调试方式。

1. 硬件仿真器调试方式

硬件仿真器调试是比较传统且得到广泛应用的单片机应用系统调试方式,采用这种方式需要在调试之前,事先根据电路原理图设计并制作好硬件电路板(也叫目标板),并且根据所使用的单片机型号配置好相应的硬件仿真器设备。在调试的过程中需要借助硬件仿真器设备对目标板进行软硬件调试。调试时集成开发环境安装在 PC 上,硬件仿真器连接 PC 和目标板,调试过程中开发环境将单片机目标程序下载到硬件仿真器中运行,根据目标板的执行情况,不断地对软件程序和硬件电路板进行修改和再调试,直到达到满意的结果。基于硬件仿真器调试的单片机应用系统设计流程如图 8.1 所示。

2. Proteus 软件仿真调试方式

Proteus 仿真调试方式是近年来新涌现出的单片机应用系统设计方式,Proteus 软件的特点是用户可以根据单片机应用系统硬件电路图,设计形成虚拟的硬件系统,程序和电路可以在这个虚拟的系统上调试修改,待软硬件调试成功后,再根据硬件原理图设计

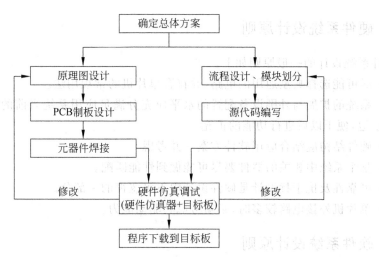

图 8.1 硬件仿真器方式设计流程

硬件电路板(这个过程也称为 PCB 制板)和焊接元器件,最后程序直接下载到硬件电路板上的单片机中即可。这种调试方式的特点是在硬件电路板制板之前可以完成几乎全部的软硬件的调试与修改,同时这种调试不需要硬件仿真器,因此对于初学者来讲节省了时间成本和硬件成本。教材中的应用系统案例均采用此方式设计。基于 Proteus 仿真调试的单片机应用系统设计流程如图 8.2 所示。

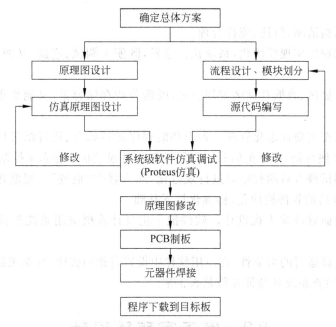

图 8.2 Proteus 软件仿真方式设计流程

8.1.2 硬件系统设计原则

硬件系统设计的一般原则如下。

（1）尽可能选择典型通用的电路，并符合单片机的常规用法。

（2）系统的扩展与外围设备配置的水平应充分满足应用系统当前的功能要求，并留有适当余地，便于以后进行功能的扩充。

（3）硬件结构应结合应用软件方案一并考虑。

（4）整个系统中相关的器件要尽可能做到性能匹配。

（5）可靠性及抗干扰设计是硬件设计中不可忽视的一部分。

（6）单片机外接电路较多时，必须考虑其驱动能力。

8.1.3 软件系统设计原则

软件设计时，应根据系统软件功能要求，将软件分成若干个相对独立的部分，并根据它们之间的联系和时间上的关系，设计出软件的总体结构，画出程序流程框图。画流程框图时还要对系统资源做具体的分配和说明。然后，根据系统特点和用户的了解情况选择编程语言，进行软件设计。汇编语言的特点是实时性强，运行效率高，但编写较大系统程序时可读性低；C语言功能丰富，表达能力强，使用灵活方便，应用面广，可移植性和可读性好，开发效率高，是当前单片机系统工程设计的主流编程语言。软件系统设计原则如下。

（1）软件结构清晰、简捷、流程合理。

（2）各功能程序实现模块化，系统化。这样，既便于调试、连接，又便于移植、修改和维护。

（3）程序存储区、数据存储区规划合理，既能节约存储容量，又能给程序设计与操作带来方便。

（4）运行状态实现标志化管理。各个功能程序运行状态、运行结果以及运行需求都设置状态标志以便查询，程序的转移、运行、控制都可通过状态标志来控制。

（5）经过调试修改后的程序应进行规范化，除去修改"痕迹"。规范化的程序便于交流、借鉴，也为今后的软件模块化、标准化打下基础。

（6）实现全面软件抗干扰设计。软件抗干扰是计算机应用系统提高可靠性的有力措施。

（7）为了提高运行的可靠性，在应用软件中设置自诊断程序，在系统运行前先运行自诊断程序，用以检查系统各特征参数是否正常。

8.2 电子密码锁设计

电子密码锁的基本功能是：使用者输入正确密码（6位数字）时解锁，锁灯亮，液晶显示屏显示解锁锁成功，否则提示解锁锁失败；在开锁之后可以实现密码的修改和储存。

8.2.1　硬件电路设计

电子密码锁仿真电路原理如图 8.3 所示,外围电路包括 EEPROM2402 模块,12864 点阵式 LCD 模块,4×4 矩阵键盘模块等。EEPROM2402 用于存储用户设置的密码。关于这几个模块的软硬件设计,详见第 6 章和第 7 章。

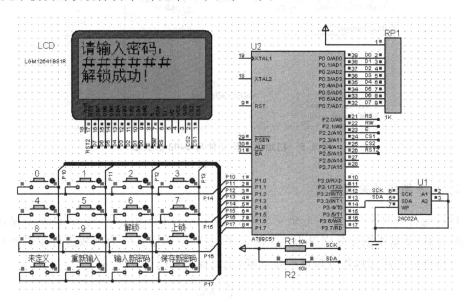

图 8.3　电子密码锁仿真原理图

8.2.2　软件程序设计

1. 程序设计要点

仿真设计时,密码的初始值要保存在 .bin 文件中,用 UltraEdit 等十六进制编辑软件生成,生成过程如图 8.4 所示。在 2402 属性界面将 2402 与 .bin 文件关联,如图 8.5 所示。

图 8.4　初始化密码文件编辑

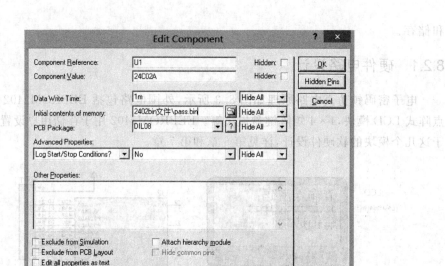

图 8.5　初始化密码文件与 2402 的关联

2. 程序结构及关键流程

项目包含 lcd12864.c、keyscan.c、2402.c、main.c 四个源文件,将 LCD 基本操作、键盘扫描、24C02 基本操作分别设为独立的程序,主程序调用其中的函数进行逻辑处理,主程序采用查询方式完成各种按键动作处理,主流程图如图 8.6 所示。

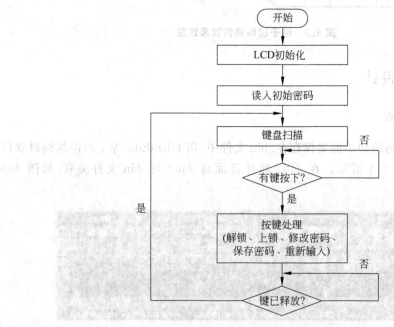

图 8.6　电子密码锁主流程图

8.3 GPS 定位终端设计

GPS 定位终端单片机系统的功能是采集 GPS 模块的定位数据包并解包,将经度纬度信息显示在 LCD 屏。

8.3.1 硬件电路设计

GPS 定位终端仿真电路如图 8.7 所示,外围电路包括独立按键、图像点阵式 128×64 LCD、RS232 虚拟仿真组件 COMPIM。关于这几个模块的软硬件设计,本书第 6 章已有详细描述。COMPIM 组件外接 GPS 接收模块。由 GPS 天线接收来自 GPS 定位卫星发射的导航电文,GPS 接收模块实现对 GPS 卫星信号的放大解调和计算处理,最终得到本地地理信息、时间信息等。将处理后的标准 NMEA0183 信息通过 MAX232 进行转换由 UART 串行口送入单片机。由单片机对 GPS 模块接收到的数据进行解析,然后将解析后的地理、时间信息通过液晶显示器显示出来。

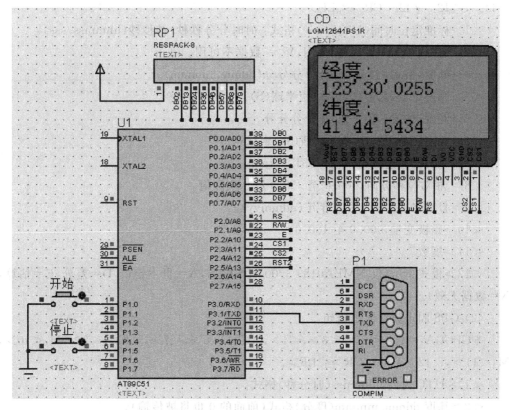

图 8.7 GPS 定位终端仿真原理图

8.3.2　软件程序设计

1. NMEA0183 格式介绍

NMEA0183 是美国国家海洋电子协会(National Marine Electronics Association)为海用电子设备制定的标准格式。目前业已成了 GPS 导航设备统一的 RTCM(Radio Technical Commission for Maritime Services)标准协议。GPS 接收机通过其数控接口，作为数据终端设备与计算机之间利用 RS232 接口与计算机通信口相连。通过对通信口编程可实现 GPS 信号的接收。NMEA0183 标准语句：Global Positioning System Fix Data(GGA) GPS 定位信息。NMEA0183 格式以"＄"开始，以","结束，主要语句有 GPGGA，GPGLL，GPVTG，GPGSV，GPGSA，GPRMC 等，本系统采用 GPRMC 格式。各语句具体格式如下。

(1) GPRMC(最小 GPS 数据格式)。

＄GPRMC,<1>,<2>,<3>,<4>,<5>,<6>,<7>,<8>,<9>,<10>,<11>,<12>*hh<CR><LF>。

<1>标准定位时间(UTC time)格式：时时分分秒秒.秒秒秒(hhmmss.sss)。

<2>定位状态,A = 数据可用,V = 数据不可用。

<3>纬度,格式：度度分分.分分分分(ddmm.mmmm)。

<4>纬度区分,北半球(N)或南半球(S)。

<5>经度,格式：度度分分.分分分分。

<6>经度区分,东(E)半球或西(W)半球。

<7>相对位移速度,0.0 至 1851.8 knots。

<8> 相对位移方向,000.0 至 359.9 度。实际值。

<9>日期格式：日日月月年年(ddmmyy)。

<10>磁极变量,000.0 至 180.0。

<11>度数。

<12>模式指示(仅 NMEA0183 3.00 版本输出,A＝自主定位,D＝差分,E＝估算,N＝数据无效)。

(2) GPS 固定数据输出语句。

＄GPGGA,<1>,<2>,<3>,<4>,<5>,<6>,<7>,<8>,<9>,M,<10>,M,<11>,<12>*hh<CR><LF>。

<1> UTC 时间,hhmmss(时分秒)格式。

<2>纬度 ddmm.mmmm(度分)格式(前面的 0 也将被传输)。

<3>纬度半球 N(北半球)或 S(南半球)。

<4>经度 dddmm.mmmm(度分)格式(前面的 0 也将被传输)。

<5>经度半球 E(东经)或 W(西经)。

＜6＞GPS 状态：0＝未定位，1＝非差分定位，2＝差分定位，6＝正在估算。

＜7＞正在使用解算位置的卫星数量(00～12)(前面的 0 也将被传输)。

＜8＞HDOP 水平精度因子(0.5～99.9)。

＜9＞海拔高度(－9999.9～99999.9)。

＜10＞地球椭球面相对大地水准面的高度。

＜11＞差分时间(从最近一次接收到差分信号开始的秒数，如果不是差分定位将为空)。

＜12＞差分站 ID 号 0000～1023(前面的 0 也将被传输，如果不是差分定位将为空)。

(3) GPS Satellites in View(GSV)可见卫星信息。

GPGSV(所示卫星格式)。

＄GPGSV,＜1＞,＜2＞,＜3＞,＜4＞,＜5＞,＜6＞,＜7＞,＜4＞,＜5＞,＜6＞,＜7＞,＜8＞＜CR＞＜LF＞。

＜1＞天空中收到讯号的卫星总数。

＜2＞定位的卫星总数。

＜3＞天空中的卫星总数，00 至 12。

＜4＞卫星编号，01 至 32。

＜5＞卫星仰角，00 至 90 度。

＜6＞卫星方位角，000 至 359 度，实际值。

＜7＞信号噪声比(C/No)，00 至 99dB；无表未接收到信号。

＜8＞Checksum(检查位)。

第＜4＞,＜5＞,＜6＞,＜7＞项个别卫星会重复出现，每行最多有 4 颗卫星。其余卫星信息会于次一行出现，若未使用，这些字段会空白。

(4) GPGSA(GPS 精度指针及使用卫星格式)。

＄GPGSA,＜1＞,＜2＞,＜3＞,＜3＞,＜3＞,＜3＞,＜3＞,＜3＞,＜3＞,＜3＞,＜3＞,＜3＞,＜3＞,＜3＞,＜4＞,＜5＞,＜6＞＊hh＜CR＞＜LF＞。

＜1＞模式 2：M＝手动，A＝自动。

＜2＞模式 1：定位型式 1＝未定位，2＝二维定位，3＝三维定位。

＜3＞PRN 数字：01 至 32 表天空使用中的卫星编号，最多可接收 12 颗卫星信息。

＜4＞PDOP：位置精度稀释，0.5 至 99.9。

＜5＞HDOP：水平精度稀释，0.5 至 99.9。

＜6＞VDOP：垂直精度稀释，0.5 至 99.9。

＜7＞Checksum(检查位)。

(5) Geographic Position(GLL)定位地理信息。

＄GPGLL,＜1＞,＜2＞,＜3＞,＜4＞,＜5＞,＜6＞,＜7＞＊hh＜CR＞＜LF＞。

＜1＞纬度 ddmm.mmmm(度分)格式(前面的 0 也将被传输)。

＜2＞纬度半球 N(北半球)或 S(南半球)。

＜3＞经度 dddmm.mmmm(度分)格式(前面的 0 也将被传输)。

＜4＞经度半球 E(东经)或 W(西经)。

＜5＞UTC 时间,hhmmss(时分秒)格式。

＜6＞定位状态,A＝有效定位,V＝无效定位。

＜7＞模式指示(仅 NMEA0183 3.00 版本输出,A＝自主定位,D＝差分,E＝估算, N＝数据无效)。

2. GPS 接收模块上传数据仿真

仿真是将 GPS 模块每秒上传 NMEA0183 数据包作为通用串口通信软件的发送数据,设置成自动发送,发送周期为 1 秒。通用串口通信软件作为 GPS 接收模块即可与单片机系统实现通信。该仿真模式与第 6 章单片机与 PC 之间的 RS232 通信电路原理仿真相同,串口通信软件界面设置如图 8.8 所示。

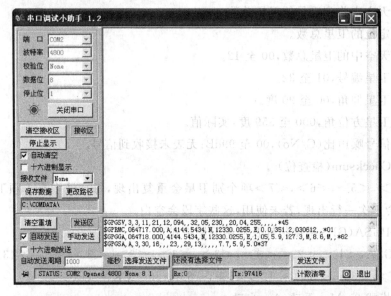

图 8.8 GPS 接收模块上传数据仿真

以串口中断形式接收 GPS 模块每秒自动上传的数据包。只对其中的 GPRMC 包按照其格式进行解包处理。

3. 程序结构及关键流程

项目包含 lcd12864.c 和 main.c 两个文件,在 main.c 设有串口中断函数,程序以串口中断方式接接收 GPS 模块每秒自动上传的 NMEA0183 数据包并解包处理,在主流程中将解析的数据显示到 LCD 屏。串口中断函数的流程如图 8.9 所示。其主要思想是按照 GPRMC 的格式,以数据包中的","为区分点进行各数据参数的提取。

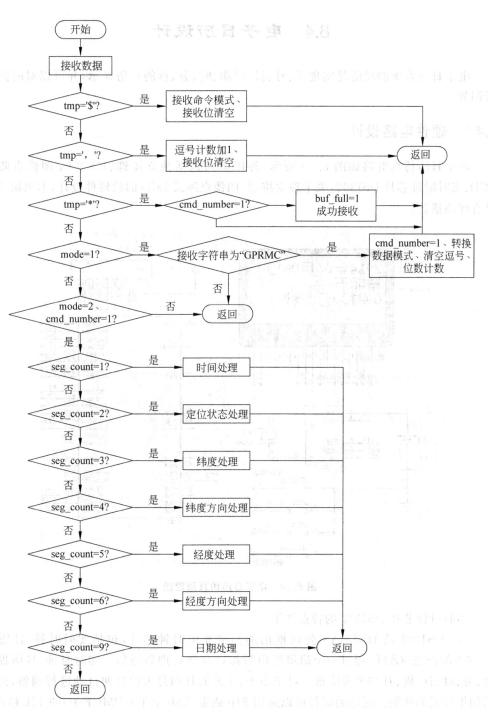

图 8.9　GPS 串口中断函数流程

8.4 电子日历设计

电子日历系统的功能是实现年、月、日、星期、时、分、秒的日历显示，并可以对时间进行调节。

8.4.1 硬件电路设计

电子日历仿真电路如图 8.10 所示，外围电路包括独立按键、128×64 图像点阵式 LCD、实时时钟芯片 DS1302,关于独立按键、图像点阵式 LCD 的软硬件设计，本书第 6 章已有详细描述。

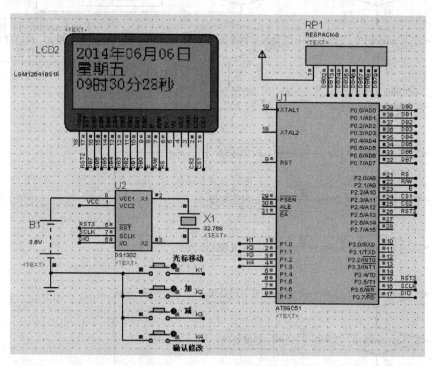

图 8.10 电子日历仿真原理图

实时时钟芯片 DS1302 的特点如下。

(1) DS1302 是 DALLAS 公司推出的涓流充电时钟芯片,包括实时时钟/日历和 31 字节的静态 RAM。通过一个简单的串行接口与微处理器通信。实时时钟/日历提供秒、分、时、日、周、月和年等信息。对于小于 31 天的月和月末的日期自动进行调整,还包括闰年校正的功能。时钟的运行可以采用 24h 或带 AM(上午)/PM(下午)的 12h 格式。

(2) DS1302 与单片机之间能简单地采用同步串行的方式进行通信,仅需用到三个口线:RES 复位、I/O 数据线和 SCLK 串行时钟。时钟/RAM 的读写数据以一个字节或多达 31 个字节的字符组方式通信,DS1302 工作时功耗很低,保持数据和时钟信息时功率小于 1mW。DS1302 有主电源/后备电源双电源引脚：VCC1 在单电源与电池供电的系统中提供低电源，并提供低功率的电池备份；VCC2 在双电源系统中提供主电源，在这种运用方式中，VCC1 连接到备份电源，以便在没有主电源的情况下能保存时间信息以及数据。DS1302 由 VCC1 或 VCC2 中较大者供电。当 VCC2 大于 VCC1+0.2V 时，VCC2 给 DS1302 供电；当 VCC2 小于 VCC1 时，DS1302 由 VCC1 供电。

（3）操作命令格式。

为了初始化任何数据的传输，$\overline{RST}$引脚信号应由低变高，并且应将具有地址和控制信息的 8 位数据（控制字节）装入芯片的移位寄存器内，数据的读写可以用单字节或多字节的突发模式方式进行。所有的数据应在时钟的下降沿变化，而在时钟的上升沿，芯片或与之相连的设备进行输入。命令格式见表 8.1。

表 8.1　DS1302 命令格式

D7	D6	D5	D4	D3	D2	D1	D0
1	R/C	A4	A3	A2	A1	A0	R/W

每次数据的传输都是由命令字节开始的，这里的最高有效位必须是 1。D6 是 RAM（为 1）或时钟/日历（为 0）的标识位。D1～D5 定义片内寄存器的地址。最低有效位（D0）定义了写操作（为 0 时）或读操作（为 1 时）。命令字节的传输始终从最低有效位开始。

（4）数据读写模式。

对芯片的所有写入或读出操作都是由命令字节为引导的。每次仅写入或读出 1B 数据的操作称为单字节操作（如图 8.11）。每次对时钟/日历的 8B 或 31 个 RAM 字节进行全体写入或读出操作，称其为多字节突发模式操作（如图 8.12 所示）。

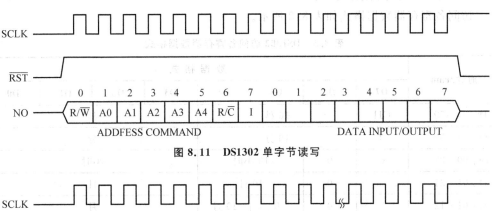

图 8.11　DS1302 单字节读写

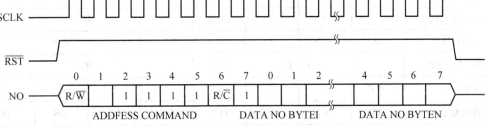

图 8.12　DS1302 多字节突发模式读写

（5）访问各寄存器地址命令格式。

访问各寄存器地址命令格式如表8.2所示。

表8.2　DS1302访问各寄存器地址命令格式

时钟/ram	固定	R/C	地址					R/W
秒	1	0	0	0	0	0	0	R/W
分	1	0	0	0	0	0	1	R/W
小时	1	0	0	0	0	1	0	R/W
日	1	0	0	0	0	1	1	R/W
月	1	0	0	0	1	0	0	R/W
星期	1	0	0	0	1	0	1	R/W
年	1	0	0	0	1	1	0	R/W
控制	1	0	0	0	1	1	1	R/W
涓流充电	1	0	0	1	0	0	0	R/W
时钟突发模式	1	0	1	1	1	1	1	R/W
Ram0	1	1	0	0	0	0	0	R/W
⋮	1	1	⋮	⋮	⋮	⋮	⋮	R/W
Ram30	1	1	1	1	1	1	0	R/W
Ram 突发模式	1	1	1	1	1	1	1	R/W

（6）访问各寄存器数据格式。

访问各寄存器数据格式如表8.3所示。

表8.3　DS1302访问各寄存器数据格式

时钟/ram	数据格式							
	D7	D6	D5	D4	D3	D2	D1	D0
秒：00～59	CH		10秒			秒		
分：00～59	0		10分			分		
时：00～23	0	0	10小时		小时			
日：01～31	0	0	10日		日			
月：01～12	0	0	0	10月	月			
星期：01～07	0	0	0	0	0	星期		
年：01～99	10 年				年			
控制	WP	0	0	0	0	0	0	0
涓流充电	TCS	TCS	TCS	TCS	DS	DS	DS	DS
ram0～30	—				—	—	—	—

时钟/日历寄存器共有秒、分、时、日、月、星期和年共 7 个寄存器。秒寄存器的最高位 CH 标志位是时钟的暂停标志。当这一位被置为逻辑 1 时,时钟振荡电路停振,且 DS1302 进入低功耗空闲状态,这时芯片消耗电流将小于 100nA。当这一位被置为逻辑 0 时,时钟将工作。

控制寄存器即写保护寄存器,该寄存器的最高位是芯片的写保护位,D0～D6 应强迫写 0,且读出时始终为 0。对任何片内时钟/日历寄存器或 RAM,在写操作之前,写保护位必须是 0,否则将不可写入。因此,通过置写保护位,可提高数据的安全性。

涓流充电寄存器控制着 DS1302 的涓流充电特性。寄存器的 D4～D7 决定是否具备充电性能,仅在 1010 编码的条件下才具备充电性能,其他编码组合不允许充电。D2 和 D3 可以选择在 VCC2 脚和 VCC1 脚之间串联一个二极管还是两个二极管。如果编码是 01,选择一个二极管;如果编码是 10,选择两个二极管;其他编码将不允许充电。该寄存器的 D0 和 D1 选择与二极管相串联的电阻值,其中编码 01 为 2kΩ,10 为 4kΩ,11 为 8kΩ,而 00 将不允许进行充电。

8.4.2　软件程序设计

本项目包含 lcd12864.c、ds1302.c、main.c 三个文件,将 LCD 基本操作、DS1302 基本操作分别设为独立的程序,主程序调用其中的函数进行逻辑处理。在主程序中查询方式检测按键情况,如果有,则按键处理调整时间;设计定时器中断,每一秒读取 DS1302 日历数据一次并显示到 LCD。具体流程略。

8.5　温度检测器设计

温度检测器的功能是可以检测环境温度,并显示温度检测数据。

8.5.1　硬件电路设计

温度检测器仿真电路如图 8.13 所示,外围电路包括独立按键、4 位共阴极数码管、数字式温度传感器 DS18B20,关于独立按键、4 位共阴极数码管的软硬件设计,本书第 6 章已有详细描述,本节重点介绍 DS18B20 数字传感器的应用。

1. DS18B20 主要特点

DS18B20 的主要特点如下。

(1) 单线接口:DS18B20 与单片机连接时仅需一根 I/O 口线即可实现单片机与 DS18B20 之间的双向通信。

(2) 电压范围 3.0～5.5V;测温范围 −55～+125℃。

(3) 9 或 12 位的分辨率,9 位分辨率时最大转换时间 93.75ms,12 位分辨率时最大转换时间 750ms,本设计采用 12 位分辨率。

（4）支持多点组网功能，多个 DS18B20 可并联在唯一的三总线上，实现多点温度测量。

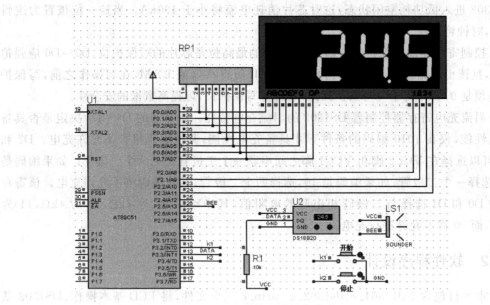

图 8.13   温度检测器仿真电路

2. 温度寄存器格式

温度寄存器格式如表 8.4 所示。高字节的高 5 位是符号位，温度为负时这 5 位为 1；温度为正时，这 5 位为 0。高字节寄存器的低 3 位与低字节寄存器的高 4 位组成温度的整数部分，低字节寄存器的低 4 位是温度的小数部分。当温度大于 0 时，温度值以原码存放。而当温度小于 0 时，以二进制补码形式存放。当转换位数为 12 位时，温度的精度为 $1/16$（4 位小数位，所以为 16）＝0.0625 度。

对于温度的计算，以 12 位转换位数为例：对于正的温度，只要将测到的数值的整数部分取出，转换为十进制，再将小数部分乘以 0.0625 就可以得到十进制的小数位的温度值。而对于负的温度，则需要将采集到的数值取反加 1，即可得到实际温度的十六进制表示。再按照正温度的计算方法就可以得出十进制的负的温度。12 位转换位数情况下的输出数字量与温度对照如表 8.5 所示。

表 8.4   DS18B20 温度寄存器格式

低字节	Bit7	Bit6	Bit5	Bit4	Bit3	Bit2	Bit1	Bit0
	2^3	2^2	2^1	2^0	2^{-1}	2^{-2}	2^{-3}	2^{-4}
高字节	Bit15	Bit14	Bit13	Bit12	Bit11	Bit10	Bit9	Bit8
	S	S	S	S	S	2^6	2^5	2^4

表 8.5　DS18B20 输出数字量与温度对照表（12 位转换位）

温度值/℃	数字量输出（二进制）	数字量输出（十六进制）
125	0000 0111 1101 0000	07D0
85	0000 0101 0101 0000	0550
25.0625	0000 0001 1001 0001	0191
10.125	0000 0000 1010 0010	00A2
0.5	0000 0000 0000 1000	0008
0	0000 0000 0000 0000	0000
−0.5	1111 1111 1111 1000	FFF8
−10.125	1111 1111 0101 1110	FF5E
−25.0625	1111 1110 0110 1111	FE6F
−55	1111 1100 1001 0000	FC90

3. DS18B20 控制流程

在由 DS18B20 构成的单总线系统中，DS18B20 只能作为从机，单片机或者其他部件作为主机。根据 DS18B20 的通信协议，主机控制 DS18B20 完成一次温度转换必须经过 3 个步骤：

（1）复位：每次读写之前都要对 DS18B20 进行复位操作，复位要求主机将数据线拉低最少 $480\mu s$，然后释放，当 DS18B20 接收到信号后，等待 $15\sim60\mu s$，然后把总线拉低 $60\sim240\mu s$，主机接收到此信号表示复位成功。

（2）ROM 指令：复位成功后发送一条 ROM 指令，ROM 指令表明了主机寻址一个或多个 DS18B20 中的某个或某几个，或者是读取某个 DS18B20 的 64 位序列号。

（3）RAM 指令：最后发送 RAM 指令，这样才能对 DS18B20 进行正确的操作。RAM 指令用于主机对 DS18B20 内部 RAM 的操作（如启动温度转换、读取温度等）。

4. DS18B20 的操作时序

（1）DS18B20 的初始化

① 先将数据线置高电平 1。

② 延时（该时间要求不是很严格，但是尽可能短一点）。

③ 数据线拉到低电平 0。

④ 延时 $490\mu s$（该时间的时间范围可以是 $480\sim960\mu s$）。

⑤ 数据线拉到高电平 1。

⑥ 延时等待(如果初始化成功,则在 15～60ms 时间之内产生一个由 DS18B20 所返回的低电平 0。根据该状态可以确定它的存在,但是应注意不能无限地等待,不然会使程序进入死循环,所以要进行超时控制)。

⑦ 若 CPU 读到了数据线上的低电平 0 后,还要做延时,其延时的时间从发出的高电平算起(第⑤步的时间算起)最少要 480μs。

⑧ 将数据线再次拉高到高电平 1 后结束。

(2) DS18B20 的写操作

① 数据线先置低电平 0。

② 延时确定的时间为 2(小于 15)μs。

③ 按照从低位到高位的顺序发送字节(一次只发送一位)。

④ 延时时间为 62(大于 60)μs。

⑤ 将数据线拉到高电平,延时 2(小于 15)μs。

⑥ 重复①到⑥的操作直到所有的字节全部发送完为止。

⑦ 最后将数据线拉高。

(3) DS18B20 的读操作

① 将数据线拉高 1。

② 延时 2μs。

③ 将数据线拉低 0。

④ 延时 2(小于 15)μs。

⑤ 将数据线拉高 1,同时端口应为输入状态。

⑥ 延时 4(小于 15)μs。

⑦ 读数据线的状态得到 1 个状态位,并进行数据处理。

⑧ 延时 62(大于 60)μs。

5. DS18B20 命令字

(1) Read ROM[33H]:读取温度检测数据。

(2) Match ROM[55H]:这个是匹配 ROM 命令,后跟 64 位 ROM 序列,让总线控制器在多点总线上定位一只特定的 DS18B20。只有和 64 位 ROM 序列完全匹配的 DS18B20 才能响应随后的存储器操作。所有和 64 位 ROM 序列不匹配的从机都将等待复位脉冲。这条命令在总线上有单个或多个器件时都可以使用。

(3) Skip ROM[0CCH]:这条命令允许总线控制器不用提供 64 位 ROM 编码就使用存储器操作命令,在单点总线情况下,可以节省时间。如果总线上不止一个从机,在 Skip ROM 命令之后跟着发一条读命令,由于多个从机同时传送信号,总线上就会发生数据冲突(漏极开路下拉效果相当于相"与")。

(4) Search ROM[0F0H]:当一个系统初次启动时,总线控制器可能并不知道单线总线上有多个器件或它们的 64 位编码,搜索 ROM 命令允许总线控制器用排除法识别总线上的所有从机的 64 位编码。

(5) Alarm Search[0ECH]:这条命令的流程和 Search ROM 相同。然而,只有在最

近一次测温后遇到符合报警条件的情况下,DS18B20 才会响应这条命令。报警条件定义为温度高于 TH 或低于 TL。只要 DS18B20 不掉电,报警状态将一直保持,知道再一次测得的温度值达不到报警条件。

(6) Write Scratchpad[4EH]:这条命令向 DS18B20 的暂存器 TH 和 TL 中写入数据。可以在任何时刻发出复位命令来中止写入。

(7) Read Scratchpad[0BEH]:这条命令读取暂存器的内容。读取将从第 1 个字节开始,一直进行下去,直到第 9(CRC)字节读完。如果不想读完所有字节,控制器可以在任何时间发出复位命令来中止读取。

(8) Copy Scratchpad[48H]:这条命令把暂存器的内容复制到 DS18B20 的 EEPROM 存储器里,即把温度报警触发字节存入非易失性存储器里。如果总线控制器在这条命令之后跟着发出读时间隙,而 DS18B20 又忙于把暂存器复制到 E2 存储器,DS18B20 就会输出一个 0。如果复制结束的话,DS18B20 则输出 1。如果使用寄生电源,总线控制器必须在这条命令发出后立即启动强上拉并保持 10ms。

(9) Convert T[44H]:这条命令启动一次温度转换而不需要其他数据。温度转换命令被执行,而后 DS18B20 保持等待状态。如果总线控制器在这条命令之后跟着发出时间隙,而 DS18B20 又忙于做时间转换的话,DS18B20 将在总线上输出 0,若温度转换完成,则输出 1。如果使用寄生电源,总线控制必须在发出这条命令后立即启动强上拉,并保持 500ms 以上时间。

(10) Recall EPROM[B8H]:这条命令把报警触发器里的值复制回暂存器。这种复制操作在 DS18B20 上电时自动执行,这样器件一上电,暂存器里马上就存在有效的数据了。若在这条命令发出之后发出读数据隙,器件会输出温度转换忙的标识:0 为忙,1 为完成。

(11) Read Power Supply[0B4H]:若把这条命令发给 DS18B20 后发出读时间隙,器件会返回它的电源模式:0 为寄生电源,1 为外部电源。

8.5.2 软件程序设计

1. 程序设计要点

由于数码管位数有限,只能显示小数点后一位,即小数点后数据范围为 0~9,而 DS18B20 以 12 位分辨率输出时,其小数点后数据范围为 0~15,所以以散转方式确定小数点后一位的值,如表 8.6 所示。

2. 程序结构及关键流程

项目包含 18B20.c、main.c 两个文件,main.c 中设计定时器中断函数采集 DS18B20 测温数据并进行处理,周期为 1s。在中断程序里给 DS18B20 发送启动命令后,由于 DS18B20 在 12 位分辨率工作方式下进行温度数据采集需 750ms,所以需延时 800ms 等待 DS18B20 温度检测结束后再发送读取数据指令。在 main.c 的主函数中设计数码管的动态扫描显示。定时中断函数流程如图 8.14 所示。

表 8.6　DS18B20 小数点散转表

DS18B20 输出值小数点后 4 位 （十六进制）	温度显示值	DS18B20 输出值小数点后 4 位 （十六进制）	温度显示值
00H	0	08H	5
01H	1	09H	6
02H	1	0AH	6
03H	2	0BH	7
04H	3	0CH	8
05H	3	0DH	8
06H	4	0EH	9
07H	4	0FH	9

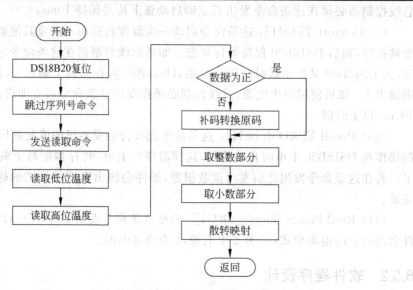

图 8.14　定时中断读取 DS18B20 温度的流程图

8.6　电梯内部控制器设计

电梯内部控制器实现的功能如下。

（1）按数字键选择想要去的目的楼层，数码管显示器作为电梯当前层的指示灯，两个发光二极管作为电梯上行（黄灯）和下行指示灯（绿灯）。

（2）步进电动机正转表示电梯上行，步进电动机反转表示电梯下行。启动按钮按下表示电梯控制系统可以运行。紧急停止按钮按下，电动机停止运动。

（3）报警按钮按下，启动蜂鸣器和闪烁红色报警灯。

8.6.1　硬件电路设计

电梯内部控制器仿真电路如图 8.15 所示,外围电路包括 4 位共阴数码管、独立键盘、步进电机控制芯片 ULN2003A 和直流步进电机等。

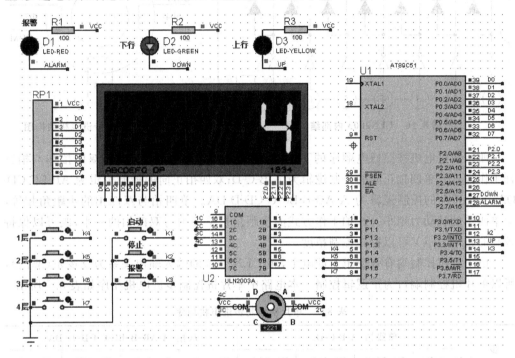

图 8.15　电梯内部控制器仿真原理图

1. ULN2003 功能特点

ULN2003 电流放大的 7 个非门电路,输出集电极开路。引脚排列如图 8.16 所示,ULN 是集成达林顿管 IC,内部还集成了一个消线圈反电动势的二极管,可用来驱动继电器。最大驱动电压=50V,电流=500mA,输入电压=5V,适用于 TTL COMS,由达林顿管组成驱动电路。采用集电极开路输出,输出电流大,故可直接驱动继电器或固体继电器,也可直接驱动低压灯泡和直流步进电机。通常单片机控制 ULN2003 时,上拉 2kΩ 的电阻较为合适,同时,COM 引脚应该悬空或接电源。

2. 直流四相步进电机控制原理

四相步进电机示意图如图 8.17 所示,转子由一个永久磁铁构成,定子分别由 4 组绕组构成,每组绕组的公共端 COM 接直流电源正端,另外一端接控制逻辑。控制逻辑为 0 时,该绕组导通,转子转到一定角度。绕组依次导通时,转子连续转动。转动方向取决于绕组导通的次序:当绕组导通次序为 Φ1-Φ2-Φ3-Φ4 时,电机正传;当绕组导通次序为 Φ4-Φ3-Φ2-Φ1 时,电机反传。转动速度取决于绕组导通的时间。

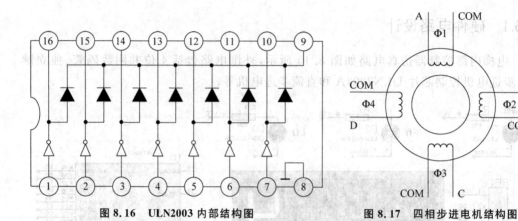

图 8.16　ULN2003 内部结构图　　　图 8.17　四相步进电机结构图

四相步进电机按照通电顺序的不同,电机转动控制可分为单四拍、双四拍和八拍三种工作方式。单四拍正向的控制逻辑为 A-B-C-D;双四拍正向的控制逻辑为 AB-BC-CD-DA;八拍正向的控制逻辑为 A-AB-B-BC-C-CD-D-DA。单四拍与双四拍的步距角相等,但单四拍的转动力矩小。八拍工作方式的步距角是单四拍与双四拍的一半,既可以保持较高的转动力矩又可以提高控制精度。

由于绕组控制端有效逻辑为低电平,而 ULN2003 的输入输出关系为反逻辑(非门),所以单片机控制端口为正逻辑控制。本电路中单片机控制步进电机相序如表 8.7 所示。

表 8.7　单片机控制步进电机相序

步	单四拍(A-B-C-D)				八拍(A-AB-B-BC-C-CD-D-DA)			
	P1.3(D)	P1.2(C)	P1.1(B)	P1.0(A)	P1.3(D)	P1.2(C)	P1.1(B)	P1.0(A)
1	0	0	0	1	0	0	0	1
2	0	0	1	0	0	0	1	1
3	0	1	0	0	0	0	1	0
4	1	0	0	0	0	1	1	0
5					0	1	0	0
6					1	1	0	0
7					1	0	0	0
8					1	0	0	1

8.6.2　软件程序设计

1. 程序设计要点

采用步进电机采用单四拍控制,步进电机的步进角参数(step angle)默认值为 18°,即步进电机执行一拍(步)转 18°,走四拍转 72°,则电机转 1 周需要 5 个四拍,据此设计循环逻辑。利用延时确定转动周期。

2．程序结构及关键流程

只设计一个 main.c 文件，在主函数中检测按键状态并进行各种逻辑操作。主函数流程如图 8.18 所示。

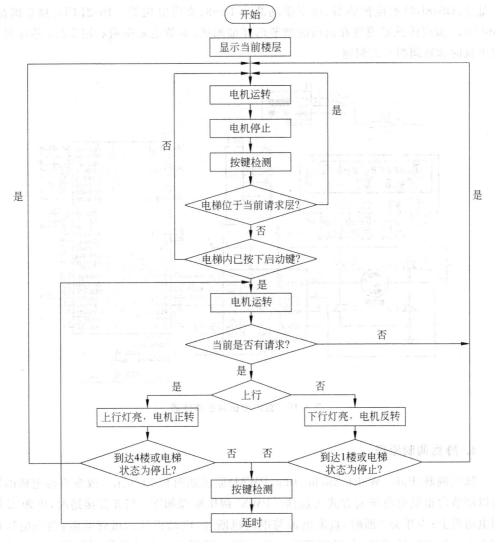

图 8.18　电梯内部控制器主流程图

8.7　直流电机温控调速器

在控温设备的制冷系统中，根据现场温度调节电机转速，电机转速影响制冷系统制冷量，从而达到温度自动调节目的。本系统调速功能如下：温度大于等于 40℃时，电机加速正转；温度大于等于 70℃时，电机全速正传；温度小于等于 15℃时，电机加速反转；温度小于等于 0℃时电机全速反转；温度在 15℃至 40℃之间电机停止转动。

8.7.1 硬件电路设计

直流电机温控调速器仿真电路如图 8.19 所示，外围电路包括 1602LCD 显示器、独立键盘、DS18B20 温度传感器、功率驱动芯片 L298、直流电机等。1602LCD、独立键盘、DS18B20 温度传感器模块在前面的章节已详细阐述，本节主要说明利用 L298 芯片对直流电机的脉宽调制方式调速。

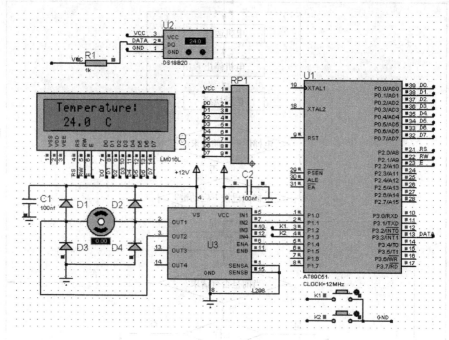

图 8.19　直流电机温控调速器

1. 脉宽调制原理

脉宽调制（Pulse Width Modulation，PWM）原理如图 8.20 所示。改变直流电机的转速以调节电枢供电电压的方式为最佳。PWM 调压原理如下：当开关接通时，电源 E 加到电动机上；当开关关断时，直流电源与电动机断开，电动机经二极管续流，两端电压近似为零。如此反复循环，电机两端的电压波形如图所示。电动机得到的平均电压为：$V_d = t_{on} * E/T = \sigma * E$。其中，$T$ 为开关元件的开关周期；t_{on} 为开关元件开通时间；$\sigma = t_{on}/T$ 为开关占空比。这种在开关频率不变的条件下，通过改变开关的导通时间来控制平均输出电压大小的方式称为脉冲宽度调节。

2. 率驱动芯片 L298 原理

L298 内部包含 4 通道逻辑驱动电路。它是一种电机专用驱动器，内含两个 H 桥的

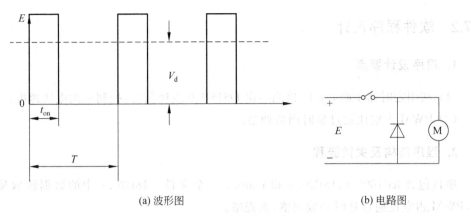

(a) 波形图　　　　　　　　(b) 电路图

图 8.20　脉宽调制原理图

高电压大电流双全桥驱动器,接收标准 TTL 逻辑电平信号,可驱动 46V、2A 以下的电机。

引脚功能如下:

引脚 9:TTL 逻辑供应电压,通常为 5V。

引脚 4:驱动部分输入电压,范围 4.5~36V。

引脚 8:地。

引脚 1、2、3、5、6、7 为 A 组控制信号,其中:

引脚 1:输出电流反馈端,无须检测时可接地。

引脚 2(OUT1)、引脚 3(OUT2):输出端,接 2 相电机。

引脚 5(IN1)、引脚 7(IN2):电机转向控制。

引脚 6(ENA):电机转动使能控制,接 PWM 控制信号。

引脚 10、11、12、13、14、15 为 B 组控制信号,其中:

引脚 15:输出电流反馈端,无须检测时可接地。

引脚 13(OUT3)、引脚 14(OUT4):输出端,接 2 相电机。

引脚 10(IN3)、引脚 12(IN4):电机转向控制。

引脚 11(ENB):电机转动使能控制,接 PWM 控制信号。

使能、输入引脚和输出引脚的逻辑关系如表 8.8 所示。

表 8.8　L298 控制逻辑

ENA(B)	IN1(IN3)	IN2(IN4)	电机状态
0	—	—	停止
1	1	0	正传
1	0	1	反转
1	1	1	刹停
1	0	0	停止

8.7.2 软件程序设计

1. 程序设计要点

(1) 利用定时器中断,每 1s 检测一次 DS18B20 温度信号,控制一次电机速度。

(2) PWM 占空比通过延时函数调整。

2. 程序结构及关键流程

项目包含 lcd1602.c、18B20.c 和 main.c 三个文件。18B20.c 中的数据读取见 8.5 节,PWM 占空比通过延时函数调整,流程略。

8.8 RFID 读卡器设计

射频识别(Radio Frequency Identification,RFID)技术是一种非接触式的自动识别技术。它利用射频信号通过空间耦合(交变磁场或电磁场)实现无接触信息传递,以达到自动识别目标对象并获取相关数据的目的。由于识别过程无须人工干预,因此 RFID 技术具有精度高、适应环境能力强、抗干扰性强、操作快捷等许多优点。RFID 识别系统通常由射频卡电子标签、读写器和天线组成。工作时,读写器通过系统天线发送一定频率的射频信号,当射频卡标签进入发射天线工作区域时产生感应,从而获得能量被激活。激活后的射频卡标签将自身编码等信息通过其内置天线发送出去,系统天线接收到射频卡标签发送来的载波信号,经读写器对其进行解调和译码,并将译码后的数据送到主系统进行相关处理以判断该卡的合法性,然后根据系统需要发出相应的控制信号以便对卡片进行进一步的操作。

射频卡电子标签具有各种各样的形状,但不是任意形状都能满足阅读距离及工作频率的要求,必须根据系统的工作原理,即磁场耦合(变压器原理)还是电磁场耦合(雷达原理),设计合适的天线外形及尺寸。射频卡标签通常由标签天线(或线圈)和标签芯片组成。标签芯片即相当于一个具有无线收发功能再加存储功能的单片系统(SoC)。从纯技术的角度来说,射频识别技术的核心在于射频电子标签,阅读器是根据电子标签的设计而设计的。

这里给出 Atmel 公司生产的一种只读式低频射频卡标签的读卡器设计。

ATMEL 公司生产的低频非接触式射频卡芯片有 E5530、E5550、E5560 系列,TIMEC 是其商标。其中系列射频卡芯片 E5530 是只读式 IC 卡芯片,E5550 和 E5560 是可以自由读写、具有可编程控制功能的射频卡芯片。U2270B 是与 E5530、E5550、E5560 系列射频卡芯片配套使用的射频卡读写基站芯片,它集接收、发送功能于一体,而且,不需要附加驱动电路,只需少量外围电路,便可以有效地实现对射频卡芯片的读写。

E5530 的典型射频频率为 125kHz,内部包含信号发生器、调制器、128 位 PROM、天线控制模块和计数器等模块。其中,天线控制模块用来驱动天线向基站传输数据,并为芯片内部提供工作电源;信号发生器、调制器和记数器用来发送数据;PROM 内部存有厂家设置的唯一标识数据,也称序列号,所有的只读卡序列号是唯一的,这些序列号的码长度有 128、96、64 或 32 位可供选择。本节通过采用 51 单片机与 U2270B 组成射频卡基站读写电路,实现对 E5530 只读式射频卡的数据读取。

8.8.1　硬件电路设计

U2270B 是一种非接触卡读写基站芯片。芯片内部集成了振荡器、线圈驱动器、接收信号处理电路和集成供电电路。振荡器用于产生 $100\sim125\mathrm{kHz}$ 的工作频率,通过在 RF 端(频率调节端)外接一个电阻来精确调节频率。接收信号处理电路由低通滤波器、放大器和施密特触发器构成,用于完成信号的解调和预处理。U2270B 非常适用于 TEMIC 系列的 E5530、E5550 和 E5560 系列射频卡的读写操作,是与之配套使用的基站芯片。与其他类型的射频读写基站模块相比,该芯片所需外围驱动电路较少,与微控制器的连接十分方便。

U2270B 的载波频率为 $100\sim150\mathrm{kHz}$,信号调制方式有两种类型:Manchester 和 BIPH。它的供电电压为 5V,并具有省电工作模式和多种供电方式可选,以适应不同应用环境的需要。该基站芯片的封装形式为 SO16,各引脚功能如下。

GND(引脚 1):信号地。

Output(引脚 2):数据输出端。

OE(引脚 3):数据输出使能端。

Input(引脚 4):数据输入端。

MS(引脚 5):模式选择端,可选择普通模式或特定模式。

CFE(引脚 6):载波频率使能端。

DGND(引脚 7):驱动器地。

DV_S(引脚 11):驱动器供电端。

COIL2、COIL1(引脚 8、引脚 9):天线驱动端。

V_{EXT}(引脚 10):外部电源供电端。

V_{BATT}(引脚 12):电池电压。

V_S(引脚 14):内部电源供电端。

Standby(引脚 13):备用输入端。

RF(引脚 15):频率调节端。

HIPASS(引脚 16):直流去耦端。

U2270B 有三种电源工作模式:第一种是单电源供电方式,将 5V 电源分别与 V_S、V_{EXT} 和 DV_S 相连,这种模式适合于普通的单 5V 供电方式,而且使用较少的外围器件;第二种是双电源供电方式,将 DV_S 和 V_{EXT} 与较高的电源 8V 相连,V_S 与 5V 电源相连;第三种是电池电压工作方式。后两种模式适合于要求扩展通信距离的应用场合。

在产品设计中,我们采用一款具有 20 个引脚的 51 单片机 AT89C2051 与 U2270B 组成基站读写电路,负责实现射频卡的读写,当射频卡读写成功时,利用 AT89C2051 的串行口将读取成功的数据发送给上位机。射频卡读写电路如图 8.21 所示,图中 R 值的不同可使射频磁场的强度不同,另外在 INPUT 端还接有二极管和 R_1C_1 低通滤波器,用于信号的整流和解调。

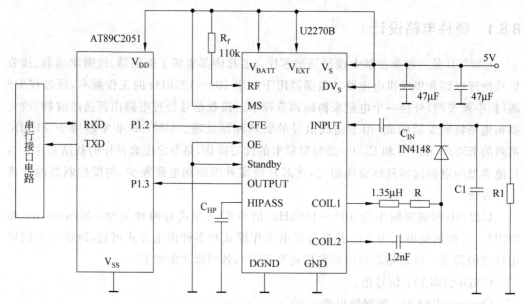

图 8.21　U2270B 与 51 单片机构成的射频读写电路

8.8.2　软件程序设计

1. 程序设计要点

E5530 的数据调制方式基本上有 4 种:FSK(调频)、PSK(调相)、BIPH(双相)和 Manchester(曼彻斯特)。在对采集的数据进行译码时,要根据它所采用的调试方式进行。

在对射频信号进行数据采集时,要根据射频卡的比特率,计算并确定采样周期。

2. 程序设计流程

射频卡读卡器的软件程序流程如图 8.22 所示。首先进行初始化操作,并将 P1.2 置高电平,然后判断 U2270B 的输出端 OUTPUT 是否有信号输出。当射频卡进入基站读写电路天线发射的磁场范围时,OUTPUT 端就会有信号输出。根据射频卡所采用的信号调制方式,判断 OUTPUT 端输出信号数据的逻辑值,然后根据编码规则进行译码,提取出射频卡的唯一标识码,最后将读取到的射频卡数据发送给上位机。如果使用 E5550 或 E5560 读写式射频卡,那么在读出其标识码后,需要对射频卡进行密码验证或双向验证,验证通过后,再选择操作模式,进行射频卡的读写操作。

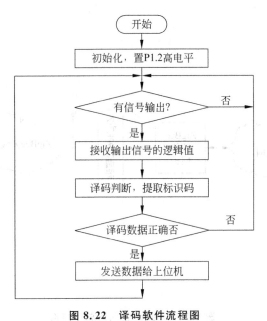

图 8.22 译码软件流程图

8.9 ZigBee 物联网结点设计

物联网的时代已经到来,物联网结点从本质上来讲,是一种单片机应用系统,本节介绍 ZigBee 物联网温湿度结点设计的基本原理。

8.9.1 ZigBee 物联网整体结构

物联网(Internet of Things)是一种通过射频识别(RFID)、感应器、全球定位系统、激光扫描器等信息传感设备,按约定的协议,通过信息传输设备把物品与互联网连接起来,进行信息交换和通信,以实现对物品的智能化识别、定位、跟踪、监控和管理的一种网络。近年来,随着物联网技术的蓬勃发展,物联网的应用已遍及智能交通、环境保护、公共安全、平安家居、智能消防、工业监测、医疗健康、食品溯源等多个领域。物联网的形式和含义非常广泛,其中 ZigBee 物联网是目前应用较多的一种物联网框架,ZigBee 物联网总体结构如图 8.23 所示。

ZigBee 物联网最终目的是实现用户终端(移动手机终端和 PC 终端)对物联网结点的控制(信息采集输入或执行器控制输出),物联网结点通过 ZigBee 无线网络与协调器通信,ZigBee 协调器通过串口等方式与 ZigBee 智能网关通信,ZigBee 智能网关本身具有 TCP/IP 有线网和 WiFi 无线网等接入互联网的通信方式,用户终端本身就处于互联网之中。通过物联网的一系列通信链路,实现了用户终端对物联网结点的控制。

在整个物联网结构设计中,ZigBee 结点、ZigBee 协调器和 ZigBee 智能网关都属于嵌入式计算机系统,其中结点和协调器相对简单一些,在硬件上可以用低成本的单片机实现。

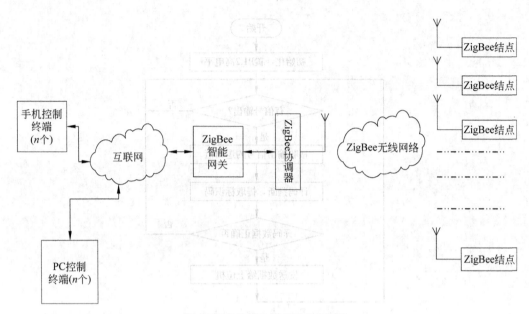

图 8.23　ZigBee 物联网总体结构

8.9.2　温湿度结点的硬件电路设计

　　ZigBee 结点的原理框图如图 8.24 所示。结点单片机通常采用 CC2530 单片机,该单片机最大的特点是内部包含了无线射频收发器,可以使结点和 ZigBee 协调器构成 ZigBee 无线网络,实现无线通信。单片机的 I/O 口连接各种传感器或执行器等,完成信息采集和执行器控制。温湿度结点的功能是通过温湿度传感器完成温湿度参数采集,并实现与 ZigBee 协调器的 ZigBee 无线网络通信,其电路原理图如图 8.25 所示。

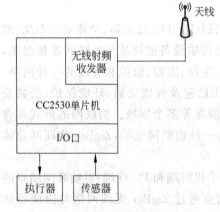

图 8.24　ZigBee 结点原理框图

1. CC2530 单片机的特点

　　ZigBee 新一代 SOC 芯片 CC2530 是真正的片上系统解决方案,支持 IEEE 802.15.4 标准。CC2530 结合了一个完全集成的和高性能的 RF 射频收发器与一个 8051 微处理器、8KB 的 RAM、32/64/128/256KB 闪存,以及其他强大的支持功能和外设,支持系统编程。CC2530 还可以配备 TI 的一个标准兼容或专有的网络协议栈 (RemoTI、Z-Stack 或 SimpliciTI)来简化开发,以便更快地占领市场。CC2530 可用于远程控制、消费型电子产品、家庭控制、计量和智能能源、楼宇自动化、医疗等领域。

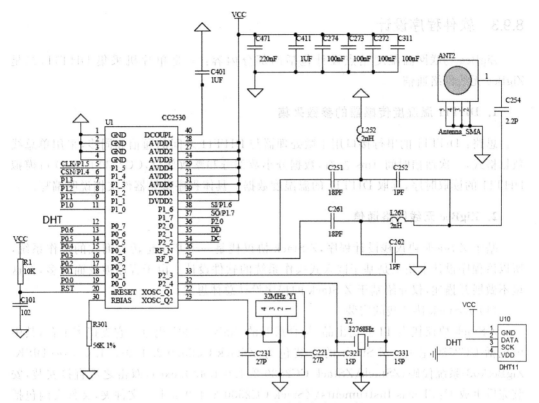

图 8.25 ZigBee 温湿度结点电路原理框图

2. CC2530RF 射频收发器的特点

CC2530RF 射频收发器采用 2.4GHz 的 IEEE 802.15.4 标准,接收器灵敏度高,抗干扰能力强,可编程输出功率为 +4.5 dBm,总体无线连接 102dBm,系统配置符合世界范围的无线电频率法规:欧洲电信标准协会 ETSI EN300328 和 EN300440(欧洲)、FCC 的 CFR47 第 15 部分(美国)和 ARIB STD-T-66(日本)。

3. 温湿度传感器 DHT11 的特点

DHT11 数字温湿度传感器是一款含有已校准数字信号输出的温湿度复合传感器。它应用专用的数字模块采集技术和温湿度传感技术,确保产品具有极高的可靠性与稳定性。传感器包括一个电阻式感湿元件和一个 NTC 测温元件,并与一个高性能 8 位单片机相连接,具有响应快、抗干扰能力强、性价比高等优点。每个 DHT11 传感器都在极为精确的湿度校验室中进行校准,校准系数以程序的形式存储在 OTP 内存中,传感器内部在检测信号的处理过程中要调用这些校准系数。单线制串行接口使系统集成变得简易快捷。超小的体积、极低的功耗,信号传输距离可达 20m 以上,使其成为各类应用甚至最为苛刻的应用场合的最佳选择。

8.9.3　软件程序设计

ZigBee 物联网温湿度结点设计包括两部分内容：一是单片机采集 DHT11，二是 ZigBee 无线网络通信。

1. DHT11 温湿度传感器的参数采集

思路：DHT11 的串行接口用于微处理器与 DHT11 之间的通信和同步，采用单总线数据格式，一次通信时间 4ms 左右，数据分小数部分和整数部分，CC2530 的 I/O 口模拟 DHT11 的读取时序，读取 DHT11 的温湿度数据。具体程序参见器件文档说明编写。

2. ZigBee 无线网络通信

基于 Z-Stack 协议栈设计程序，Z-Stack 协议栈是一个基于轮转查询式的操作系统，所以该程序设计本质上是基于嵌入式操作系统的软件设计。由于程序涉及面较多，在这里不做展开描述，仅介绍基于 Z-Stack 的程序设计总体思想。

（1）Z-Stack 协议栈的安装。

Z-Stack 协议栈由 TI 公司出品，符合最新的 ZigBee 2007 规范。它支持多平台，其中就包括 CC2530 芯片。Z-Stack 的安装包为 ZStack-CC2530-2.4.0-1.4.0.exe（DISK-ZigBee\03-系统代码\ZStack\ZStack-CC2530-2.4.0-1.4.0.exe），双击之后直接安装，安装完后生成 C:\Texas Instruments\ZStack-CC2530-2.4.0-1.4.0 文件夹，文件夹内包括协议栈中各层部分的源程序（有一些源程序被以库的形式封装起来了），Documents 文件夹内包含一些与协议栈相关的帮助和学习文档，Projects 包含与工程相关的库文件和配置文件等，其中基于 Z-Stack 的工程应放在 Texas Instruments\ZStack-CC2530-2.4.0-1.4.0\Projects\zstack\Samples 文件夹下。

图 8.26　Z-Stack 层次结构图

（2）Z-Stack 协议栈的结构。

打开 Z-Stack 协议栈提供的示例工程，可以看到如图 8.26 所示的层次结构图。

从层次的名字就能知道其代表的含义，例如 NWK 层就是网络层。一般应用中较多关注的是 HAL(硬件抽象)层和 App(用户应用)层。HAL 层要针对具体的硬件进行修改，App 层要添加具体的应用程序。而 OSAL 层是 Z-Stack 特有的系统层，相当于一个简单的操作系统，便于对各层次任务的管理。理解它的工作原理对开发是很重要的，在 Z-Stack 协议栈中各层次具有一定的关系，如图 8.27 所示是 Z-Stack 协议栈的体系结构图。

（3）Z-Stack 协议栈的工作流程。

Z-Stack 协议栈是一个基于轮转查询式的操作系统，它的 main 函数在 ZMain 目录下的 ZMain.c 中，该协议栈总体上来说一共做了两件工作，一个是系统初始化，即由启动代

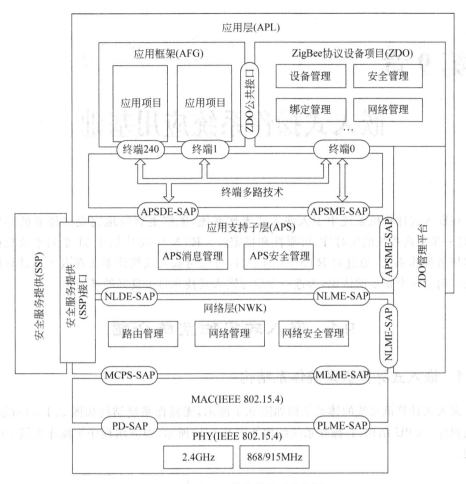

图 8.27 ZStack 协议栈体系结构图

码来初始化硬件系统和软件构架需要的各个模块,另外一个就是开始启动操作系统
实体。

系统初始化:系统启动代码需要完成初始化硬件平台和软件架构所需要的各个模
块,为微操作系统的运行做好准备工作,主要分为初始化系统时钟,检测芯片工作电压,
初始化堆栈,初始化各个硬件模块,初始化 FLASH 存储,形成芯片 MAC 地址,初始化非
易失变量,初始化 MAC 层协议,初始化应用帧层协议,初始化操作系统等十余部分。

启动操作系统:系统初始化为操作系统的运行做好准备之后,就开始执行操作系统
入口程序,并由此彻底将控制权交给操作系统。其实,启动操作系统实体只有一行代码
"osal_start_system();",该函数没有返回结果,通过将该函数一层层展开之后就可以看
出该函数其实就是一个死循环。这个函数就是轮转查询式操作系统的主体部分,它所做
的就是不断地查询每个任务是否有事件发生,如果发生,则执行相应的函数,如果没有发
生,就查询下一个任务。

chapter 9

第9章

嵌入式操作系统应用基础

在嵌入式计算机系统中引入嵌入式操作系统,能够更有效地完成多任务的并发处理,进一步提高系统的实时性、可靠性和稳定性。RTX-51 是应用于 51 系列单片机的实时多任务操作系统,通过对 RTX-51 的学习,可以对嵌入式操作系统在嵌入式计算机系统的作用有一个初步的认识,为进一步学习嵌入式技术打下良好的基础。

9.1 嵌入式操作系统介绍

9.1.1 嵌入式计算机系统体系结构

嵌入式计算机系统的体系结构如图 9.1 所示,无操作系统结构如图 9.1(a)所示,即应用程序＋CPU 结构;有操作系统结构如图 9.1(b)所示,即应用程序＋操作系统＋CPU 结构。

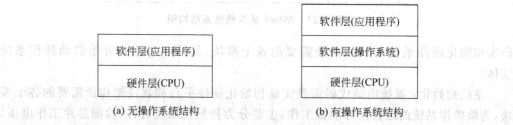

软件层(应用程序)	软件层(应用程序)
硬件层(CPU)	软件层(操作系统)
	硬件层(CPU)

(a) 无操作系统结构   (b) 有操作系统结构

图 9.1 嵌入式计算机系统的体系结构

1. 无操作系统结构

在无操作系统结构中,软件层只有应用程序这一层,应用程序直接控制 CPU。应用逻辑、数据管理(运行数据的存储空间分配和结果数据的存储)、任务管理均由应用程序实现,这种系统完成多任务的方式有两种。

1) 多任务循环方式

主函数在无限循环中通过调用多个任务函数来实现多任务调度。伪代码逻辑如下:

```
void main(void)
```

```
{ sysini();              //系统初始化
  While(1)
  {task1();              //执行任务 1
   task2();              //执行任务 2
   task3();              //执行任务 3
     ⋮
  }
}
```

　　这种方式的缺点是所有任务均需轮流依次执行,任何一个任务执行时间过长都会影响其他任务的执行效率。这种多任务处理实时性很差。

　　2) 前/后台方式

　　任务分为前台处理和后台处理,后台处理的任务在主函数的循环中进行;紧急事件在中断中进行,称为前台处理。伪代码逻辑如下:

```
void main(void)
{ sysini();              //系统初始化
  Interrupt_ini();       //中断初始化
  While(1)
  {task1();              //执行任务 1
   task2();              //执行任务 2
   task3();              //执行任务 3
     ⋮
  }
}
void int0(void) interrupt 0
{ task4();               //执行任务 4
}
void int1(void) interrupt 1
{ task5();               //执行任务 5
}
void int2(void) interrupt 2
{ task6();               //执行任务 6
}
  ⋮
```

　　程序运行时,正常情况下系统执行后台任务,当中断发生时,系统放弃正在执行的后台(做好数据保护后),跳入中断中执行前台任务,执行完毕后回到主函数中继续执行后台任务。多个前台任务通过中断优先级来调度。

　　前/后台方式是简单嵌入式系统的基本软件设计方式,大多数单片机系统均采用前/后台方式,通过中断实现多任务处理。这是一种基于 CPU 中断功能的多任务调度。

　　这种方式在任务较少时,特别是前台任务较少时基本可以满足系统实时性的要求。但当前台任务较多时,在应用程序中规划中断优先级和管理数据存储空间的难度都很大，设计高效率应用程序的可能性较低。

2. 有操作系统结构

在有操作系统结构中，软件层的操作系统和应用程序在功能上进行了区分：应用程序主要负责实现应用逻辑；操作系统完成底层的数据存储空间管理和多任务管理。这种功能的区分把应用程序设计人员从复杂的数据存储空间管理和多任务管理设计中解脱出来，可以把主要精力用于应用逻辑的设计，应用软件的设计效率和可靠性大大提高。这种结构也是目前通用的计算机软件结构体系。

9.1.2　嵌入式操作系统主要功能

嵌入式操作系统具备操作系统的基本功能特征，但由于受到嵌入式计算机系统硬件平台的限制（主要是 CPU 和存储器），其功能有不同程度的简化。主要功能如下。

1. 任务管理

任务管理是嵌入式实时操作系统的核心和灵魂，决定了操作系统的实时性能。它通常包含优先级设置、多任务调度机制和时间确定性等部分。

优先级设置：嵌入式操作系统支持多任务，每个任务都具有优先级，任务越重要，赋予的优先级应越高。优先级的设置分为静态优先级和动态优先级两种。静态优先级指的是每个任务在运行前都被赋予一个优先级，而且这个优先级在系统运行期间是不能改变的；动态优先级则是指每个任务的优先级（特别是应用程序的优先级）在系统运行时可以动态地改变。

2. 多任务调度机制

任务调度主要是协调任务对计算机系统资源的争夺使用。对系统资源非常匮乏的嵌入式系统来说，任务调度尤为重要，它直接影响到系统的实时性能。通常，多任务调度机制分为基于优先级抢占式调度和时间片轮转调度。

（1）基于优先级抢占式调度：系统中每个任务都有一个优先级，内核总是将 CPU 分配给处于就绪态的优先级最高的任务运行。如果系统发现就绪队列中有比当前运行任务更高的优先级任务，就把当前运行任务置于就绪队列中，调入高优先级任务运行。系统采用优先级抢占方式进行调度，可以保证重要的突发事件及时得到处理。

（2）时间片轮转调度：让优先级相同的处于就绪状态的任务按时间片使用 CPU，以防止同优先级的某一任务长时间独占 CPU。

在一般情况下，嵌入式实时操作系统采用基于优先级抢占式调度与时间片轮转调度相结合的调度机制。

3. 存储器管理功能

存储器管理的主要任务是内存分配、内存保护、地址映射和内存扩充。

（1）内存分配：按一定的策略为每道程序分配内存空间。

（2）内存保护：操作系统中多道程序并发执行，系统应保证各程序在自己的内存区域内运行而不相互干扰，更不能干扰和侵占操作系统空间。

地址映射和内存扩充在此略过，感兴趣的读者自行阅读相关材料。

4. 文件管理功能

计算机系统中的程序和数据通常以文件的形式存放在外部存储器上，操作系统中负责文件管理的部分称为文件系统，文件系统的主要任务是有效地支持文件的存储、检索和修改等操作，解决文件共享、保密和保护等问题。

5. 设备管理功能

设备管理的主要任务是对计算机系统内的所有设备实施有效的管理。

（1）设备分配：根据用户程序提出的 I/O 请求和相应的设备分配策略，为用户程序分配设备，当设备使用完后还应收回设备。

（2）设备驱动：当 CPU 发出 I/O 指令后，应启动设备进行 I/O 操作，当 I/O 完成操作后应向 CPU 发送中断信号，由响应的中断处理程序进行传输结束处理。

（3）设备独立性：用户程序中使用的设备与实际使用的物理设备无关。操作系统完成用户程序中的逻辑设备到具体设备的映射，使用户用起来更方便。

9.1.3　典型的嵌入式操作系统

1. VxWorks

VxWorks 是美国 WindRiver 公司的产品，是目前嵌入式系统领域中应用广泛、市场占有率比较高的嵌入式操作系统。VxWorks 实时操作系统由 400 多个相对独立、短小精悍的目标模块组成，用户可根据需要选择适当的模块来裁剪和配置系统；操作系统提供基于优先级的任务调度、任务间同步与通信、中断处理、定时器和内存管理等功能，内建符合 POSIX（可移植操作系统接口）规范的内存管理以及多处理器控制程序，并且具有简明易懂的用户接口。

2. μC/OS-Ⅱ

μC/OS-Ⅱ 是在 μC-OS 的基础上发展起来的，是美国嵌入式系统专家 Jean J. Labrosse 用 C 语言编写的一个结构小巧、抢占式的多任务实时内核。μC/OS-Ⅱ 能管理 64 个任务，并提供任务调度与管理、内存管理、任务间同步与通信、时间管理和中断服务等功能，具有执行效率高、占用空间小、实时性能优良和可扩展性强等特点。

3. μCLinux

μCLinux 是一种优秀的嵌入式 Linux 版本，全称为 micro-control Linux，从字面意思看是指微控制 Linux。同标准的 Linux 相比，μCLinux 的内核非常小，但是它仍然继承了 Linux 操作系统的主要特性，包括良好的稳定性和移植性、强大的网络功能、出色的文件系统支持、标准丰富的 API 以及 TCP/IP 网络协议等。

4. eCos

eCos(embedded Configurable operating system),即嵌入式可配置操作系统,是一个源代码开放的可配置、可移植、面向深度嵌入式应用的实时操作系统。eCos 最大特点是配置灵活,采用模块化设计,核心部分包括内核、C 语言库和底层运行包等。每个组件可提供大量的配置选项(实时内核也可作为可选配置),使用 eCos 提供的配置工具可以很方便地配置,并通过不同的配置使得 eCos 能够满足不同的嵌入式应用要求。

5. RTX51

RTX51 是 Keil 公司开发的用于 8051 系列单片机的多任务实时操作系统。它有两个版本: RTX51 FULL 和 RTX51 Tiny,其中 RTX51 Tiny 是免费版本,占用很少的存储器空间,无需扩充外部存储器。由于硬件条件的限制,在 51 单片机软件系统上使用 RTX51 的实际应用案例较少,但通过对 RTX51 的学习,可以为学习更加复杂的嵌入式操作系统打下良好的基础。

9.2 RTX51 Tiny 操作系统基本功能

9.2.1 RTX51 Tiny 特性

RTX51 Tiny 是 RTX51 Full 的子集,是一个很小的操作系统内核,完全集成在 Keil C51 编译器中,以系统函数调用的方式运行,可以很容易地使用 Keil C51 语言编写和编译一个多任务程序,并嵌入到实际应用系统中。它仅占用 900B 左右的程序存储空间,占用 7B DATA 空间和 3 倍于任务数字节的 IDATA 空间,可以在没有外部数据存储器的 51 单片机系统中运行,但应用程序仍然可以访问外部存储器。支持按时间片循环任务调度,支持任务间信号传递,最大可达 16 个任务,可以并行地利用中断。具有以下等待操作: 超时、另一个任务或中断的信号。

RTX51 Tiny 的不足是不支持任务抢占和优先级切换;任务间通信功能较弱,不支持消息队列和信号量;不支持存储区的分配和释放。

9.2.2 RTX51 Tiny 的任务管理

1. 任务状态

任务状态转换如图 9.2 所示,RTX51 Tiny 的用户任务具有以下几个状态。

(1) RUNNING: 任务处于运行中,同一时间只有一个任务可以处于 RUNNING 状态。

(2) READY: 任务正在等待运行,在当前运行的任务时间片完成之后,RTX51 Tiny 运行下一个处于 READY 状态的任务。

(3) WAITING: 任务等待一个事件。如果所等待的事件发生,任务进入 READY 状态。

（4）DELETED：任务不处于执行状态。

（5）TIME OUT：任务由于时间片用完而处于 TIME OUT 状态，并等待再次运行。该状态与 READY 状态相似。

图 9.2 RTX51 Tiny 任务状态切换

2. 同步机制

为了能保证任务在执行次序上的协调，必须采用同步机制。内核用以下事件进行任务间的通信和同步。

（1）SIGNAL：用于任务之间的通信，可以用系统函数置位或清除。如果一个任务调用 os_wait 函数等待 SIGNAL 而 SIGNAL 未置位，则该任务被挂起直到 SIGNAL 置位，才返回到 READY 状态，并可被再次执行。

（2）TIME OUT：由 os_wait 函数开始的时间延时，其持续时间可由定时节拍数确定。

（3）INTERVAL：由 os_wait 函数开始的时间间隔，其间隔时间可由定时节拍数确定。与 TIME OUT 不同的是，任务的节拍计数器不复位。

3. 定时节拍

RTX51 Tiny 使用 8051 内部定时器 T0 来产生中断作为定时节拍，这个中断就是 RTX51 Tiny 的时钟片。各任务只在各自分配的定时节拍数（时间片）内执行，当时间片用完后，切换至下一任务运行，因此，各任务是并发执行的。RTX51 Tiny 运行时库中用的等待时间都是以这个时间片为单位的。

RTX51 Tiny 的默认的时间片是 10000 个机器周期。因此，标准的 8051 运行在 12MHz 的时钟下的时候，时间片为 0.01s(100Hz 频率)。这个值可以在 conf_tny.a51 配置文件中更改。

4. 调度规则

RTX51 Tiny 能完成时间片轮转多重任务，而且允许并行执行多个无限循环任务。RTX51 Tiny 分配一个时间片给每个任务。然后，RTX51 Tiny 切换到另一个准备运行的任务并允许这个任务执行片刻。RTX51 Tiny 将处理器分配到一个任务的过程称为调度。

任务调度器根据以下规则决定具体执行哪一个任务。

1）当出现以下情况将中断当前任务

（1）任务调用函数 os_wait，并且等待的任务还没有发生；

（2）任务执行的时间超过了设定的 round-robin 时间片。

2）其他的任务在出现以下条件时开始运行

（1）没有其他任务正在运行；

（2）将启动的任务正处于就绪状态或 TIME OUT 状态。

5. 任务切换

1）循环任务切换

RTX51 Tiny 可以配置成循环任务切换（round-robin）。循环任务切换允许执行多任务。任务并不是连续执行的，而是分时间片执行的（可用的 CPU 时间被分成时间片，RTX51 Tiny 把时间片分配给各个任务）。时间片的时间很短（以 ms 为单位），所以任务看起来像连续执行一样。任务在分配给它的时间片内执行（除非放弃）。然后切换到下一个就绪的任务。

2）协作任务切换

如果禁止了循环多任务，可以使用函数 os_wait 或函数 os_switch_task 通知 RTX51 Tiny 切换到另一个任务。函数 os_wait 挂起当前任务直到特定的事件发生。在这期间任何其他的任务都可以执行。函数 os_wait 和函数 os_switch_task 的不同之处在于 os_wait 可以让任务等待某一事件的发生，而函数 os_switch_task 直接切换到另一个准备就绪的任务。

3）空闲任务

当没有任务需要运行时，RTX51 Tiny 执行空闲任务。空闲任务只是一个简单的无限循环，例如 SJMP $。有些 8051 器件提供了空闲模式，通过空闲任务的执行以降低功耗，直到出现中断。在这种模式下，所有外围设备包括中断系统仍然在继续工作。

RTX51 Tiny 允许在空闲任务中初始化空闲模式（没有其他任务需要执行）。当 RTX51 Tiny 时钟节拍中断（或任何其他中断）出现，微控制器恢复执行程序。空闲任务执行的代码可以通过配置文件 conf_tny.a51 进行配置并使能。

6. 中断处理

RTX51 Tiny 没有中断服务程序的管理，可与中断函数并行运作，中断服务程序可以通过发送信号（isr_send_signal 函数）或设置任务的就绪标志（isr_set_ready 函数）与 RTX51 Tiny 的任务进行通信。

RTX51 Tiny 使用定时器 0、定时器 0 中断和寄存器组 1。如果在应用程序中使用了定时器 0，则 RTX51 Tiny 将不能正常运转。RTX51 Tiny 认为总中断总是允许（EA=1）。RTX51 Tiny 库例程在需要时改变中断系统（EA）的状态，以确保 RTX51 Tiny 的内部结构不被中断破坏。当允许或禁止总中断时，RTX51 Tiny 只是简单地改变 EA 的状态，不保存并重装 EA，EA 只是简单地被置位或清除。因此，如果程序在调用 RTX51 函数前禁止了中断，RTX51 可能会失去响应。在程序的临界区，可能需要在短时间内禁止中断。但是,在中断禁止后,不能调用任何 RTX51 Tiny 的例程。如果程序确实需要禁止中断,应该持续很短的时间。

9.2.3 RTX51 Tiny 的系统函数

下面介绍 RTX51 Tiny 的系统函数。以 os_开头的函数可以被任务调用,但不能被中断服务程序调用,以 isr_开头的函数可以被中断调用,但不能被任务调用。

1. char isr_send_signal(unsigned char task_id)

功能:给一个任务(用 task_id 标识)发送一个信号。如果这个任务正在等待该信号,该函数唤醒这个任务并使其进入就绪状态;否则,这个信号就存放在这个任务的信号标志里。isr_send_signal 只能在中断程序里调用。

返回值:成功发送返回 0,如果任务不存在则返回 −1。

2. char isr_set_ready(unsigned char task_id)

功能:使编号为 task_id 的任务进入就绪状态,只能在中断程序中调用。

返回值:无。

3. char os_clear_signal(unsigned char task_id)

功能:清除编号为 task_id 的信号标志。

返回值:成功清除则返回 0,如果任务不存在则返回 −1。

4. char os_create_task(unsigned char task_id)

功能:启动编号为 task_id 的任务,并且这个任务被标识为就绪并按照 RTX51 Tiny 的规则开始执行。

返回值:如果任务被启动则返加 0,如果任务不存在或任务不能被启动则返回 −1。

5. char os_delete_task(unsigned char task_id)

功能:停止编号为 task_id 的执行,这个任务在任务列表中删除。

返回值:如果任务被删除则返回 0,如果任务不存在或任务还没有开始执行则返回 −1。

6. char os_running_task_id(void)

功能:返回当前运行的任务编号。

返回值:当前执行的任务编号,范围为 0~15。

7. char os_send_signal(unsigned char task_id)

功能:给编号为 task_id 的任务发一个信号。如果任务在等待该信号,该函数使这个任务进行就绪状态,否则信号就存储在任务的信号标志里。

返回值:发送成功则返回 0,如果任务不存在则返回 −1。

8. void os_reset_interval（unsigned char ticks）

功能：用来纠正调用 os_wait 同时等待 K_IVL 和 K_SIG 事件时带来的定时问题。在这种情况下，如果是信号（K_SIG）导致 os_wait 退出，间隔定时器不进行调整，随后调用的 os_wait 要等待的时间间隔就不会延迟要求的时间。可使用 os_reset_interval 复位时间间隔时钟。

返回值：无。

9. char os_set_ready（unsigned char task_id）

功能：使编号为 task_id 的任务进入就绪状态，可以在任务中调用该函数。

返回值：无。

10. char os_switch_task（void）

功能：使用任务放弃 CPU 的使用权以使其他的任务可以执行。如果只有这一个任务，那么该任务就马上恢复执行。

返回值：无。

11. char os_wait（unsigned char event_sel，unsigned char ticks，unsigned int dummy）

功能：挂起当前任务等待一个或几个事件，事件类型如表 9.1 所示。参数 event_sel 用来表示等待哪一个事件或等待哪一种组合事件发生。

表 9.1　os_wait 函数等待事件

事　件	描　　　述	事　件	描　　　述
K_IVL	等待特定数目时钟节拍的间隔	K_TMO	等待时钟节拍确认的时钟溢出
K_SIG	等待一个信号		

任务可以用"|"进行或 K_TMO|K_SIG 表示任务等待时钟溢出或者一个信号。参数 ticks 用来指明要等待的时钟节拍数；对于事件 K_IVL 是等待的时间间隔数；对于事件 K_TMO 是时钟溢出的次数参数。dummy 用于与 RTX51 Full 兼容，这个参数在 RTX51 Tiny 中是无用的。当以上事件之一发生时，任务运行使能。函数 os_wait 返回使任务恢复运行的常量，然后任务开始执行。可能的返回值如表 9.2 所示。

表 9.2　os_wait 函数可能的返回值

返回值	描　　　述
RDY_EVENT	任务的就绪标志被 os_set_ready 或 isr_set_ready 置位
SIG_EVENT	收到了一个信号
TMO_EVENT	时钟已经耗尽或一个时间间隔计数已满
NOT_OK	参数 event_sel 无效

K_IVL 与 K_TMO 有很大区别,但是在一定环境下最终产生的效果却差不多。
K_TMO 是指等待一个超时信号,只有时间到了才会产生一个信号。它产生的信号是不会累计的。产生信号后,任务进入就绪状态。K_IVL 是指周期信号,每隔一个指定的周期,就会产生一次信号,产生的信号是可以累计的。这里累计的意思是:如果在指定的时间内没有对信号进行响应,信号的次数会叠加,以后进行信号处理时就不会漏掉信号。例如,在系统中有几个任务,其中一个任务使用 K_TMO 方式延时,另外一个任务使用 K_IVL 延时,延时的时间相同。如果系统的任务很少,两个任务都可以及时响应,那么这两种延时的效果是一样的。如果系统的负担比较重,任务响应比较慢,不能及时响应所有的信号,那么使用 K_TMO 方式的任务就有可能丢失一部分没有及时响应的信号,而使用 K_IVL 方式的任务就不会丢失信号。只是信号的响应方式会变成这样:在一段时间内不响应信号,然后一次把所有累计的信号都处理完。

12. char os_wait1(unsigned char event_sel)

挂起当前任务并等待一个事件发生,该函数是函数 os_wait 的一个子集,并不支持 os_wait 的所有参数,用于对代码长度要求较严格的程序。参数 event_sel 只能指明是等待一个事件 K_SIG 的发生。

当信号事件发生时,任务的运行使能。使能任务的参数由 os_wait1 返回。可能的返回值如表 9.3 所示。

表 9.3　os_wait1 函数可能的返回值

事　　件	描　　述
RDY_EVENT	任务的就绪标志被 os_set_ready 或 isr_set_ready 置位
SIG_EVENT	收到了一个信号
NOT_OK	参数 event_sel 无效

13. char os_wait2(unsigned char event_sel,unsigned char ticks)

os_wait2 函数与 os_wait 函数的区别是少了一个 dummy 参数,用于对代码长度要求较严格的程序。

9.2.4　使用 RTX51 Tiny 编程时注意事项

使用 RTX51 Tiny 时,编程要注意的事项如下。

1. 再入函数

C51 编译器提供对再入函数的支持,再入函数在再入堆栈中存储参数和局部变量,从而保护递归调用或并行调用。RTX51 Tiny 不支持对 C51 再入栈的任何管理。因此,如果在程序中使用再入函数,必须确保这些函数不调用任何 RTX51 Tiny 系统函数,且不被循环任务切换所打断。仅用寄存器传递参数和保存自动变量的 C 函数具有内在的再入性，这些函数可以被不同的 RTX51 Tiny 任务无限制地调用。

非可再入 C51 函数不能被超过一个以上的任务或中断过程调用。非再入 C51 函数在静态存储区段保存参数和自动变量（局部数据），该区域在函数被多个任务同时调用或递归调用时可能会被修改。如果确定多个任务不会递归（或同时）调用，则多个任务可以调用非再入函数。

2. C51 库函数

对于可再入 C51 库函数可在任何任务中无限制地使用。对于非再入的 C51 库函数，要保证它们不能同时被几个任务所调用。

3. 多数据指针

Keil C51 编译器允许使用多数据指针（存在于许多 80C51 的派生芯片中），但 RTX51 Tiny 不提供对它们的支持。因此，在 RTX51 Tiny 的应用程序中应小心使用多数据指针。

4. 运算单元

Keil C51 编译器允许使用运算单元（存在于许多 8051 的派生芯片中）。RTX51 Tiny 不提供对它们的支持。因此，在 RTX51 Tiny 的应用程序中须小心使用运算单元。

5. 寄存器组

RTX51 Tiny 分配所有的任务到寄存器 0，因此，所有的函数必须用 C51 的默认设置进行编译。中断函数可以使用剩余的寄存器组。然而，RTX51 Tiny 需要寄存器组中固定的 6B，用于这些字节的寄存器组在配置文件 conf_tny. a51 中由 INT_REGBANK 指定。

9.2.5　RTX51 Tiny 的系统配置

RTX51 Tiny 必须根据具体应用来配置。所有的配置参数都在配置文件 conf_tny. a51 中，这个文件位于\KEIL\C51\RTXTINY2\文件夹中，可进行如下参数配置：

- 指定时钟节拍中断寄存器组；
- 指定时钟节拍间隔（多个 8051 机器周期）；
- 指定在时钟节拍中断中使用的用户代码；
- 指定循环溢出时间；
- 使能禁能循环任务切换；
- 指定应用程序包含的长时间的中断；
- 指定是否使用了 code banking；
- 定义 RTX51 Tiny 的栈顶；

- 指令需要最小的堆栈空间；
- 指定堆栈错误时执行代码；
- 定义空闲任务操作。

要定制 RTX51 Tiny 的配置，必须改变 conf_tny. a51 的设置，建议将定制的配置文件复制到工程文件夹并添加到工程中。如果在工程中不包括配置文件，默认的配置文件将会自动地包含到工程中。具体说明如下。

1. 硬件时钟

以下参数指定了如何配置 RTX51 Tiny 的时钟。

（1）INT_REGBANK 指定 RTX51 Tiny 时钟中断使用的寄存器组，默认的是寄存器组 1。

（2）INT_CLOCK 指定时钟产生中断前的周期数据。范围是 $1000 \sim 65535$。较小的值产生中断较快。这个值用来计算时钟的重新装载值（65536-INT_CLOCK）。默认值是 10000。

（3）HW_TIMER_CODE 是一个宏定义，用来指定在 RTX51 Tiny 时钟节拍中断中执行的代码。这个宏默认的设置是从中断中返回（RETI）。

2. 循环

循环切换是默认使能的，TIMESHARING 指定任务在进行切换前执行的 RTX51 Tiny 时钟节拍数。当这个值为 0 时禁止循环切换，默认值是 5 个时钟节拍。

3. 长时间中断

一般情况下，中断服务程序（ISRs）都要求很快地执行完毕。有时候，中断服务程序可能需执行很长一段时间。如果一个高优先级的中断执行的时间超过了节拍间隔，RTX51 的时钟中断就可能被这个更高优先级的中断中断了，并且被以后的 RTX51 时钟中断重入。

如果使用了需要运行很长时间的高优先级中断，就应该考虑减少中断服务程序的工作量，改变 RTX51 时钟节拍的速率。

4. code banking

CODE_BANKING 置 1 使用 code banking，清零不使用 code banking。默认值为 0。

5. 堆栈

堆栈的配置选项有几个。以下参数指定了用于堆栈的内存空间的大小和堆栈的最小空间。当 CPU 的堆栈空间不够时用一个宏指定去执行哪一段代码。

（1）RAMTOP 指定栈顶地址。最好不要修改这个地址，除非在这个堆栈的上面使用了 IDATA 变量。

(2) FREE_STACK 指定堆栈上的最少可用空间。当切换到一个任务时,如果 RTX51 Tiny 检测到可用的堆栈空间小于这个值,STACK_ERROR 宏就会被执行。置为 0 将禁止对堆栈的检查,默认值为 20B。

(3) STACK_ERROR 是一个宏,代表一段在堆栈出现错误时执行的代码。这个宏的默认代码为禁能中断并进入一个无限循环。

6. 空闲任务

没有任务需要执行时,RTX51 Tiny 就执行空闲任务。空闲任务只是等待 RTX51 Tiny 的时钟节拍中断并切换到另一个就绪的任务。以下参数用来配置 RTX51 Tiny 空闲任务的不同方面:

(1) CPU_IDLE 是一个宏,代表了在空闲任务中执行的代码。默认指令是设置寄存器 PCON 的空闲模式位。这样就可以通过挂起程序节省能耗。

(2) CPU_IDLE_CODE 指定 CPU_IDLE 宏在空闲任务中是否执行。默认值为 0,这样空闲任务将不包含 CPU_IDLE 宏。

7. 优化

(1) 如果可能,禁止循环任务切换。循环任务需要 13B 堆栈空间来存储任务地址和所有寄存器。如果任务切换是通过 RTX51 Tiny 运行时库(例如 os_wait 或 os_switch_task)来触发,就不需要占用这些空间。

(2) 使用 os_wait 而不是使用循环任务的时间耗尽来切换任务。这些会提高系统的反应时间和任务的反应速度。

(3) 避免把系统时钟节拍的中断速率设的太高。因为每个时钟节拍中断占用 100~200 个周期。

9.2.6　RTX51 Tiny 的编程规则

使用 RTX51 Tiny 编程时需遵循如下规则。

(1) 包含文件 rtx51tny.h。

(2) 无须创建 C 主函数。

(3) 程序至少创建一个任务。

(4) 程序必须至少调用一次 RTX51 Tiny 运行时库(如 os_wait)。否则,连接器将不会把 RTX51 Tiny 库包含进去。

(5) 任务 0 是程序执行的第一任务。必须在任务 0 中调用 os_create_task 函数来运行其他任务。

(6) 任务永不返回或退出。任务必须使用 while(1)或类似的结构。使用 os_delete_task 函数可以挂起一个任务。

(7) 必须在 μVision2 中或在连接编译命令行中指定 RTX51 Tiny。

9.3　RTX51 Tiny 操作系统应用实例

9.3.1　多路跑马灯

1. 前/后台方式和操作系统方式的实现

多路跑马灯的电路如图 9.3 所示,共有 3 路灯,每路 8 个 LED 灯,P0 口、P1 口、P2 口分别控制一路跑马灯,每路跑马灯移位的周期不相同,分别采用前/后台方式和操作系统方式编程实现了同样的跑马效果。

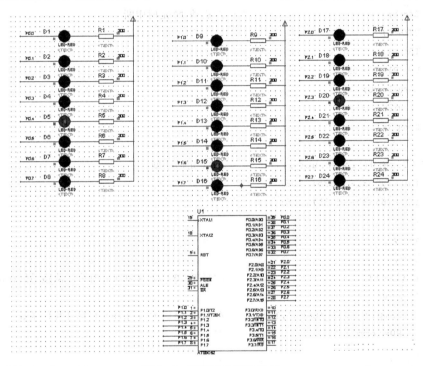

图 9.3　多路跑马灯电路图

1) 前/后台方式编程

用定时器 T0 产生 50ms 的中断,在中断中定义了 3 个计数变量,每产生一次中断,计数变量加 1,定义计数变量达到某一规定值时,I/O 口产生移位控制跑马灯的移位。3 个计数变量的规定值不同(分别为 8、14、18),所以跑马灯移位的周期也不相同。

程序如下:

```
#include<reg51.h>
#include <intrins.h>            //包含内部函数库
#define uchar unsigned char
uchar i,j,k,temp1,temp2,temp3;
```

```
void init();
void main()
{   init();                             //系统初始化
    while(1)
    {
    }
}
void init()
{   TMOD=0x01;
    TH0=(65535-15535)/256;              //T0 定时周期设为 50ms
    TL0=(65535-15535)%256;
    EA=1;                               //启动 T0 定时中断
    ET0=1;
    TR0=1;
    P0=P1=P2=0xfe;
    temp1=P0;
    temp2=P1;
    temp3=P2;
}
void Timer0()interrupt 1                //T0 定时中断
{   TH0=(65535-15535)/256;
    TL0=(65535-15535)%256;
    i++;
    j++;
    k++;
    if(i==8)                            //每隔 50×8ms=400ms 时第 1 队跑马灯移位
    {   i=0;
        temp1=_crol_(temp1,1);          //调用 Keil C51 循环左移循环移位函数
        P0=temp1;
    }
    if(j==14)                           //每隔 50×14ms=700ms 时第 2 队跑马灯移位
    {   j=0;
        temp2=_crol_(temp2,1);
        P1=temp2;
    }
    if(k==18)                           //每隔 50×18ms=900ms 时第 3 队跑马灯移位
    {
        k=0;
        temp3=_crol_(temp3,1);
        P2=temp3;
    }
}
```

2) RTX51 Tiny 操作系统方式

在操作系统方式下,定义了 3 个任务分别实现一队跑马灯,在每个任务中利用 RTX51 Tiny 的系统函数 os_wait2()控制任务循环执行的周期,进而产生不同移位周期的跑马灯效果。

程序如下:

```
#include <reg52.h>
#include <rtx51tny.h>                    /* 加入操作系统 */
#define uint unsigned int
#define uchar unsigned char
sbit P1_0 =P1^0;
sbit P1_1 =P1^1;
sbit P1_2 =P1^2;
sbit P1_3 =P1^3;
sbit P1_4 =P1^4;
sbit P1_5 =P1^5;
sbit P1_6 =P1^6;
sbit P1_7 =P1^7;
void init(void)_task_ 0              //创建任务
{
os_create_task(1);
os_create_task(2);
os_create_task(3);
os_delete_task(0);
}
void display1(void)_task_ 1           //任务 1 函数
{  uchar i;
   while(1)
   {
      for(i=0;i<8;i++)
      {P0=~ (0x01<<i);
      os_wait2(K_TMO,10);          //10 个定时节拍超时移一位
      }
   }
}
void display2(void)_task_ 2           //任务 2 函数
{  uchar i;
   while(1)
   {
      for(i=0;i<8;i++)
      {P1=~ (0x01<<i);
      os_wait2(K_TMO,20);          //20 个定时节拍超时移一位
      }
}
```

```
}
void display3(void)_task_ 3          //任务 3 函数
{uchar i;
    while(1)
    {
        for(i=0;i<8;i++)
        {P2=~(0x01<<i);
        os_wait2(K_TMO,40);              //40 个定时节拍超时移一位
        }
    }
}
```

2. 前/后台方式和操作系统方式的比较分析

1) 编程效率

与前/后台程序相比,程序的设计规划更加清晰,设计者调用操作系统提供的函数即可实现逻辑功能,实现了基于操作系统控制硬件层,无须深入考虑硬件层定时器中断的设计,编程的效率有较大提高。

2) 存储器资源占用

图 9.4 为 Keil C 软件开发工具对两种程序的编译结果。可以看出,前/后台方式代码长度较小,为 158B。而操作系统方式代码长度较大,为 896B。这意味着操作系统方式的编程将占用较大的程序存储空间;前/后台方式占用数据存储器空间为 15B(data＝15.0),操作系统方式为 30.1B(data＝30.1),这意味着操作系统方式将占用较大的数据存储空间。操作系统占用存储器资源的参数见 9.2.1 节中 RTX51 Tiny 特性说明。

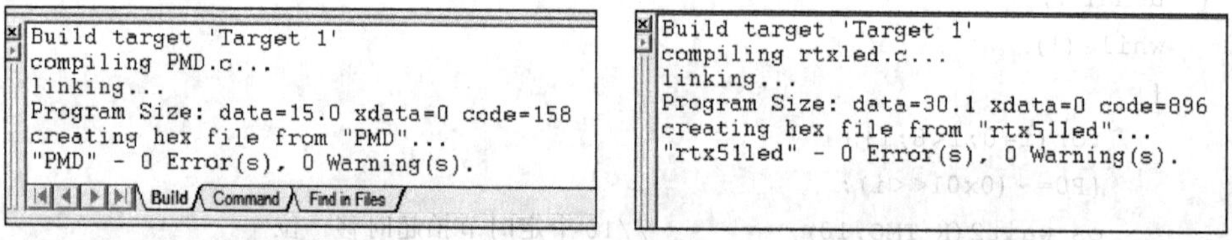

```
X Build target 'Target 1'          X Build target 'Target 1'
  compiling PMD.c...                  compiling rtxled.c...
  linking...                         linking...
  Program Size: data=15.0 xdata=0 code=158    Program Size: data=30.1 xdata=0 code=896
  creating hex file from "PMD"...    creating hex file from "rtx51led"...
  "PMD" - 0 Error(s), 0 Warning(s).  "rtx51led" - 0 Error(s), 0 Warning(s).
  |◄|◄|►|►| Build ∕ Command ∕ Find in Files ∕
```

(a) 前/后台方式　　　　　　　(b) 操作系统方式

图 9.4　前/后台方式和操作系统方式的编译数据

9.3.2　矩阵式键盘扫描识别

矩阵式键盘的扫描识别如图 9.5 所示,电路设计与功能均和第 6 章例 6.6 相同。二者的区别在于:这里在程序设计上没有采用用户自定义的延时函数,而是调用了 RTX51 Tiny 的 os_wait2() 函数实现去抖延时。

程序如下:

```
#include<reg52.h>                    //52 单片机头文件,里面包含特殊功能寄存器的定义
```

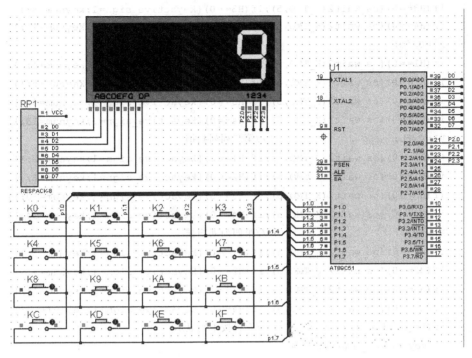

图 9.5　矩阵式键盘的扫描识别

```
# include <rtx51tny.h>
# define uchar unsigned char      //将 unsigned char 定义为 uchar
# define uint unsigned int        //将 unsigned int 定义为 uint
sbit H1=P1^4;                      //高四位分别对应 P1.4-P1.7
sbit H2=P1^5;
sbit H3=P1^6;
sbit H4=P1^7;
uchar keynum;                      //键号
uchar keyactive_sign;
//共阴的数码管段选字形表
uchar code
duma[]={0x3f,0x06,0x5b,0x4f,0x66,0x6d,0x7d,0x07,0x7f,0x6f,0x77,0x7c,0x39,
0x5e,0x79, 0x71,0x40,0x80,0x00};
void init(void)_task_0         //建立任务
{
os_create_task(1);             //建立键盘扫描任务
os_delete_task(0);
}
void keyscan(void)_task_1      //建立任务 1 函数
{   P2=0xf7;                   //11110111 p2.3 有效,一直选通数码管左数第 4 位
    P1=0xfe;                   //第一列列扫描,os_wait2()为延时去抖
    if(H1==0){os_wait2(K_TMO,5);if(H1==0){keyactive_sign=1;keynum=0;}}
    if(H2==0){os_wait2(K_TMO,5);if(H2==0){keyactive_sign=1;keynum=4;}}
```

```
if(H3==0){os_wait2(K_TMO,5);if(H3==0){keyactive_sign=1;keynum=8;}}
if(H4==0){os_wait2(K_TMO,5);if(H4==0){keyactive_sign=1;keynum=12;}}
P1=0xfd;                        //第二列列扫描
if(H1==0){os_wait2(K_TMO,5);if(H1==0){keyactive_sign=1;keynum=1;}}
if(H2==0){os_wait2(K_TMO,5);if(H2==0){keyactive_sign=1;keynum=5;}}
if(H3==0){os_wait2(K_TMO,5);if(H3==0){keyactive_sign=1;keynum=9;}}
if(H4==0){os_wait2(K_TMO,5);if(H4==0){keyactive_sign=1;keynum=13;}}
P1=0xfb;                        //第三列列扫描
if(H1==0){os_wait2(K_TMO,5);if(H1==0){keyactive_sign=1;keynum=2;}}
if(H2==0){os_wait2(K_TMO,5);if(H2==0){keyactive_sign=1;keynum=6;}}
if(H3==0){os_wait2(K_TMO,5);if(H3==0){keyactive_sign=1;keynum=10;}}
if(H4==0){os_wait2(K_TMO,5);if(H4==0){keyactive_sign=1;keynum=14;}}
P1=0xf7;                        //第四列列扫描
if(H1==0){os_wait2(K_TMO,5);if(H1==0){keyactive_sign=1;keynum=3;}}
if(H2==0){os_wait2(K_TMO,5);if(H2==0){keyactive_sign=1;keynum=7;}}
if(H3==0){os_wait2(K_TMO,5);if(H3==0){keyactive_sign=1;keynum=11;}}
if(H4==0){os_wait2(K_TMO,5);if(H4==0){keyactive_sign=1;keynum=15;}}
if(keyactive_sign==1)          //有键按下则显示
{  keyactive_sign=0;
   P0=duma[keynum];
}
os_wait2(K_TMO,5);             //延时 50ms
}
```

9.3.3　秒表

秒表系统实现秒和分的实时显示，电路如图 9.6 所示。数码管从左数 1～4 为分别显示分高位、分低位、秒高位、秒低位，进位为 60。该案例主要体现了任务之间的消息通信方式，程序调用了 os_send_signal 函数完成任务之间的消息传递。任务规划如表 9.4 所示。

表 9.4　秒表程序任务规划

任 务 名 称	实 现 功 能	实 现 方 法
SEC_COUNT	六十进制的秒、分计数	利用 os_wait（K_SIG,0,0）函数接收任务 MICSEC_COUNT 的毫秒计满标志，开始秒加计数，计满后开始分加 1 计数
MICSEC_COUNT	一百进制的 10ms 计数，计满后通知任务 SEC_COUNT	利用 os_wait（K_TMO,1,0）实现 10ms 的任务循环，以此为单位计数；满 100 后即 1s 时间到后利用 os_send_signal(SEC_COUNT) 函数向任务 SEC_COUNT 发计满标志
DISPLAY	显示分秒计数值	利用 os_wait2(K_TMO,1)函数设置动态扫描周期，实现 4 位数码管的动态扫描显示

本项目的文件结构如图 9.7 所示，在项目文件夹中单独设置了 RTX51 Tiny 的配置

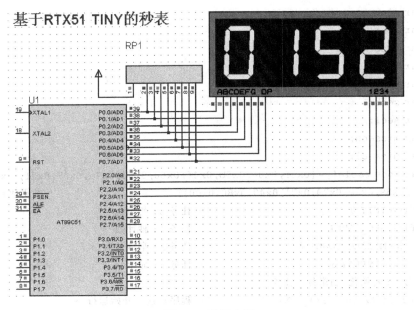

图 9.6 秒表电路

文件 conf_tny. a51,在此文件中设置了系统的定时周期参数 INT_CLOCK 为 10000 个机器周期,当 51 单片机 12MHz 主频时,系统定时周期为 10ms(100Hz)。

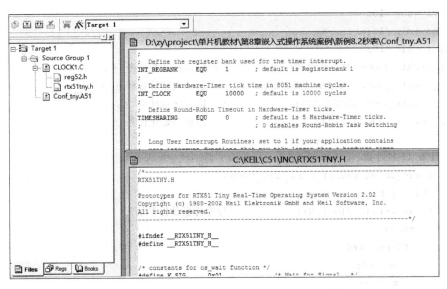

图 9.7 基于 RTX51 Tiny 的项目工程文件结构

程序如下:

```
#include <reg52.h>          /* 8052 单片机特殊功能寄存器定义 */
#include <rtx51tny.h>       /* RTX51 Tiny 功能函数定义 */
#define uchar unsigned char
#define uint unsigned int
```

```
uchar min;
uchar sec;
uchar micsec;
uchar minh;
uchar minl;
uchar sech;
uchar secl;
uchar micsech;
uchar micsecl;
uchar code table[]={0x3f,0x06,0x5b,0x4f,0x66,0x6d,0x7d,0x07,0x7f, 0x6f,0x77,
0x7c,0x39,0x5e,0x79,0x71,0x40,0x80,0x00};                //共阴数码管字形表
#define INIT 0                          /* 任务 0：初始化 */
#define SEC_COUNT 1                     /* 任务 1：秒计数 */
#define MICSEC_COUNT 2                  /* 任务 2：毫秒计数 */
#define DISPLAY 3                       /* 任务 3：显示 */
//任务 0：初始化，创建各个任务
void init (void)_task_ INIT {           /* 程序从这里开始运行 */
micsec =0x00;
sec =0x00;
min =0x00;
sech =sec /10;
secl =sec %10;
minh =min /10;
minl =min %10;
os_create_task (SEC_COUNT);             /* 启动秒计数任务 */
os_create_task (MICSEC_COUNT);          /* 启动毫秒计数任务 */
os_create_task (DISPLAY);               /* 启动显示任务 */
os_delete_task (INIT);                  /* 停止初始化任务 */
}
//任务 1：秒计数
void sec_count (void)_task_ SEC_COUNT
{   while (1)
    {   os_wait(K_SIG,0,0);             //等待毫秒任务信号
    sec++;
        if(sec ==60)
        {   sec =0;
          min++;
            if(min ==60){min=0;}
        }
        sech =sec /10;
        secl =sec %10;
        minh =min /10;
        minl =min %10;
    }
```

```
}
//任务 2：毫秒计数
void micsec count (void) task MICSEC COUNT
{ while (1)
    { micsec++;
      if (micsec==100)
      { micsec=0;
      os send signal (SEC COUNT);      //定时 1s 时向秒计数任务发送信号
      }
      os wait (K TMO, 1, 0);            //定时节拍为 100Hz,即周期=0.01s=10ms
    }
}
//任务 3：4 位共阴数码管显示
void display (void) task DISPLAY
{ while(1)
    {
      P2=0xfe;                 // p2.0 有效,选通数码管左数第 1 位
      P0=table[minh];          //显示分钟高位
      os wait2(K TMO,1);       //延时 1 个定时节拍=0.01s
      P2=0xfd;                 // p2.1 有效,选通数码管左数第 2 位
      P0=table[minl];          //显示分钟低位
      os wait2(K TMO,1);       //延时 1 个定时节拍=0.01s
      P2=0xfb;                 //p2.2 有效,选通数码管左数第 3 位
      P0=table[sech];          //显示秒高位
      os wait2(K TMO,1);       //延时 1 个定时节拍=0.01s
      P2=0xf7;                 //p2.3 有效,选通数码管左数第 4 位
      P0=table[secl];          //显示秒低位
      os wait2(K TMO,1);       //延时 1 个定时节拍=0.01s
    }
}
```

9.3.4　串口通信

　　串口通信系统实现功能为：单片机与 PC 进行 RS232 通信,当单片机接收到数据 0x01 时,4 位数码管显示 1111,同时 LED 灯 D1 的亮灭状态转换,接收数据回传 PC;当单片机接收到数据 0x02 时,4 位数码管显示 2222,同时 LED 灯 D2 的亮灭状态转换,接收数据回传 PC。系统运行如图 9.8 所示。

　　在该案例中体现了中断与操作系统任务之间的协调关系。单片机串口通信接收采用中断方式,接收完毕后采用操作系统的 isr_send_signal(dowith)函数向任务 dowith 发送接收完毕信息,实现了中断与任务之间的消息通信。任务规划如表 9.5 所示。

(a) PC仿真运行

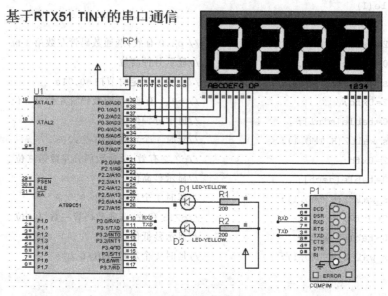

(b) 单片机仿真运行

图 9.8　基于 RTX51 Tiny 的串口通信

表 9.5　串口通信程序任务规划

任务名称	实现功能	实现方法
dowith	LED 灯的亮灭转换；接收数据回传 PC	利用 os_wait(K_SIG,0,0)函数接收串口中断函数接收完毕标志，处理数据
串口接收中断 Serial_INT()	接收 PC 数据	os_send_signal(dowith)函数向任务 dowith 发接收完毕标志
ledshow	通信数据的 4 位共阴数码管显示	利用 os_wait2(K_TMO,1)函数设置动态扫描周期，实现 4 位数码管的动态扫描显示

程序如下：

```
#include <reg52.h>      /* 8052 单片机特殊功能寄存器定义 */
#include <rtx51tny.h>   /* RTX51 Tiny 功能函数定义 */
#define uchar unsigned char
#define uint unsigned int
sbit gate1=P2^6;
sbit gate2=P2^7;
#define INIT 0           /* 任务 0：初始化 */
#define dowith 1         /* 任务 1：数据处理 */
#define ledshow 2        /* 任务 2：显示 */
//共阴数码管字形表
uchar code table[]={0x3f,0x06,0x5b,0x4f,0x66,0x6d,0x7d,0x07,0x7f, 0x6f,0x77,
0x7c,0x39,0x5e,0x79,0x71,0x40,0x80,0x00};
uchar serial_in_data;
void serial_ini(void)   //串口初始化
{   SM0=0;               //设置串行口工作方式为方式 1
    SM1=1;
    REN=1;               //串行口接收允许。REN=0 时,禁止接收
    TMOD|=0x20;          //定时器 1 工作方式 2.定时器 0 被 RTX 占用
    PCON=0x80;           //SMOD=1,倍频
    TH1=0xf3;            //相应波特率设初值,初值 X=256- (12000000 * 2/(12 * 32 * 4800))
    TL1=0xf3;
    TR1=1;               //定时器 T1 开始工作,TR1=0,T1 停止工作
    ES=1;
}
//任务 0：初始化,创建各个任务
void init (void)_task_ INIT                  /* 程序从这里开始运行 */
{
    serial_ini();
    os_create_task (dowith);                 /* 启动数据处理任务 */
    os_create_task (ledshow);                /* 启动显示任务 */
    os_delete_task (INIT);                   /* 停止初始化任务 */
}
//任务 1：
void DOWITH (void)_task_ dowith
{   while (1)
    {
        os_wait(K_SIG,0,0);                  // 等待串口接收完毕信号
        if(serial_in_data==0x01)
        {gate1=!gate1;}
        if(serial_in_data==0x02)
        {gate2=!gate2;}
        SBUF=serial_in_data;while(TI==0);TI=0;
    }
}
```

```
//任务 2：数码管动态显示
void LED (void)_task_ ledshow
{  while(1)
   { P2=P2&0xfe;                         // p2.0有效,选通数码管左数第 1 位
     P0=table[serial_in_data];           //显示分钟高位
     os_wait2(K_TMO,1);                  //延时 1 个定时节拍=0.01s
     P2=P2&0xfd;                         // p2.1有效,选通数码管左数第 2 位
     P0=table[serial_in_data];           //显示分钟低位
     os_wait2(K_TMO,1);                  //延时 1 个定时节拍=0.01s
     P2=P2&0xfb;                         //p2.2有效,选通数码管左数第 3 位
     P0=table[serial_in_data];           //显示秒高位
     os_wait2(K_TMO,1);                  //延时 1 个定时节拍=0.01s
     P2=P2&0xf7;                         //p2.3有效,选通数码管左数第 4 位
     P0=table[serial_in_data];           //显示秒低位
     os_wait2(K_TMO,1);                  //延时 1 个定时节拍=0.01s
   }
}
//串口中断函数,工作寄存器组 1 被 RTX 占用
void Serial_INT()interrupt 4 using 2
{  if(RI)
   {  RI =0;
      serial_in_data=SBUF;
      isr_send_signal(dowith);
   }
}
```

习　　题

1. 分析操作系统在嵌入式计算机系统中的作用。
2. 分析 RTX51 Tiny 多任务系统与普通的多任务循环的区别。
3. 简述 RTX51 Tiny 的不同任务调度方式。

第 10 章

便携式单片机学习板介绍

为了加强学习效果,本教材提供了配套的便携式单片机学习板设计资料,读者可以根据设计资料自行完成单片机学习板的设计实现,并可以在该学习板运行调试教材中的主要仿真案例。

10.1 SLG-1 型便携式单片机学习板特点

SLG-1 型便携式单片机学习板是专门为本教材配备的教学实验平台。该学习板主要特点如下。

(1) 便携式使用。学习板配有 USB 电源接口和 RS232 接口,直接与笔记本电脑连接,实现各种教材案例的下载和运行,组成了小型的便携式单片机实验室,在笔记本电脑广泛普及的今天,学生们可以摆脱学校实验室的限制,自由选择时间、地点进行单片机的实验学习,提高了单片机学习的自主性和灵活性。

(2) 与教材案例紧密对应。本教材的绝大多数案例均以该学习板硬件电路为准进行设计,绝大多数在 Proteus 软件上仿真运行的案例程序均可以在学习板硬件系统上运行,实现了软件仿真和实际运行的对应和统一,展现了单片机系统的完整设计流程,非常有助于提高学习者对单片机系统设计的整体认识和系统设计能力。

(3) 资源完全开放。提供完整的电路原理图和 PCB 制板图(Altium Designer 文件格式),方便学习者完成自主设计,自主制板实现。

10.2 原理图设计

10.2.1 总体设计

单片机型号选用 STC89C52(PQFP 封装),共分成如下单元:电源单元、主控制器单元、组合跳线单元、板内人机接口单元、A/D 单元、D/A 单元、实时时钟单元、EEROM 单元、温度检测单元、RS232 单元、板外单元接口等。由于单片机硬件引脚有限,为完成尽可能多的实验,绝大多数引脚采用复用设计,引脚分配如表 10.1 所示。

表 10.1　51 学习板单片机引脚分配

				引　　脚
P0 口	常态	板内	数码管段控制	
	常态	板外	LCD 数据线	P0.0—D0,P0.7—D7
P2.0~ P2.3	跳线	板内	数码管位控制	P2.0—左1,P2.3—左4
	常态	板外	LCD1602 控制线	P2.0—RS,P2.1—RW,P2.2—E
			LCD12864 控制线	P2.0—RS,P2.1—RW,P2.2—RE,P2.3—CS1
P2.4	跳线	板内	独立按键	K1
	常态	板外	LCD12864 控制线	P2.4—CS2
P2.5	跳线	板内	蜂鸣器	BEEP
	常态	板外	LCD12864 控制线	P2.5—RST
P2.6	跳线	板内	LED 灯	LED1
	常态	板外	预留	
P2.7	跳线	板内	LED 灯	LED2
	常态	板外	预留	
P3.0	常态	板内	串口接收	RXD 接 232 芯片
P3.1	常态	板内	串口发送	TXD 接 232 芯片
P3.2	跳线	板内	独立按键	INT0 中断测试 K2
	跳线	板内	2402 控制线	P3.2—2402CLK
P3.3	跳线	板内	18B20 数据线	P3.3—18B20DATA
	跳线	板内	LED 灯	LED3
P3.4	跳线	板内	独立按键	T0 外部计数器测试 K3
	跳线	板内	2402 控制线	P3.4—2402DATA
P3.5	跳线	板内	1302 控制线	P3.5—1302RST
	跳线	板内	ADC0832 控制线	P3.5—ADCLK
P3.6	跳线	板内	1302 控制线	P3.6—1302SCLK
	跳线	板内	ADC0832 控制线	P3.6—ADDATA
P3.7	跳线	板内	1302 控制线	P3.7—1302DATA
	跳线	板内	ADC0832 控制线	P3.7—ADCS
P1 口	跳线	板内	TLC5615 控制线	P1.0—DACLK,P1.1—DACS,P1.2—DAIN
	常态	板内	4 个独立按键	P1.4—K4,P1.5—K5,P1.6—K6,P1.7—K7
		板外	4×键盘	P1.0—P1.3(行线),P1.4—P1.7(列线)
		板外	步进电机控制	P1.0—1B,P1.1—2B,P1.2—3B,P1.3—4B
		板外	直流电机 PWM 控制	P1.0—IN1,P1.1—IN2,P1.4—ENA

10.2.2 各模块单元设计

1. 电源单元

电源单元设计如图 10.1 所示,由外部引入 5V 电源。设计了两种插座:USB 电源接口插座(JUSB)用于从计算机 USB 口取 5V 电压;2 针电源接口插座(JPOWER)用于接开关电源或电池。两种电源接入后由开关(KPOWER)控制电源与电路的接通。C4 和 C3 用于电源滤波。

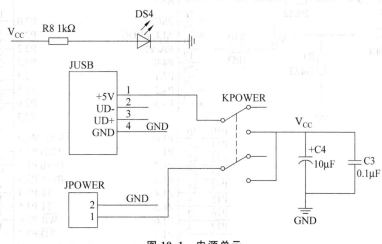

图 10.1 电源单元

该电路是电路板设计所需要的电路,在仿真电路中,无需此电路,而是直接引入 5V 电源。

2. 主控制器单元

主控制器单元电路如图 10.2 所示,单片机采用 STC89C52FQFP,晶振为 12MHz。该单元设计有晶振电路和复位电路,实际上是 51 单片机最小系统。该电路与 Proteus 仿真电路的区别在于以下几个方面。

(1) STC89C52PQFP 封装为 44 引脚,增加了 P4.0～P4.3 引脚,但由于在仿真中无该芯片模型,只能用 AT89C52(51)代替,而 AT89C52 为 40 个引脚。

(2) 在实际电路中,必须配有外部晶振电路和复位电路,而在 Proteus 仿真中系统已默认配有这两种电路,不必画出。

3. 组合跳线单元

组合跳线单元电路如图 10.3 所示,体现了表 10.1 单片机引脚分配的逻辑,说明如下:

(1) 当跳线连接单排插针 P103 和 P103A 时,两者标号对应;当跳线连接单排插针

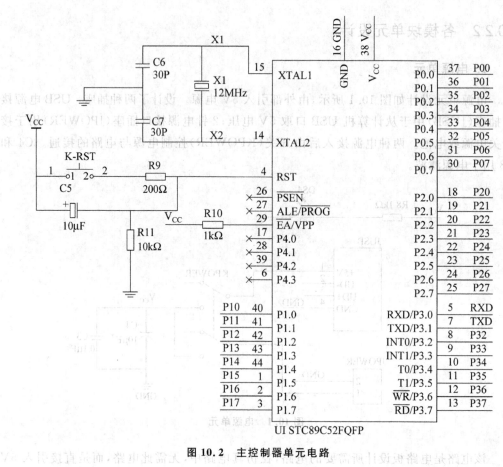

图 10.2　主控制器单元电路

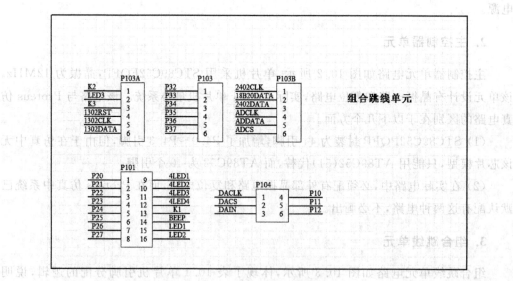

图 10.3　组合跳线单元电路

P103 和 P103B 时,两者标号对应。

(2) P101、P104 为双排插针,当跳线连接左右插针时,左右标号对应。

4. 板内人机接口单元

板内人机接口电路如图 10.4 所示,包括 4 位共阴数码管,7 个独立按键,3 个 LED 发光二极管,1 个蜂鸣器。其工作原理在前面的章节中已有详细论述。

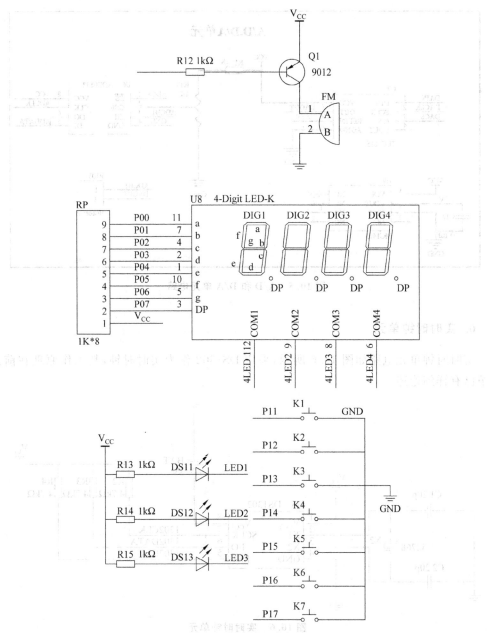

图 10.4　板内人机接口电路

5. A/D 和 D/A 单元

A/D 和 D/A 单元电路如图 10.5 所示,A/D 转换器采用串行通信的 ADC0832,D/A 转换采用 TLC5615,MC1403 为 2.5V 基准源 ,其工作原理及源代码见本书配套电子资源。在 P105 的 2 引脚接示波器,可观察 DA 转换的结果。将 P105 的 2 个引脚短接,可在单片机系统中实现 DA 转换数据的自我测量。

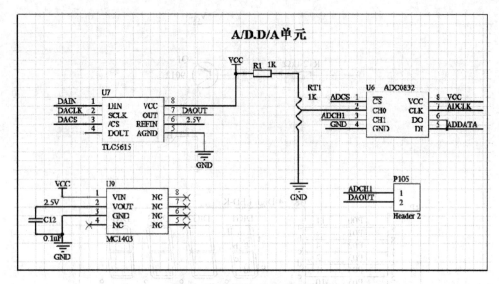

图 10.5　A/D 和 D/A 单元电路

6. 实时时钟单元

实时时钟单元电路如图 10.6 所示,采用 DS1302 作为实时时钟,其工作原理在前面章节已有详细论述。

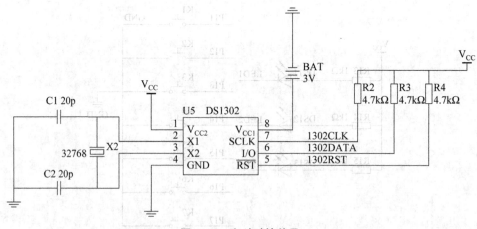

图 10.6　实时时钟单元

7. EEROM 单元

EEROM 单元电路如图 10.7(a)所示，24C02 工作原理在前面章节已有详细论述。

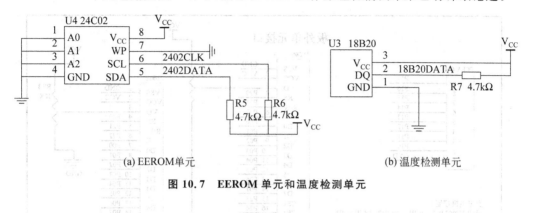

(a) EEROM单元　　　　　　　　　　　　(b) 温度检测单元

图 10.7　EEROM 单元和温度检测单元

8. 温度检测单元

温度检测单元如图 10.7(b)所示，DB18B20 工作原理在前面章节已有详细论述。

9. RS232 单元

RS232 单元如图 10.8 所示，RS232 电平转换芯片的工作原理在前面章节已有详细论述，在仿真时，用 COMPIM 仿真组件代替实际的电平转换芯片。另外，程序的下载也通过 RS232 单元实现。

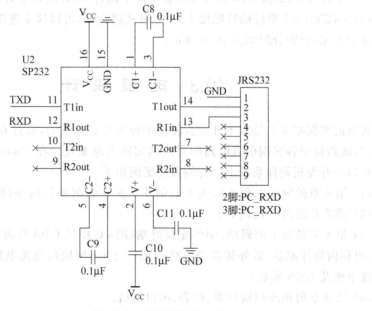

图 10.8　RS232 单元

10. 板外单元接口

板外接口单元电路如图10.9所示,说明如下。

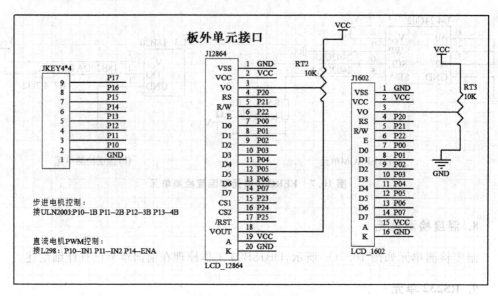

图 10.9　板外单元接口

(1) LCD1602 单排插座外接控制芯片为 HD44780 的 1602 字符型 LCD。

(2) LCD12864 单排插座外接控制芯片为 KS0108 的 12864 图形式 LCD。

(3) 分别用 RT2 和 RT3 滑动变阻器来调节两种 LCD 的显示对比度。

(4) JKEY 4×4 单排插针除接 4×4 矩阵式键盘外,可以接步进电机控制单元和直流电机控制单元,引脚分配如图 10.9 所示。

10.3　例程设计

各章的案例基本上是以本开发板硬件平台为基础开发的,通过开发板的不同跳线组合,可形成教材中各案例仿真电路图对应的实际电路系统。在 Proteus 软件平台仿真实现并可以在开发板硬件系统上运行的程序案例如下。

(1) 第 6 章的例 6-2、例 6-3、例 6-4、例 6-5、例 6-6、例 6-7、例 6-13。

(2) 第 7 章的例 7-1、例 7-2。

(3) 第 8 章的电子密码锁、GPS 定位终端(用 PC 模拟 GPS 模块)、电子日历、温度检测器、电梯内部控制器(需外接步进电机及 ULN2003 模块)、直流电机温控调速器(需外接直流电机及 L298 模块)。

(4) 第 9 章的矩阵扫描识别、秒表、串口通信。

第11章
单片机应用系统开发工具

chapter **11**

单片机应用系统开发工具有很多,包括:系统级集成开发平台(如 Keil C51 软件)、系统仿真工具(如 Proteus 仿真软件)、用于目标板调试的各种型号仿真器、用于固化目标文件代码的各种编程器、用于电路原理图设计和电路板布线的工具(如 Protel 软件和 Altium Designer 软件),等等。这里介绍两个主要的单片机应用系统开发工具:Keil C51 集成开发平台和 Proteus 系统仿真软件。

11.1 Keil μVision 集成开发环境的使用

Keil C51 软件是美国 Keil Software 公司出品的目前最流行的开发 MCS-51 系列单片机的软件,近年来已得到许多仿真机厂商全面支持。Keil C51 软件提供了包括编译器、汇编器、实时操作系统、项目管理器及功能强大的仿真调试器等在内的完整开发方案,并通过一个集成开发环境 μVision 将这些部分组合在一起。掌握该软件的使用对于学习 51 系列单片机的爱好者来说是十分必要的,无论是使用 C 语言编程还是使用汇编语言编程,其方便易用的集成环境、强大的软件仿真调试工具都会令你事半功倍。

Keil μVision 是 Keil C51 for Windows 的集成开发环境 IDE,可以完成软件编辑、编译、连接、调试和仿真等整个开发流程。开发人员可在 IDE 中或其他编辑器中编辑 C 语言或汇编语言源文件,然后使用 IDE 编译和连接文件,最终产生标准的 hex 目标文件,以供调试器使用进行源代码级调试,也可供仿真器使用直接对目标板进行调试,还可以直接写入程序存储器中。下面通过实例来学习 Keil μVision IDE 的使用,步骤包括建立工程文件、添加源程序文件、如何编译和连接工程文件形成目标文件,以及程序的调试和运行等。

11.1.1 工程文件的建立

在项目开发中,往往需要一个或多个源程序文件,而且还要为项目选择单片机类型,确定编译、汇编和连接的参数,指定调试的方式等。为了管理和使用方便,Keil 软件使用工程 Project 的概念,将这些参数设置和所需的所有文件都包含在一个工程文件中,只能对工程文件而不能对单一的源程序文件进行编译、汇编和连接等操作。所以,项目开发首先要建立工程文件。

首先启动 Keil μVision 软件的集成开发环境,双击桌面 Keil μVision 图标启动该软件,开始界面如图 11.1 所示。

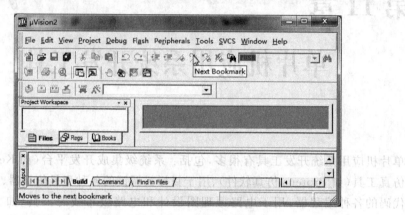

图 11.1　Keil μVision 开始界面

程序界面的左边有一个 Project Workspace 工程管理窗口,该窗口有 3 个标签:Files、Regs 和 Books,单击这三个标签页分别显示当前项目的文件结构、寄存器名及其数值(调试时才有值出现)和所选单片机类型的附加说明文件。首次启动 Keil 程序,这 3 个标签页是空的。

单击菜单 Project 中的 New Project,出现一个对话框,要求给将要建立的工程文件命名,例如输入一个名字"A1",系统自动添加扩展名. uv2。单击"保存"按钮,出现如图 11.2 所示的对话框。这个对话框要求从下面列表中选择目标单片机的型号,例如选择 Atmel 公司的 89C51 芯片,然后单击"确定"按钮,回到主界面。此时,在工程窗口的文件页 Files 中,出现 Target1 项,双击 Target1,可以看到下一层的 Source Group1 子项,此时的工程是空的,里面没有文件,需要动手添加源程序文件。

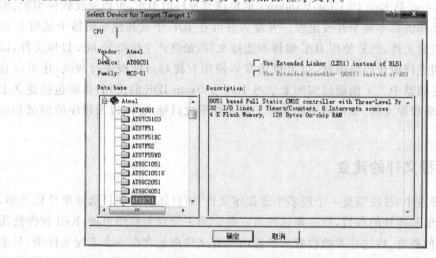

图 11.2　单片机型号选择界面

11.1.2　在工程中添加程序文件

单击 Keil 软件菜单 File 中的 New,即可在项目窗口的右侧打开一个新的文本编辑窗口,在该窗口中输入例 3-14 中的汇编语言源程序。

程序编辑完毕,需要保存到源程序文件中。单击菜单 File 中的 Save,在弹出的对话框中输入文件名和扩展名,并单击"保存"按钮,例如文件名为 test1.asm,如图 11.3 所示。

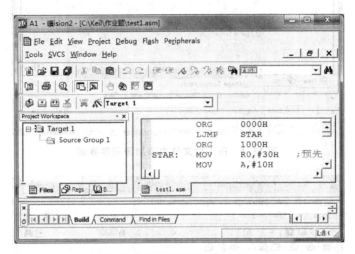

图 11.3　编辑源程序文件窗口

需要说明的是,源程序文件就是一般的文本文件,可以使用 Keil 软件编写,也可以使用其他文本编辑器编写。若事先已经编辑好了源程序文件,可以按下面方法直接添加。

单击项目窗口中的 Source Group1,再右击,出现一个如图 11.4 所示的下拉菜单。单击下拉菜单中的 Add file to Group 'Source Group1'选择添加文件,出现一个对话框,要求寻找源程序。此时要注意,该对话框下面的"文件类型"默认为 C source file(∗.c),即 C51 文件,而刚才建立的文件是以.asm 为扩展名的汇编程序文件,所以在列表框中找不到 test1.asm,需要将文件类型改成 All Files(∗.∗),才能在列表框中找到 test1.asm 文件。双击 test1.asm 文件,将其添加到工程项目 A1 中。

注意:此时该对话框并不消失,等待继续添加其他文件,若不需要添加其他文件,应单击 Close 按钮结束,即可返回主界面。此时单击 Source Group 1 子项,会发现 test1.asm 文件添加其中。

11.1.3　编译和连接工程文件,形成目标文件

添加好源程序文件之后,单击 Keil 程序菜单 Project 中的 Built Target,开始编译和连接工程文件。若程序无错,则产生目标文件 A1.hex,如图 11.5 所示。若程序有错,则编译不成功,此时在程序窗口下面的信息输出窗口会给出相应的出错提示信息,供用户参考以便修改程序,然后再进行编译和连接,直到成功为止。

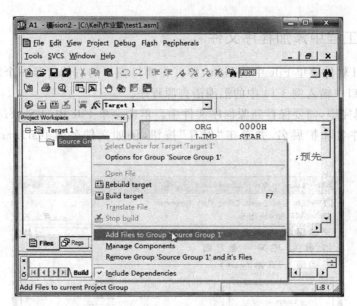

图 11.4　在工程文件中添加源程序界面

图 11.5　源程序文件编译和连接通过界面

11.1.4　调试运行,观察结果

建立工程文件、编译和连接工程并获得目标文件,仅代表你的源程序没有语法错误,至于源程序是否还存在其他错误,必须通过调试才能发现并解决。事实上,绝大多数的程序都要通过反复调试才能得到正确的结果。调试运行的过程如下。

(1) 先单击 Debug 菜单中的 Start→Stop Debug Session,进入调试状态,如图 11.6所示。

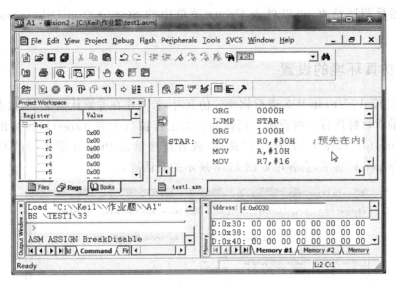

图 11.6　源程序开始调试窗口

（2）使用 Debug 菜单中的 Go（连续运行）、Step（全单步运行）、Step Over（单步运行，子函数一步执行）或 Run to Cursor line（连续运行到光标行）命令方式，来调试运行程序。也可以选择使用 Debug 菜单中的断点 Breakpoints 方式来调试程序。

（3）在调试过程中，可以使用 View 菜单调出各种输出窗口观察结果。如图 11.7 所示窗口的右下面调出 Memory 窗口，在 Address 地址输入框中输入"d:0x0030"，观察内存地址 30H～3FH 单元中所存放的数据。

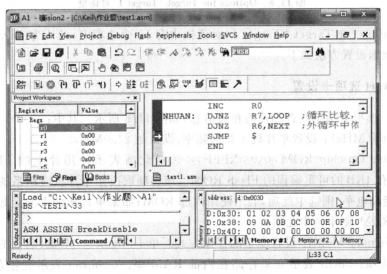

图 11.7　源程序调试运行结果

此例程的运行结果是将内存 30H～3FH 地址单元中所存放的数据按由小到大的顺序排序，Memory 窗口中显示的数据表明，运行结果正确。

(4) 运行调试结束,可以单击 Debug 菜单中的 Start→Stop Debug Session,结束调试。

11.1.5　仿真环境的设置

当使用 Keil μVision IDE 进行软硬件仿真时,若工作在非默认情况下,就需要在编译和连接之前对目标进行一些设置。用鼠标右击工程窗口中的 Target1,在弹出的菜单中选择 Options for Target 'Target 1'选项,或者直接单击 Project 菜单中的 Options for Target 'Target 1'选项,会弹出如图 11.8 所示的对话框。

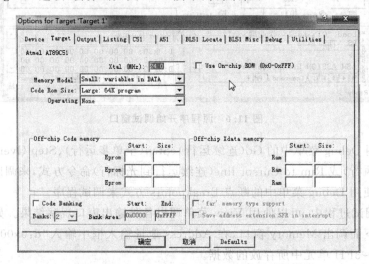

图 11.8　Options for Target 'Target 1'对话框

在 Options for Target 'Target 1'对话框中有 10 个选项卡,默认为 Target 选项卡。常用的选项卡设置方法如下。

1. Target 选项卡设置

Target 选项卡用于设置芯片的相关信息,如图 11.8 所示。其中:

(1) Xtal(MHz):设置单片机工作的频率,默认是 24.0MHz。

(2) Use On-chip ROM(0x0-0XFFF):选择此项表示使用片上的 Flash ROM,AT89C51 有 4KB 的可重编程的 Flash ROM。该选项取决于单片机应用系统,如果单片机的 EA 接高电平,则选中此项,表示使用内部 ROM;如果单片机的 EA 接低电平,表示使用外部 ROM,则不选中此项。

(3) Memory Model:设置变量的存储方式。单击 Memory Model 后面的下拉箭头,会有 3 个选项:Small 表示变量存储在内部 RAM 里。Compact 表示变量存储在外部 RAM 的低 256B 中,使用 8 位间接寻址。Large 表示变量存储在外部 RAM 的 64KB 中,使用 16 位间接寻址。一般情况下使用 Small 来存储变量,此时单片机优先将变量存储在内部 RAM 里,如果内部 RAM 空间不够,才会存在外部 RAM 中。Compact 的方式要通过程序来指定页的高位地址,编程比较复杂,如果外部 RAM 很少,只有 256B,那么对该

256B 的读取就比较快。如果超过 256B，而且需要不断地进行切换，就比较麻烦，Compact 模式适用于比较少的外部 RAM 的情况。Large 模式是指变量会优先分配到外部 RAM 里。需要注意的是，3 种存储方式都支持内部 256B 和外部 64KB 的 RAM。因为变量存储在内部 RAM 里运算速度比存储在外部 RAM 要快得多，大部分的应用都是选择 Small 模式。

使用 Small 模式时，并不说明变量就不可以存储在外部，只是需要特别指定，例如：

unsigned char xdata a;变量 a 存储在外部 RAM。

unsigned char a;变量存储在内部 RAM。

但是使用 Large 的模式时：

unsigned char xdata a;变量 a 存储在外部 RAM。

unsigned char a;变量 a 同样存储在外部 RAM。

（4）Code Rom Size：设置程序和子程序的长度范围。单击 Code Rom Size 后面的下拉箭头，将有 3 个选项。Small：program2K or less 表示程序和子程序只限于 2KB，适用于 AT89C2051 这些芯片，因为 2051 只有 2KB 的代码空间。Compact：2K functions，64K program 表示子程序只限于 2KB，程序可以有 64KB 的代码。Large：64KB program 表示程序和子程序代码都可以使 64KB。一般选择 Large 方式。

（5）Operating：操作系统选择。单击 Operating 后面的下拉箭头，会有 3 个选项。None：表示不使用操作系统。RTX51 Tiny Real-Time OS 表示使用 Tiny 操作系统。RTX51 Full Real -Time OS 表示使用 Full 操作系统。

Tiny 是一个多任务操作系统，使用定时器 0 做任务切换。在 11.0592MHz 时，切换任务的速度为 30ms。如果有 10 个任务同时运行，那么切换时间为 300ms。不支持中断系统的任务切换，也没有优先级，因为切换的时间太长，实时性大打折扣。同时切换需要很多个机器周期，对 CPU 的浪费也很大，对内部 RAM 的占用也很严重。因此实际上用到多任务操作系统的情况很少。

Keil C51 Full Real -Time OS 是比 Tiny 要好一些的系统（但需要用户使用外部 RAM），支持中断方式的多任务和任务优先级，但是 Keil C51 里不提供该运行库，要另外购买。

（6）Off-chip Code memory：片外 ROM 的开始地址和大小，最多可以外接 3 块 ROM。如果没有外接程序存储器，那么不需要填任何数据。这里假设使用一个片外 ROM，地址从 0x8000 开始（一般填十六进制的数）；Size 为片外 ROM 的大小，假设外接 ROM 的大小为 0x1000B。

（7）Off-chip Xdata memory：片外 RAM 的起始地址和大小，最多可以外接 3 块。

（8）Code Banking：使用 Code Banking 技术，Keil 可以支持程序代码超过 64KB 的情况，最大可以有 2MB 的程序代码。如果代码超过 64KB，那么就要使用 Code Banking 技术，以支持更多的程序空间。Code Banking 支持自动的 Bank 的切换，这在建立一个大型系统时是必需的。例如，在单片机里实现汉字字库，实现汉字输入法，都要用到该技术。

2. Output 选项卡设置

Output 选项卡用于对编译后形成的目标文件输出进行设置,如图 11.9 所示。其中:

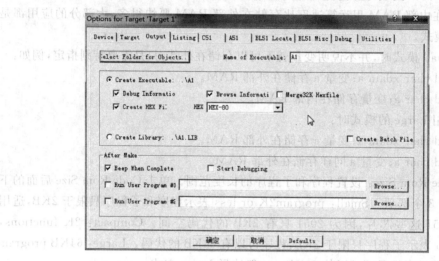

图 11.9　Output 选项卡

(1) Select Folder for Objects:单击该按钮可以选择编译后目标文件的存储目录,如果不设置,就存储在项目文件的目录里。

(2) Name of Executable:设置生成的目标文件的名字,缺省情况下目标文件的名字和项目的名字相同。目标文件可以生成库或者 obj、HEX 的格式。

(3) Create Executable:如果要生成 OMF 以及 HEX 文件,一般选中 Debug Information 和 Browse Information。选中这两项,才能浏览调试所需的详细信息,比如要调试 C 语言程序,如果不选中,调试时将无法看到高级语言写的程序。

(4) Create HEX File:要生成 HEX 文件,一定要选中该选项,如果编译之后没有生成 HEX 文件,就是此项没有被选中。默认是不选中的。

(5) Create Library:选中该项时将生成 lib 库文件。一般应用不生成库文件。

(6) After Make 栏中有以下几个设置。

① Beep When Complete:编译完成之后发出咚的声音。

② Start Debugging:马上启动调试(软件仿真或硬件仿真)。一般是不选中。

③ Run User Program ♯1,Run User Program ♯2:这个选项可以设置编译完之后所要运行的其他应用程序(比如有些用户自己编写了烧写芯片的程序,编译完便执行该程序,将 HEX 文件写入芯片),或者调用外部的仿真器程序。

3. Listing 选项卡设置

Listing 选项卡用于调整生成的列表文件选项,如图 11.10 所示。

Keil C51 在编译之后除了生成目标文件之外,还生成 *.lst 和 *.m51 的列表文件。这两个文件可以告诉程序员程序中所用的 idata、data、bit、xdata、code、RAM、ROM、

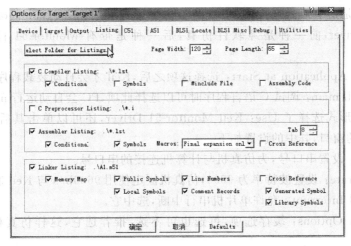

图 11.10　Listing 选项卡

stack 等的相关信息，以及程序所需的代码空间。其中，比较常用的选项是 C Compile Listing 下的 Assembly Code 项，选中 Assembly Code 会在列表文件中生成 C 语言程序所对应的汇编的代码。这是很有好处的，如果不知道如何用汇编来写一个 long 型数的乘法，那么可以先用 C 语言来写，写完之后编译，就可以得到用汇编实现的代码。对于一个高级的单片机程序员来说，往往既要熟悉汇编，同时也要熟悉 C 语言，才能更好地编写程序。某些地方用 C 语言无法实现，但用汇编语言却很容易。有些地方用汇编语言很繁琐，用 C 语言就很方便。

　　单击 Select Folder for Listings 按钮后，在出现的对话框中可以选择生成的列表文件的存放目录。不做选择时，使用项目文件所在的目录。

4. Debug 选项卡设置

　　Debug 选项卡用于对软件仿真和硬件仿真进行设置，如图 11.11 所示。

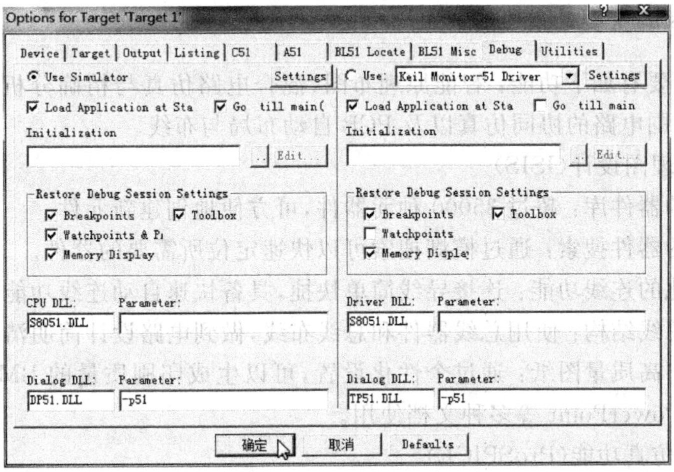

图 11.11　Debug 选项卡

（1）首先是仿真形式选择，这里有两类仿真形式可选：Use Simulator 和 Use：Keil Monitor-51 Driver，前一种是纯软件仿真，后一种是带有 Monitor-51 目标仿真器的仿真。

（2）Load Application at Start：选择这项之后，Keil 才会自动装载程序代码。

（3）Go till main：调试 C 语言程序时可以选择此项，PC 会自动运行 main 函数。

如果仿真形式选择了 Use：Keil Monitor-51 Driver，还可以单击其后面的 Settings 按钮，打开新的窗口，其中的设置如下。

（1）Port：设置串口号，为仿真机与计算机连接的串口号。

（2）Baudrate：设置波特率为 9600，仿真机固定使用 9600b/s 与 Keil 通信。

（3）Serial Interrupt：允许单片机串行中断，选中它。

（4）Cache Options：缓存选项，可选也可不选，推荐选它，这样仿真机会运行得快一点。

最后单击 OK 按钮关闭窗口。

11.2　Proteus 仿真软件介绍

Proteus 软件是英国 Labcenter Electronics 公司研发的 EDA 工具软件。它是一个集模拟电路、数字电路、模/数混合电路以及多种微控制器系统为一体的系统设计和仿真平台。是目前同类软件中最先进、最完整的电子类仿真平台之一。它真正实现了在计算机上完成从原理图设计、电路分析与仿真、单片机代码调试与仿真、系统测试与功能验证到 PCB 板生成的完整的电子产品研发过程，实现了从概念到产品的完整设计。

Proteus 软件能够完成模拟电子、数字电子、单片机以及嵌入式的全部实验内容，支持所有电工电子的虚拟仿真，在此软件平台上能够实现 ISIS 智能原理图绘制、代码调试、CPU 协同外围器件进行 VSM 虚拟系统模型仿真，在调试完毕后，还可以一键切换至 ARES 生成 PCB 板。

1. Proteus 的主要功能

Proteus 主要有如下功能：智能原理布图、混合电路仿真与精确分析、单片机软件调试、单片机与外围电路的协同仿真以及 PCB 自动布局与布线。

1）智能原理图设计（ISIS）

（1）丰富的器件库：超过 35000 种元器件，可方便地创建新元件。

（2）智能的器件搜索：通过模糊搜索可以快速定位所需要的器件。

（3）智能化的连线功能：连接导线简单快捷，具备快速自动连线功能。

（4）支持总线结构：使用总线器件和总线布线，做到电路设计简明清晰。

（5）可输出高质量图纸：通过个性化设置，可以生成印刷质量的 BMP 图纸，可以方便地供 Word、PowerPoint 等多种文档使用。

2）完善的仿真功能（ProSPICE）

（1）ProSPICE 混合仿真：基于工业标准 SPICE3F5，实现数/模电路的混合仿真。

（2）超过 35000 个仿真器件：可以通过内部原型或使用厂家的 SPICE 文件自行设计仿真器件，Labcenter 也在不断地发布新的仿真器件，还可导入第三方发布的仿真器件。

（3）多样的激励源：包括直流、正弦、脉冲、分段线性脉冲、音频（使用 wav 文件）、指数信号、单频 FM、数字时钟和码流，还支持文件形式的信号输入。

（4）丰富的虚拟仪器：13 种虚拟仪器，面板操作逼真，如示波器、逻辑分析仪、信号发生器、直流电压/电流表、交流电压/电流表、虚拟终端、SPI 调试器、I2C 调试器等。

（5）生动的仿真显示：用色点显示引脚的数字电平，导线以不同颜色表示其对地电压大小，结合动态器件（如电机、显示器、按钮）的使用可以使仿真更加直观、生动。

（6）高级图形仿真功能（ASF）：基于图标的分析可以精确分析电路的多项指标，包括工作点、瞬态特性、频率特性、传输特性、噪声、失真、傅里叶频谱分析等，还可以进行一致性分析。

3）独特的单片机协同仿真功能（VSM）

（1）支持主流的 CPU 类型，如 8051、8086、MSP430、AVR、PIC、ARM 等，CPU 类型随着版本升级还在继续增加。

（2）支持通用外设模型，例如字符 LCD 模块、图形 LCD 模块、LED 点阵、LED 七段显示模块、键盘/按键、直流/步进/伺服电机、RS232 虚拟终端、电子温度计等，其COMPIM（COM 口物理接口模型）还可以使仿真电路通过 PC 串口和外部电路实现双向异步串行通信。

（3）实时仿真支持 UART/USART/EUSART 仿真、中断仿真、SPI/I2C 仿真、MSSP 仿真、PSP 仿真、RTC 仿真、ADC 仿真、CCP/ECCP 仿真。

（4）编译及调试支持单片机汇编语言的编辑/编译/源码级仿真，内带 8051、AVR、PIC 的汇编编译器。也可以与第三方集成编译环境（如 IAR、Keil 和 Hitech）结合，进行高级语言的源码级仿真和调试。

4）强大的 PCB 设计平台

（1）原理图到 PCB 的快速通道：原理图设计完成后，一键便可进入 ARES 的 PCB 设计环境，实现从概念到产品的完整设计。

（2）先进的自动布局/布线功能：支持器件的自动/人工布局。

（3）支持无网格自动布线或人工布线；支持引脚交换/门交换功能使 PCB 设计更为合理。

（4）完整的 PCB 设计功能：最多可设计 16 个铜箔层，2 个丝印层，4 个机械层（含板边），灵活的布线策略供用户设置，自动设计规则检查，3D 可视化预览。

（5）支持多种输出格式：可以输出多种格式的文件，包括 Gerber 文件的导入或导出，便利与其他 PCB 设计工具的互转（如 Protel）和 PCB 板的设计与加工。

2. Proteus 网络版

Proteus Design Suite 有单机版和网络版两种选择。如果采用网络版配置，将只有一个 USB 加密狗安装在服务器上，并锁定相应的用户数，在校园网范围内的 PC 都可以得到授权并进行仿真和实验,但同时在线的客户端总数不能超过已购买的总授权用户数;采用网络版的 Proteus 可真正实现实验室的虚拟化、网络化以及实验室的开放。

3. Proteus 应用领域

Proteus 的应用主要体现在以下几方面。

(1) 适合教学。

Proteus 是一个巨大的教学资源,可以用于模拟电路与数字电路的教学与实验;单片机与嵌入式系统软件的教学与实验;微控制器系统的综合实验;创新实验与毕业设计;项目设计与产品开发。

(2) 适合单片机设计技能考评与竞赛。

Proteus 能提供考试所需的所有资源;能直观评估硬件电路的设计正确性;能用硬件原理图直观调试软件;能验证整个设计的功能;测试可控、易评估、易实施。

(3) 适合产品开发。

Proteus Design Suite 集成了原理图捕获、SPICE 电路仿真和 PCB 设计,形成一个完整的电子设计系统。对于通用微处理器,还可以运行实际固件程序进行仿真。与传统的嵌入式设计过程相比,这个软件包能极大地缩短开发时间。

Proteus 软件的功能极强,在国际上影响巨大。从高校采用的效果来看,该软件解决了长期以来电类教学和学习的种种烦恼。Proteus 强大的功能已经在全球得到公认,特别是 7.4 版本以后的元件库由以前的 6000 个元件暴增到 35000 个元件,而且在其 7.4 版本中 Labcenter 公司收购了一个基于形状的布线器,用于其 Proteus PCB Design 中,使其 PCB 功能超过了目前流行的 Protel 和 PowerPCB。国内外企业鉴于 Proteus 中的微处理器模型的独一无二仿真功能和新版本 PCB 的超然强大功能,而价格远远低于同类产品的市场优势条件,纷纷采用该系统,并将其广泛应用于生产和研发中。Proteus 在中国电子科研类企业的依赖环境日益形成,学生掌握了 Proteus,并拥有 PAEE(Proteus Application Electronics Engineer)证书(即 Proteus 应用电子工程师证书),对其就业有极大帮助。

尽管 Proteus 软件功能极强,能仿真 3 万多种元器件,能代替仿真器和目标板进行系统软硬件仿真调试,但它的使用仍有一些局限,毕竟仿真软件不能仿真所有元器件,也不能仿真所有种类的单片机,仿真电路也不能模拟目标板的所有工作状态和环境条件。所以,使用仿真器和目标板进行系统调试,在某些情况下仍然是不可替代的选择。

4. Proteus 简单应用实例

下面通过一个 51 单片机控制 LED 灯闪烁的例子简述该软件的使用。首先单击 Proteus 的 ISIS Professional 仿真运行程序,出现如图 11.12 所示的开始工作界面。

界面中有 3 个窗口,左上是图形显示窗口,左下是列表窗口,右侧是绘图窗口。单击左下窗口中的 P 按钮,弹出 Pick Devices(设备选择)对话框,在对话框的左上角 Keywords 项中,输入 AT89C51 来选择单片机型号,如图 11.13 所示,然后单击右下角的 OK 按钮完成选择。

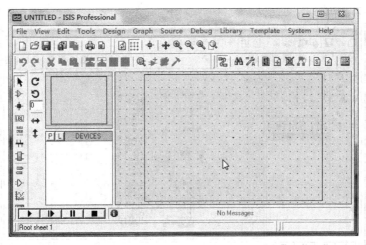

图 11.12 Proteus 仿真软件开始工作界面

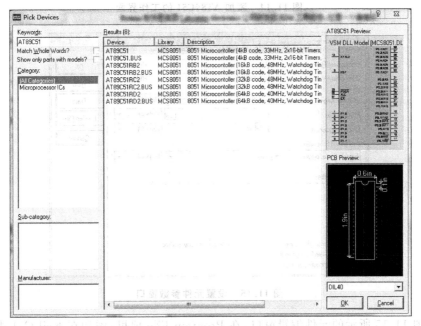

图 11.13 Pick Devices 对话框

AT89C51 设备添加完之后,会出现在工作界面的左下列表窗口里,这时,把鼠标移到右侧的绘图窗口中,单击添加此设备,并把它移动到合适的位置,如图 11.14 所示。

单击右侧绘图窗口里的 AT89C51 图形,会弹出如图 11.15 所示的元件编辑窗口,可以设置元件名称和参数等信息,设置好后单击 OK 按钮。

按照上面的方法依次将原理图中的所有元件添加到绘图窗口,并设置好元件名称和参数信息。然后将所有元件按设计需要依次画好连接线(或标注好引脚标号),设计好的仿真原理图如图 11.16 所示。

接下来开始进行系统仿真。先用鼠标左键双击绘图窗口里的 AT89C51 元件图形,

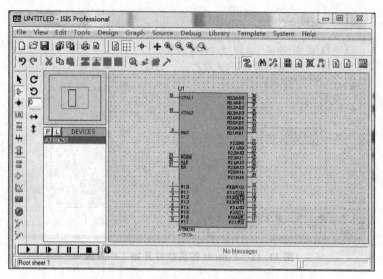

图 11.14　添加 AT89C51 的工作界面

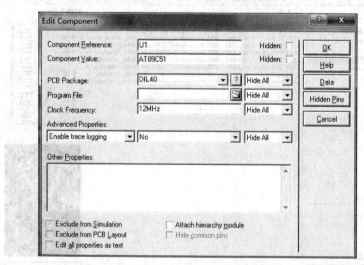

图 11.15　设置元件参数窗口

弹出如图 11.15 所示的元件编辑窗口，在 Program File 项里，添加在 Keil C51 中事先编译好的目标文件"LED 闪烁.hex"，这时，系统软硬件已经建立连接。

　　然后用鼠标左键单击左下角的"运行"按钮，开始仿真运行。如果软硬件设计没有问题，将会出现 LED 灯亮和灯灭交替的运行结果。否则，需要查找错误原因，然后改错并重新仿真运行，直到出现预期的设计效果为止。

　　最后，单击工具条中 File 里的 Save Design 菜单，保存此设计。有关 Proteus 的使用细节，请阅读相关的使用说明。

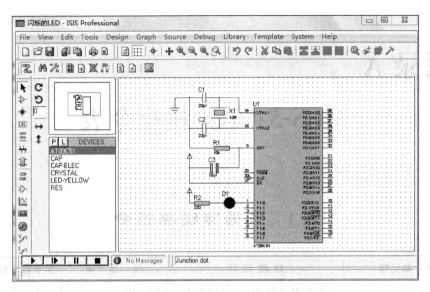

图 11.16　LED 灯闪烁的仿真原理图

11.3　电路设计开发工具 Altium Designer 介绍

Altium Designer 是由原 Protel 软件开发商 Altium 公司推出的一体化电子产品开发系统,主要运行在 Windows 操作系统上。这套软件把电路原理图设计、电路仿真、PCB绘制编辑、拓扑逻辑自动布线、信号完整性分析和设计输出等技术完美融合,为设计者提供了全新的设计解决方案,使设计者可以轻松地进行设计。熟练使用这一软件必将使电路设计的质量和效率大大提高。目前其最高版本为 Altium Designer 17。

Altium Designer 除了全面继承包括 Protel 99SE、Protel DXP 在内的先前一系列版本的功能和优点外,还增加了许多改进和高端功能。该平台拓宽了板级设计的传统界面,全面集成了 FPGA 设计功能和 SOPC 设计实现功能,从而允许工程设计人员能将系统设计中的 FPGA 与 PCB 设计及嵌入式设计集成在一起。由于 Altium Designer 在继承先前 Protel 软件功能的基础上,综合了 FPGA 设计和嵌入式系统软件设计功能,Altium Designer 对计算机的系统需求比先前的版本要高一些。

Altium Designer 的主要功能如下:

(1) 原理图设计;

(2) 印刷电路板(Printed Circuit Board,PCB 板)设计;

(3) 现场可编程门阵列(Field Programmable Gate Array,FPGA)的开发;

(4) 嵌入式开发;

(5) 3D PCB 设计。

有关 Altium Designer 的使用,请详细阅读 Altium Designer 使用教程进行学习。

附录 A

MCS-51 单片机指令表

A.1 数据传输类指令

指令助记符	功能说明	机器码	字节数	机器周期
MOV A, Rn	寄存器内容直接送入累加器 A	E8～EF	1	1
MOV A, @Ri	寄存器间接寻址内容送入 A	E6～E7	1	1
MOV A, #data8	8 位立即数送入 A	74 direct	2	1
MOV A, direct	直接地址单元内容送入 A	E5(direct)	2	1
MOV Rn, A	A 内容送入寄存器	F8～FF	1	1
MOV Rn, #data8	8 位立即数送入寄存器	78(data8)	2	1
MOV Rn, direct	直接地址单元内容送入寄存器	A8(direct)	2	2
MOV direct, A	A 内容送入直接地址单元	F5(direct)	2	1
MOV direct, Rn	寄存器内容送入直接地址单元	88～8F(direct)	2	2
MOV direct, @Ri	寄存器间接寻址内容送入直接地址单元	86 87(direct)	2	2
MOV direct, #data8	8 位立即数送入直接地址单元	75(direct)(data8)	3	2
MOV direct, direct	直接地址单元内容送入另一个直接地址单元	85(direct)(direct)	3	2
MOV @Ri, A	A 送入寄存器间接寻址内存单元	F6F7	1	1
MOV @Ri, #data8	8 位立即数送入寄存器间接寻址内存单元	76 76(data8)	2	1
MOV @Ri, direct	直接地址单元内容送入寄存器间接寻址内存单元	A6A7(direct)	2	2
MOV DPTR, #data16	16 位立即数送入 DPTR	90(directH)(directL)	3	2
MOVX A, @Ri	外部 RAM（8 位地址）数据送入 A	E2E3	1	2
MOVX @Ri, A	A 送入外部 RAM(8 位地址)	F2F3	1	2

续表

指令助记符	功能说明	机器码	字节数	机器周期
MOVX A，@DPTR	外部 RAM(16 位地址)数据送入 A	E0	1	2
MOVX @DPTR，A	A 送入外部 RAM(16 位地址)	F0	1	2
MOVC A，@A+DPTR	DPTR 为基址在程序存储器查表	93	1	2
MOVC A，@A+PC	PC 为基址在程序存储器查表	83	1	2
XCH A，Rn	Rn 与 A 交换数据	C8~CF	1	1
XCH A，@Ri	寄存器间接寻址内容与 A 交换	C6 C7	1	1
XCH A，direct	直接地址单元内容与 A 交换	C5(direct)	2	1
XCHD A，@Ri	寄存器间接寻址内容与 A 进行低 4 位交换	D6D7	1	1
SWAP A	A 的高 4 位与低 4 位互换	C4	1	1
POP direct	数据出栈	C0(direct)	2	2
PUSH direct	数据入栈	D0(direct)	2	2

A.2 算术运算类指令

指令助记符	功能说明	机器码	字节数	机器周期
ADD A，Rn	寄存器内容加 A	28~2F	1	1
ADD A，@Ri	寄存器间接寻址 RAM 内容加 A	26 27	1	1
ADD A，direct	直接地址单元内容加 A	25(direct)	2	1
ADD A，#data	8 位立即数加 A	24(data8)	2	1
ADDC A，Rn	寄存器内容带进位加 A	38~3F	1	1
ADDC A，@Ri	寄存器间址 RAM 内容带进位加 A	36 37	1	1
ADDC A，direct	直接地址单元内容带进位加 A	35(direct)	2	1
ADDC A，#data8	8 位立即数带进位加 A	34(data8)	2	1
INC A	累加器 A 加 1	04	1	1
INC Rn	寄存器加 1	08~0F	1	1
INC direct	直接地址单元内容加 1	05(direct)	2	1
INC @Ri	寄存器间址 RAM 内容加 1	06 07	1	1
INC DPTR	DPTR 加 1	A3	1	1
DA A	累加器 A 内容转换成十进制数	D4	1	1

指令助记符	功能说明	机器码	字节数	机器周期
SUBB A，Rn	带借位 A 减寄存器内容	98～9F	1	1
SUBB A，@Ri	带借位 A 减寄存器间址 RAM 内容	96 97	1	1
SUBB A，#data	带借位 A 减 8 位立即数	94(data8)	2	1
SUBB A，direct	带借位 A 减直接地址单元内容	95(direct)	2	1
DEC A	累加器 A 减 1	14	1	1
DEC Rn	寄存器减 1	18～1F	1	1
DEC @Ri	寄存器间址 RAM 内容减 1	16 17	1	1
DEC direct	直接地址单元内容减 1	15(direct)	2	1
MUL A，B	A 乘以 B	A4	1	4
DIV A，B	A 除以 B	84	1	4

A.3　逻辑操作类指令

指令助记符	功能说明	机器码	字节数	机器周期
ANL A，Rn	累加器与寄存器相与	58～5F	1	1
ANL A，@Ri	累加器与间接 RAM 内容相与	56 57	1	1
ANL A，#data8	累加器与 8 位立即数相与	54(data8)	2	1
ANL A，direct	累加器与 direct 相与	55(direct)	2	1
ANL direct，A	direct 与累加器相与	52(direct)	2	1
ANL direct，#data8	direct 与 8 位立即数相与	53(direct)(data8)	3	2
ORL A，Rn	累加器与寄存器相或	48～4F	1	1
ORL A，@Ri	累加器与间接 RAM 内容相或	46 47	1	1
ORL A，#data8	累加器与 8 位立即数相或	44(data8)	2	1
ORL A，direct	累加器与直接地址单元相或	45(direct)	2	1
ORL direct，A	direct 与累加器相或	42(direct)	2	1
ORL direct，#data8	Direct 与 #data8 相或	43(direct)(data8)	3	2
XRL A，Rn	累加器异与寄存器相异或	68～6F	1	1
XRL A，@Ri	累加器与@Ri 相异或	66 67	1	1
XRL A，#data8	累加器与 #data8 相异或	64(data8)	2	1
XRL A，direct	累加器异与 direct 相异或	65(direct)	2	1

续表

指令助记符	功能说明	机器码	字节数	机器周期
XRL direct，A	direct 与累加器相异或	62（direct）	2	1
XRL direct，♯data8	direct 与♯data8 相异或	63（direct）（data8）	3	2
RL A	累加器循环左移	23	1	1
RLC A	累加器带进位循环左移	33	1	1
RR A	累加器循环右移	03	1	1
RRC A	累加器带进位循环右移	13	1	1
CPL A	累加器取反	F4	1	1
CLR A	累加器清零	E4	1	1

A.4　位操作类指令

指令助记符	功能说明	机器码	字节数	机器周期
MOV C，bit	直接位地址位送入进位位	A2（bit）	2	1
MOV bit，C	进位位送到直接位地址位	92（bit）	2	2
CLR C	清进位	C3	1	1
CLR bit	清直接地址位	C2（bit）	2	1
CPL C	进位位求反	B3	1	1
CPL bit	直接地址位取反	B2（bit）	2	1
SETB C	置进位位	D3	1	1
SETB bit	置直接地址位	D2（bit）	2	1
ANL C，bit	进位位与直接地址位相与	82（bit）	2	2
ORL C，bit	进位位与直接地址位相或	72（bit）	2	2
JC rel	进位位为 1 则转移	40（rel）	2	2
JNC rel	进位位为 0 则转移	50（rel）	2	2
JB bit，rel	直接地址位为 1 则转移	20（bit）（rel）	3	2
JNB bit，rel	直接地址位为 0 则转移	10（bit）（rel）	3	2
JBC bit，rel	直接地址位为 1 则转移，并该位清零	30（bit）（rel）	3	2

A.5　控制转移类指令

指令助记符	功能说明	机 器 码	字节数	机器周期
AJMP addr11	无条件绝对短转移	(addrH＊20＋1)(addrL)	2	2
LJMP addr16	无条件长转移	02(addrH)(addrL)	3	2
SJMP rel	相对转移	80(rel)	2	2
JMP @A＋DPTR	相对于 DPTR 的间接转移	73	1	2
ACALL addr11	短调用子程序	(addrH＊20＋11)(addrL)	2	2
LCALL addr16	长调用子程序	12(addrH)(addrL)	3	2
RET	子程序返回	22	1	2
RETI	中断程序返回	32	1	2
JZ rel	累加器 A 为零则转移	60(rel)	2	2
JNZ rel	累加器 A 为非零则转移	70(rel)	2	2
CJNE A，#data8，rel	A 与 8 位立即数比较不等则转移	B4(data8)(rel)	3	2
CJNE A，direct，rel	A 与直接地址单元内容比较不等则转移	B5(direct)(rel)	3	2
CJNE Rn，#data8，rel	寄存器内容与 8 位立即数比较不等则转移	B8～BF(data8)(rel)	3	2
CJNE @Ri，#data8，rel	寄存器间址 RAM 内容与 8 位立即数比较不等则转移	B6B7(data8)(rel)	3	2
DJNZ Rn，rel	寄存器内容减 1 后非零则转移	D8～DF(rel)	3	2
DJNZ direct，rel	直接地址单元内容减 1 后非零则转移	D5(direct)(rel)	3	2
NOP	空操作	00	1	1

附录 B

C51 的库函数

C51 编译器中提供了丰富的库函数，每个库函数都是标准的应用程序，可供用户在需要时直接使用，以提高编程效率。

按实现功能不同，C51 的库函数被分类封装到不同的头文件中，用户若使用某个库函数，则必须在其设计的源程序文件的开始处，采用预处理命令 #include 将此库函数所在的头文件包含进来。下面介绍 C51 中常用的库函数。

B.1 专用寄存器头文件 regxxx.h

在专用寄存器头文件 regxxx.h 中，定义了 MCS-51 单片机的所有特殊功能寄存器和相应的位，即该头文件是由大量的特殊功能寄存器和位变量的声明所组成，而且定义时都用大写字母的形式。若在源程序的开始处用预处理命令把 regxxx.h 头文件包含进来，那么在源程序中就可以直接使用 MCS-51 单片机的特殊功能寄存器和相应的位，而不必自己逐个定义。

例如，在 reg52.h 头文件中，有一个声明 sfr P0＝0x80；此声明定义了 P0 是地址为 0x80 的特殊功能寄存器。当在源程序中加入 reg52.h 头文件后，编写应用程序时 P0 就可以直接使用而无须定义，对 P0 的操作就是对特殊功能寄存器（即地址为 0x80 的 P0 口）的操作。

B.2 字符函数库 ctype.h

在 ctype.h 头文件中，包含有许多关于字符操作的函数原型声明，这些函数都为可重入函数，具体如下。

* 函数原型：extern bit isalpha (unsigned char c)；
功能说明：检查参数字符是否为英文字符，是则返回 1，否则返回 0。
* 函数原型：extern bit isalnum (unsigned char c)；
功能说明：检查参数字符是否为字母或者数字字符，是则返回 1，否则返回 0。
* 函数原型：extern bit iscntrl (unsigned char c)；
功能说明：检查参数值是否在 0x00～0x1F 之间或者等于 0x7F，是则返回 1，否则返回 0。

- 函数原型：extern bit isdigit (unsigned char c)；

功能说明：检查参数值是否为数字字符，是则返回 1，否则返回 0。

- 函数原型：extern bit isgraph (unsigned char c)；

功能说明：检查参数是否为可打印字符(可打印字符的 ASCII 值为 0x21～0x7E)，是则返回 1，否则返回 0。

- 函数原型：extern bit isprint (unsigned char c)；

功能说明：检查参数是否为可打印字符，包括空格符，其余与 isgraph 相同。

- 函数原型：extern bit ispunct (unsigned char c)；

功能说明：检查参数是否为标点、空格或者格式字符，是则返回 1，否则返回 0。

- 函数原型：extern bit islower (unsigned char c)；

功能说明：检查参数是否为小写字母，是则返回 1，否则返回 0。

- 函数原型：extern bit isupper (unsigned char c)；

功能说明：检查参数是否为大写字母，是则返回 1，否则返回 0。

- 函数原型：extern bit isspace (unsigned char c)；

功能说明：检查参数是否为下列之一：空格、制表符、回车、换行、垂直制表符和送纸符号，是则返回 1，否则返回 0。

- 函数原型：extern bit isxdigit (unsigned char c)；

功能说明：检查参数是否为十六进制数字字符，是则返回 1，否则返回 0。

- 函数原型：extern unsigned char toint (unsigned char c)；

功能说明：将 ASCII 字符 0～9，A～F(不分大小写)转换成十六进制的数字，返回转换后的十六进制数字。

- 函数原型：extern unsigned char tolower (unsigned char c)；

功能说明：将大写字符转换成小写形式，如果字符不在(A～Z)之间，则直接返回该字符。

- 函数原型：extern unsigned char toupper (unsigned char c)；

功能说明：将小写字符转换成大写形式，如果字符不在(a～z)之间，则直接返回该字符。

B.3　一般输入输出函数库 stdio.h

C51 中的头文件 stdio.h 里所包含的函数是通过 MCS-51 单片机的串行口完成输入输出操作的。在源程序中调用这些输入输出函数时，需要先对串行口进行初始化设置。

当然，输入输出操作也可以支持其他 I/O 接口，如要修改为支持其他接口，则可通过修改 lib 目录中的 getkey.c 及 putchar.c 源文件，然后在函数库中替换它们即可。

- 函数原型：extern char _getkey (void)；

功能说明：从单片机串口读入一个字符，不显示。

- 函数原型：extern char getkey (void)；

功能说明：从串口读入一个字符，并通过串口输出对应的字符。

- 函数原型：extern char putchar（char c）；

功能说明：从串口输出一个字符。

- 函数原型：extern char ＊ gets（char ＊ string，int len）；

功能说明：从串口读入一个长度为 len 的字符串存入 string 指定位置。读入换行符则结束。读入成功则返回传入的参数指针，失败则返回 NULL。

- 函数原型：extern char ungetchar（char c）；

功能说明：将输入的字符回送输入缓冲区并将其值返回给调用者，下次使用 gets 或 getchar 时可得到该字符。

- 函数原型：extern char ungetkey（char c）；

功能说明：将输入的字符送到输入缓冲区并将其值返回给调用者，下次使用 _getkey 时可得到该字符，但不能返回多字符。

- 函数原型：extern int printf（const char ＊ fmtstr[，argument]…）；

功能说明：以一定的格式通过单片机串行口输出数值和字符串，返回值为实际输出的字符数。

- 函数原型：extern int sprintf（char ＊ butter，const char ＊ fmtstr[，argument]…）；

功能说明：sprintf 与 prinrf 的功能相似，但数据不是输出到串口，而是通过一个指针 buffer 将数据送入可寻址的内存缓冲区，并以 ASCII 码的形式存储。

- 函数原型：extern int puts（const char ＊ string）；

功能说明：将字符串和换行符写入串行口，错误时返回 EOF，否则返回一个非负数。

- 函数原型：extern int scanf（const char ＊ fmtstr[，argument]…）；

功能说明：以一定的格式通过单片机串行口读入数值和字符串，存入指定的存储单元。注意，每个参数都必须是指针类型。Scanf 返回输入的相数，错误时返回 EOF。

- 函数原型：extern int sscanf（char ＊ ，const char ＊ fmtstr[，argument]…）；

功能说明：sscanf 和 scanf 功能相似，字符串的输入不是通过串口，而是通过另一个以空结束的指针。

B.4　字符串函数库 string.h

- 函数原型：extern void ＊ memccpy（void ＊ s1，void ＊ s2，char val，int n）；

功能说明：复制串 s2 中 n 个元素到串 s1 中。如果实际复制了 n 个字符则返回 NULL。复制的过程在复制完字符 val 后停止，此时返回指向 s1 中下一个元素的指针。

- 函数原型：extern void ＊ memmove（void ＊ s1，void ＊ s2，int n）；

功能说明：memmove 的工作方式与 memcpy 相同，只是复制的区域可以重叠。

- 函数原型：extern void ＊ memchr（void ＊ s，char val，int n）；

功能说明：顺序搜索字符串 s 的头 n 个字符以找出字符 val，成功后返回 s 中指向 val 的指针，失败时返回 NULL。

- 函数原型：extern char memcmp（void ＊ s1，void ＊ s2，int n）；

功能说明：逐个字符比较 s1 和 s2 的前 n 个字符，相等时返回 0，s1 大于 s2 时返回一个正数,小于时返回一个负数。

- 函数原型: extern void * memcopy (void * s1, void * s2, int n);

功能说明:从 s2 所指向的存储器单元复制 n 个字符到 s1 中,返回指向 s1 中最后一个字符的指针。

- 函数原型: extern void * memset (void * s, char val, int n);

功能说明:用 val 来填充指针 s 中 n 个字符。

- 函数原型: extern char * strcat (char * s1, char * s2);

功能说明:将串 s1 复制到串 s2 的尾部。

- 函数原型: extern char * strncat (char * s1, char * s2, int n);

功能说明:将串 s1 的 n 个字符复制到串 s2 的尾部。

- 函数原型: extern char strcmp (char * s1, char * s2);

功能说明:比较 s1 和 s2,相等返回 0,大于返回一个正数,小于返回一个负数。

- 函数原型: extern char strncmp (char * s1, char * s2, int n);

功能说明:比较串 s1 和 s2 的前 n 个字符,返回值与 strcmp 相同。

- 函数原型: extern char * strcpy (char * s1, char * s2);

功能说明:将串 s2 包括结束符复制到串 s1 中,返回指向 s1 中的第一个字符的指针。

- 函数原型: extern char * strncpy (char * s1, char * s2, int n);

功能说明:strncpy 与 strcpy 相似,但它只复制 n 个字符。如果 s2 的长度小于 n,则 s1 串以 0 补齐到长度 n。

- 函数原型: extern int strlen (char *);

功能说明:返回串中字符的个数,包括结束符。

- 函数原型: extern char * strchr (const char * s, char c);

功能说明:strch 搜索 s 串中第一个出现的字符 c,如果找到则返回指向该字符的指针,否则返回 NULL。被搜索的字符可以使用串结束符,此时返回值是指向串结束符的指针。

- 函数原型: extern int strpos (const char * s, char c);

功能说明:strpos 的功能与 strchr 的类似,但返回的是字符 c 在串中出现的位置值或 −1,string 中首字符的位置值是 0。

- 函数原型: extern char * strrchr (const char * s, char c);

功能说明:strrchr 搜索 s 串中最后一个出现的字符 c,如果找到则返回指向该字符的指针,否则返回 NULL。被搜索的字符可以使用串结束符,此时返回值是指向串结束符的指针。

- 函数原型: extern int strrpos (const char * s, char c);

功能说明:strrpos 的功能与 strrchr 的类似,但返回的是字符 c 在串中最后一次出现的位置值或 −1。

- 函数原型: extern int strspn (char * s, char * set);

功能说明:strspn 搜索 s 串中第一个不包含在 set 串中的字符,返回值是 s 中包含在

set 里的字符个数。如果 s 中所有的字符都包含在 set 里,则返回 s 的长度,如果 set 是空串则返回 0。

- 函数原型:extern int strcspn (char * s, char * set);

功能说明:strcspn 的功能与 strspn 的类似,但它搜索的是 s 串中第一个包含在 set 中的字符。

- 函数原型:extern char * strpbrk (char * s, char * set);

功能说明:strpbrk 与 strspn 相似,但返回指向搜索到的字符的指针,而不是一个数,如果未搜索到则返回 NULL。

- 函数原型:extern char * strrpbrk (char * s, char * set);

功能说明:strrpbrk 与 strpbrk 相似,但它返回指向搜索到的字符的最后一个的字符指针。

- 函数原型:extern char * strstr (char * s, char * sub);

功能说明:在字符串中查找指定字符串的第一次出现的位置,若找到则返回指向第一次出现指定字符串位置的指针,若没找到则返回 NULL。

- 函数原型:extern char * strtok (char * s, const char * set);

功能说明:分解字符串为一组标记串(s 为要分解的字符串,set 为分隔符字符串)。在 s 中查找包含在 set 中的字符并用 NULL('\0')来替换,直到找遍整个字符串。返回值为指向下一个标记串。当没有标记串时则返回 NULL。

B.5　标准函数库 stdlib.h

- 函数原型:extern float atof (char * s1);

功能说明:将字符串转换成浮点数值并返回。

- 函数原型:extern long atol (char * s1);

功能说明:将字符串转换成长整型数值并返回。

- 函数原型:extern int atoi (char * s1);

功能说明:将字符串转换成整型数值并返回。

- 函数原型:extern void * calloc (unsigned int size, unsigned int len);

功能说明:返回 n 个具有 len 长度的内存指针,如果无内存空间可用,则返回 NULL。所分配的内存区域用 0 进行初始化。

- 函数原型:extern void * malloc (unsigned int size);

功能说明:返回一块大小为 size 长度的内存指针,如果内存可用,则返回 NULL。所分配的内存区域不进行初始化。

- 函数原型:extern void * realloc (void xdata * p, unsigned int size);

功能说明:改变指针 p 所指向的内存单元的大小,原内存单元的内容被复制到新的存储单元中,如果该内存单元的区域较大,多出的部分不做初始化。

- 函数原型:extern void free (void xdata * p);

功能说明:释放指针 p 所指向的存储器区域,如果返回值为 NULL,则该函数无效,p

必须为用 callon、malloc 或 realloc 函数分配的存储器区域。

- 函数原型：extern void init_mempool (void _MALLOC_MEM_ ＊ p，unsigned int size)；

功能说明：对被 callon、malloc 或 realloc 函数分配的存储器区域进行初始化。指针 p 指向存储器区域的首地址，size 表示存储区域的大小。

B.6　数学函数库 math.h

- 函数原型：extern char cabs (char i)；

功能说明：计算并返回 i 的绝对值，为 char 型。

- 函数原型：extern int abs (int i)；

功能说明：计算并返回 i 的绝对值，为 int 型。

- 函数原型：extern long labs (long i)；

功能说明：计算并返回 i 的绝对值，为 long 型。

- 函数原型：extern float fabs (float i)；

功能说明：计算并返回 i 的绝对值，为 float 型。

- 函数原型：extern float sqrt (float i)；

功能说明：返回 i 的正平方根。

- 函数原型：extern float exp (float i)；

功能说明：计算 e 为底 i 的幂并返回计算结果。

- 函数原型：extern float log (float i)；

功能说明：返回 i 的自然对数。

- 函数原型：extern float log10 (float i)；

功能说明：返回以 10 为底的 i 的对数。

- 函数原型：extern int rand()；

功能说明：rand 返回一个 0～32767 之间的伪随机数。

- 函数原型：extern void strand (int i)；

功能说明：strand 用来将随机数发生器初始化成一个已知的值，对 rand 的相继调用将产生相同序列的随机数。

- 函数原型：extern float sin (float i)；

功能说明：sin 返回 i 的正弦值。

- 函数原型：extern float cos (float i)；

功能说明：cos 返回 i 的余弦值。

- 函数原型：extern float tan (float i)；

功能说明：tan 返回 i 的正切值。以上 3 个函数返回相应的三角函数值，所有的变量范围在 $-\pi/2\sim+\pi/2$ 之间，变量的值必须在 $-65535\sim+65535$ 之间，否则会返回错误。

- 函数原型：extern float asin (float i)；

功能说明：asin 返回 i 的反正弦值。

- 函数原型：extern float acos（float i）；
  功能说明：acos 返回 i 的反余弦值。
- 函数原型：extern float atan（float i）；
  功能说明：atan 返回 i 的反正切值。以上三个函数返回相应的反三角函数值，值域为 $-\pi/2 \sim +\pi/2$。
- 函数原型：extern float atan2（float y，float x）；
  功能说明：返回 x/y 的反正切值，值域为 $-\pi \sim +\pi$。
- 函数原型：extern float sinh（float i）；
  功能说明：sinh 返回 i 的双曲正弦值。
- 函数原型：extern float cosh（float i）；
  功能说明：cosh 返回 i 的双曲余弦值。
- 函数原型：extern float tanh（float i）；
  功能说明：tanh 返回 i 的双曲正切值。

B.7 预定义宏函数库 absacc.h

以下 4 个宏定义用于对 MCS-51 单片机的存储器进行绝对地址访问，可以以字节形式寻址访问，也可以以字形式寻址访问。

- 函数原型：

```
#define CBYTE ((unsigned char volatile code * ) 0)
#define DBYTE ((unsigned char volatile data * ) 0)
#define PBYTE ((unsigned char volatile pdata * ) 0)
#define XBYTE ((unsigned char volatile xdata * ) 0)
```

功能说明：CBYTE、DBYTE、PBYTE 和 XBYTE 分别以字节形式访问 code 区、data 区、pdata 区和 xdata 区。

- 函数原型：

```
#define CWORD ((unsigned int volatile code * ) 0)
#define DWORD ((unsigned int volatile data * ) 0)
#define PWORD ((unsigned int volatile pdata * ) 0)
#define XWORD ((unsigned int volatile xdata * ) 0)
```

功能说明：CWORD、DWORD、PWORD 和 XWORD 分别以字形式访问 code 区、data 区、pdata 区和 xdata 区。

B.8 内部函数库 intrins.h

- 函数原型：extern void _nop_（void）；
  功能说明：产生一个 MCS-51 单片机的 NOP 指令。

- 函数原型：

```
extern bit _testbit_ (bit);
```

功能说明：该函数对字节中的一位进行测试，如果为 1 则返回 1，如为 0 返回 0，该函数只对寻址位进行测试。

- 函数原型：

```
extern unsigned char _cror_ (unsigned char var, unsigned char n);
extern unsigned int _iror_ (unsigned int var, unsigned char n);
extern unsigned long _lror_ (unsigned long var, unsigned char n);
```

功能说明：将变量 var 循环右移 n 位，它们与 MCS-51 单片机的 RR A 指令相关。这 3 个函数的参数和返回值类型不同。

- 函数原型：

```
extern unsigned char _crol_ (unsigned char var, unsigned char n);
extern unsigned int _irol_ (unsigned int var, unsigned char n);
extern unsigned long _lrol_ (unsigned long var, unsigned char n);
```

功能说明：将变量 var 循环左移 n 位，它们与 MCS-51 单片机的 RL A 指令相关。这 3 个函数的不同之处在于参数和返回值的类型不同。

参 考 文 献

[1] 张培仁. 基于 C 语言编程 MCS-51 单片机原理与应用. 北京：清华大学出版社，2003.

[2] 谢维成，等. 单片机原理与应用及 C51 程序设计（第 2 版）. 北京：清华大学出版社，2009.

[3] 谭浩强. C 程序设计（第 2 版）. 北京：清华大学出版社，1999.

[4] 马忠梅，等. 单片机的 C 语言应用程序设计. 北京：北京航空航天大学出版社，1997.

[5] 马秀丽，等. C 语言程序设计. 北京：清华大学出版社，2008.

[6] 何立民. 单片机应用系统设计. 北京：北京航空航天大学出版社，1990.

[7] 李学礼. 基于 Proteus 的 8051 单片机实例教程. 北京：电子工业出版社，2008.

[8] 张齐，等. 单片机原理与嵌入式系统设计. 北京：电子工业出版社，2012.

[9] 彭伟. 单片机 C 语言程序设计实训 100 例（第 2 版）. 北京：电子工业出版社，2012.

[10] 陈海宴. 51 单片机原理及应用——基于 Keil C 与 Proteus. 北京：北京航空航天大学出版社，2010.

参考文献

[1] 宋楠, 张子, 基于C语言的嵌入式 MCS-51 单片机系统设计与应用, 北京: 清华大学出版社, 2008.

[2] 胡汉才, 等. 单片机原理与接口技术(第3版) 清华大学出版社(第2版). 北京: 清华大学出版社, 2008.

[3] 谭浩强. C程序设计(第3版). 北京: 清华大学出版社, 1999.

[4] 吴金戌, 等. 中央集成C语言应用程序设计. 北京: 北京航空航天大学出版社, 1997.

[5] 周荣政. 单片机原理及应用. 北京: 清华大学出版社, 2008.

[6] 何立民. 单片机应用系统设计. 北京: 北京航空航天大学出版社, 1990.

[7] 李朝青. 基于 Proteus 的8051 单片机系统仿真设计. 北京: 电子工业出版社, 2008.

[8] 求是科技. 单片机典型模块开发与实例导航. 北京: 电子工业出版社, 2012.

[9] 张毅刚. 单片机原理与应用设计(第2版). 北京: 电子工业出版社, 2012.

[10] 廖海洋. 51单片机原理及应用 — 基于Keil C与Proteus. 北京: 机械工业出版社人民邮电出版社, 2010.